高 等 学 校 教 材

WULI HUAXUE
XUEXI ZHIDAO

物理化学学习指导

尹宇新 主编

化学工业出版社
·北京·

内容简介

《物理化学学习指导》按气体的 pVT 关系、热力学第一定律、热力学第二定律、多组分热力学、化学平衡、相平衡、电化学、界面现象、化学动力学、胶体化学安排内容。每章设置基本要求、核心内容、基本概念辨析、例题、概念练习题五个模块，核心内容可供复习之用，概念辨析有助于准确理解物理化学基本原理，例题讲解详尽，练习题可作进一步巩固之用。

《物理化学学习指导》可作为化学、化工、材料、生物、药学等专业本科生的辅导教材，以供学习、复习或考研之用，也可供一线教师参考使用。

图书在版编目（CIP）数据

物理化学学习指导/尹宇新主编 .—北京：化学工业出版社，2022.8（2023.9 重印）
高等学校教材
ISBN 978-7-122-41541-7

Ⅰ.①物… Ⅱ.①尹… Ⅲ.①物理化学-高等学校-教学参考资料　Ⅳ.①O64

中国版本图书馆 CIP 数据核字（2022）第 091819 号

责任编辑：宋林青　　　　　　　　　文字编辑：刘志茹
责任校对：刘曦阳　　　　　　　　　装帧设计：史利平

出版发行：化学工业出版社（北京市东城区青年湖南街 13 号　邮政编码 100011）
印　　装：天津盛通数码科技有限公司
787mm×1092mm　1/16　印张 9¾　字数 243 千字　2023 年 9 月北京第 1 版第 2 次印刷

购书咨询：010-64518888　　　　　　售后服务：010-64518899
网　　址：http://www.cip.com.cn

凡购买本书，如有缺损质量问题，本社销售中心负责调换。

定　价：25.00 元　　　　　　　　　　　　　　　　　　　　　版权所有　违者必究

前言

物理化学是化学及相关专业的一门重要基础课程。该课程理论性强，内容较抽象，公式繁多且应用条件严格，是较难深入理解和掌握的一门课程。为帮助学生准确理解教材中的基本概念、基本原理，掌握各章的重要公式，运用物理化学基本原理分析解决实际问题，本书结合国内高校物理化学课程的教学方案，并参考相关的理科、工科物理化学教材及习题解答相关书籍编写而成。

本书共十章，每章分设基本要求、核心内容、基本概念辨析、例题及概念练习题。其中核心内容及基本概念辨析能够帮助学生归纳总结，巩固基本概念和基本理论。例题及概念练习题，内容由浅入深，启发性强，能够帮助学生掌握解题技巧，提高解题能力。本书可作为高等院校化学及相关专业学生的同步练习、课后复习及考研辅导资料，也可供一线教师参考使用。

本书由大连工业大学物理化学教研室的教师编写，具体分工如下：第一、二、三、七、八章由尹宇新编写，第四、五章由邵国林编写，第六章由赵君编写，第九章由于春玲编写，第十章由戴洪义编写。全书由尹宇新统稿并任主编。

感谢化学工业出版社的编辑为本书出版做了大量耐心细致的工作。限于编者水平，书中难免会出现疏漏之处，敬请读者批评指正。

编者
2022 年 3 月

目录

第一章　气体的 pVT 关系 …………… 1
　一、基本要求 ……………………… 1
　二、核心内容 ……………………… 1
　三、基本概念辨析 ………………… 3
　四、例题 …………………………… 3
　五、概念练习题 …………………… 5
第二章　热力学第一定律 ……………… 7
　一、基本要求 ……………………… 7
　二、核心内容 ……………………… 7
　三、基本概念辨析 ………………… 11
　四、例题 …………………………… 12
　五、概念练习题 …………………… 19
第三章　热力学第二定律 ……………… 24
　一、基本要求 ……………………… 24
　二、核心内容 ……………………… 24
　三、基本概念辨析 ………………… 27
　四、例题 …………………………… 28
　五、概念练习题 …………………… 41
第四章　多组分热力学 ………………… 45
　一、基本要求 ……………………… 45
　二、核心内容 ……………………… 45
　三、基本概念解析 ………………… 47
　四、例题 …………………………… 48
　五、概念练习题 …………………… 51
第五章　化学平衡 ……………………… 54
　一、基本要求 ……………………… 54
　二、核心内容 ……………………… 54
　三、基本概念辨析 ………………… 55
　四、例题 …………………………… 56
　五、概念练习题 …………………… 63
第六章　相平衡 ………………………… 66
　一、基本要求 ……………………… 66
　二、核心内容 ……………………… 66
　三、基本概念辨析 ………………… 73
　四、例题 …………………………… 75
　五、概念练习题 …………………… 90
第七章　电化学 ………………………… 93
　一、基本要求 ……………………… 93
　二、核心内容 ……………………… 93
　三、基本概念辨析 ………………… 96
　四、例题 …………………………… 98
　五、概念练习题 …………………… 108
第八章　界面现象 ……………………… 112
　一、基本要求 ……………………… 112
　二、核心内容 ……………………… 112
　三、基本概念辨析 ………………… 114
　四、例题 …………………………… 116
　五、概念练习题 …………………… 120
第九章　化学动力学 …………………… 123
　一、基本要求 ……………………… 123
　二、核心内容 ……………………… 123
　三、基本概念辨析 ………………… 127
　四、例题 …………………………… 128
　五、概念练习题 …………………… 141
第十章　胶体化学 ……………………… 145
　一、基本要求 ……………………… 145
　二、核心内容 ……………………… 145
　三、基本概念辨析 ………………… 147
　四、例题 …………………………… 148
　五、概念练习题 …………………… 150
参考文献 ………………………………… 152

第一章 气体的 pVT 关系

一、基本要求

1. 熟练掌握理想气体状态方程、摩尔气体常数 R 的数值和单位。
2. 掌握理想气体混合物中某组分的分压定义及计算,正确理解分体积定律。
3. 熟练掌握气体的液化和饱和蒸气压的概念及影响因素,正确理解范德华气体方程、临界性质、对比参数和对应状态原理。
4. 了解维里方程和普遍化压缩因子图。

二、核心内容

1. 理想气体状态方程及微观模型的基本特征

理想气体状态方程: $pV=nRT$ 或 $pV_m=RT$

理想气体微观模型的两个基本特征:分子之间没有相互作用力;分子本身不占有体积。

2. 混合理想气体的两个定律

(1) 道尔顿分压定律

分压力 p_B:混合气体中每种气体对总压力的贡献。即 $p_B=y_B p$,$p=\sum\limits_B p_B$。

道尔顿分压定律:混合理想气体的总压力等于各组分单独存在于混合气体的温度、体积条件下所产生压力的总和。即 $p=\sum\limits_B p_B$,其中 $p_B=\dfrac{n_B RT}{V}$。

(2) 阿马加分体积定律

分体积 V_B^*:混合气体中任意组分 B 的分体积,即混合气体中组分 B 单独存在,并与混合气体的温度 T 及总压 p 相同时所具有的体积。

阿马加分体积定律:理想气体混合物的体积 V 等于各组分气体 B 的分体积 V_B^* 之和。即 $V=\sum\limits_B V_B^*$,其中 $V_B^*=\dfrac{n_B RT}{p}$。

注意:①根据以上两个重要定律可推知,理想气体混合物中某组分的分压与总压之比,分体积与总体积之比等于该组分的摩尔分数。即 $y_B=\dfrac{n_B}{n}=\dfrac{V_B^*}{V}=\dfrac{p_B}{p}$;②严格讲两个定律均只适用于理想气体混合物，不过对于低压真实气体也近似适用。

(3) 混合物的平均摩尔质量 $\overline{M}_{mix}$

$$\overline{M}_{mix} = \frac{\sum m_B}{\sum n_B} = \frac{m}{n} \ ; \ \overline{M}_{mix} = \sum_B y_B M_B$$

3. 真实气体的液化及临界性质

(1) 气体的液化

真实气体与理想气体不同，真实气体在一定条件下可以被液化。

(2) 临界性质

临界温度 T_c 是使气体能够液化的最高温度。临界温度所对应的饱和蒸气压称为临界压力，以 p_c 表示。对应摩尔体积为临界摩尔体积，以 $V_{m,c}$ 表示。T_c、p_c、$V_{m,c}$ 统称为临界参数。在 p-V_m 图中，p_c、V_c、T_c 对应的点称为临界点，该处有：

$$\left(\frac{\partial p}{\partial V_m}\right)_{T_c} = 0, \quad \left(\frac{\partial^2 p}{\partial V_m^2}\right)_{T_c} = 0$$

真实气体在临界温度、临界压力下，液相摩尔体积与气相摩尔体积相等，液相与气相的相界面消失，汽化热为零。

4. 真实气体状态方程

(1) 范德华方程

在理想气体模型基础上进行压力和体积两项校正。

$$\left(p + \frac{a}{V_m^2}\right)(V_m - b) = RT$$

式中，a、b 为范德华常数，均与气体的性质有关，与温度无关。压力修正项 a/V_m^2 称为内压力。该式一般适用于压力不超过几个兆帕的中压气体。

(2) 对应状态原理

① 压缩因子 Z 的修正方程：该修正方法在许多的真实气体状态方程中，是最直接、最准确、形式最简单及适用的压力范围最广的，它是在理想气体状态方程基础上用压缩因子 Z 进行修正：$pV_m = ZRT$。压缩因子 Z 的定义式为：$Z = \frac{pV_m}{RT}$。说明：与理想气体状态方程比较可得，$Z = V_m(真实)/V_m(理想)$。对于理想气体 $Z = 1$。如果 $Z < 1$，表示真实气体的摩尔体积比相同条件下的理想气体的摩尔体积小，即真实气体比理想气体易于压缩；反之，如果 $Z > 1$，则表示真实气体比理想气体难压缩。

② 对应状态原理：设 $p_r = p/p_c$，$V_r = V_m/V_{m,c}$，$T_r = T/T_c$，式中 p_r 为对比压力、V_r 为对比体积、T_r 为对比温度，则

$$Z = \frac{p_c V_{m,c}}{RT_c} \times \frac{p_r V_r}{RT_r} = Z_c \frac{p_r V_r}{RT_r} = f(p_r, T_r)$$

利用该式，可绘制出压缩因子图。对应状态原理：各种不同的气体，只要有两个对比参数相同，则第三个对比参数必定（大致）相同。据此可通过压缩因子图得到某真实气体的 pVT 关系。

三、基本概念辨析

1. 根据道尔顿分压定律计算公式 $p = \sum\limits_B p_B$，压力具有加和性，因此具有广度性质，这种说法是否正确？

答：不正确，压力与温度一样具有强度性质，不具有加和性。所谓加和性，是指一个热力学平衡体系中，某物理量的数量与体系中物质的数量成正比，而道尔顿分压定律中的分压 p_B 是指在一定温度下，组分 B 单独占有混合气体相同体积时所具有的压力。总压与分压的关系不是同一热力学体系中物理量之间的整体与部分关系，与物质的数量不呈正比关系。

2. 如果物体 A 分别与物体 B、C 达到温度平衡，则物体 B 与 C 是否达到热平衡？

答：温度是一种状态函数，是强度性质。温度是体系中大量微观粒子无规则运动的平均动能大小的宏观量度。当两个温度不同的物体相接触时，热量就会自发地从高温物体不断传递给低温物体。经过一段时间之后，两个物体内的微观粒子热运动的平均动能终会趋于一致，即具有相同的温度，此时称这两个物体达到了热平衡。如果物体 A 的温度分别与物体 B 及物体 C 达成一致，说明物体 B 和 C 中的微观粒子的平均动能相等，即达到了热平衡，具有相同的温度。这一结论称为热力学第零定律。只有有了第零定律，才使得运用温度计作为测量各种体系冷热程度的参比标准成为可能。

四、例题

（一）基础篇例题

例 1 今有 300 K、104.365 kPa 的湿烃（含水蒸气）类混合气体，其中水蒸气的分压 3.167 kPa。现欲得到 1000 mol 除去水蒸气的干烃类混合气体，试求：(1) 应从湿烃类混合气体中除去水蒸气的物质的量 $n(H_2O)$；(2) 所需湿烃类混合气体的初始体积 V。

解：根据分压公式 $p_B = y_B p$，所需湿烃类混合气体中水的摩尔分数 $y(H_2O)$ 为：

$$y(H_2O) = \frac{n(H_2O)}{n(H_2O) + 1000 \text{ mol}} = \frac{p(H_2O)}{p}, \quad \frac{n(H_2O)}{n(H_2O) + 1000 \text{ mol}} = \frac{3.167}{104.365} = 0.03034$$

解得 $n(H_2O) = 31.3$ mol

将混合气体视为理想气体，则 $p(H_2O) = n(H_2O) RT/V$，即

$$V = \frac{n(H_2O)RT}{p(H_2O)} = \frac{31.3 \times 8.314 \times 300}{3.167 \times 10^3} \text{ m}^3 = 24.65 \text{ m}^3$$

例 2 一密闭刚性容器中充满了空气，并有少量水存在。当容器于 300 K 条件下达平衡时，容器内压力为 101.325 kPa。若把该容器移至 373.15 K 的沸水中，试求容器中达到新的平衡时应有的压力。设容器中始终有水存在，且可忽略水的体积的任何变化。已知 300 K 时水的饱和蒸气压为 3.567 kPa。

解：$T_1 = 300$ K 时，系统中水的分压和空气的分压分别为：

$p_1(H_2O) = 3.567$ kPa，$p_1(空气) = p_1 - p_1(H_2O) = (101.325 - 3.567)$ kPa $= 97.758$ kPa；$T_2 = 373.15$ K 时，系统中水的分压 $p_2(H_2O) = 101.325$ kPa；

因容器体积不变，空气的分压为：

$$p_2(空气) = p_1(空气) T_2/T_1 = 97.758 \text{ kPa} \times 373.15 \text{ K}/300 \text{ K} = 121.595 \text{ kPa}$$

故在新的平衡下，容器内总压为：
$$p_2 = p_2(\text{H}_2\text{O}) + p_2(\text{空气}) = (101.325 + 121.595)\text{kPa} = 222.92 \text{ kPa}$$

（二）提高篇例题

例1 两个容积均为 V 的玻璃球泡之间用细管连接，泡内密封着标准状况下的空气。若将其中一个球加热到 100 ℃，另一个球维持 0 ℃，忽略连接细管中气体体积，试求该容器内空气的压力。

解：设加热前，连通的两球泡内气体的压力为 p_1，温度为 T_1（0 ℃）；加热后，两球泡内气体的压力仍相同，均为 p_2，而温度分别为 T_2（100 ℃）和 T_1（0 ℃），如图1-1。

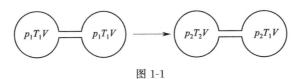

图 1-1

因加热前后系统内总的物质的量保持不变，故：
$$n = 2 \times \frac{p_1 V}{RT_1} = \frac{p_2 V}{RT_1} + \frac{p_2 V}{RT_2}$$

$$p_2 = \frac{2 p_1 T_2}{T_1 + T_2} = \frac{2 \times 101.325 \times 373.15}{273.15 + 373.15} \text{kPa} = 117.0 \text{ kPa}$$

例2 物质的热胀系数 α_V 与压缩系数 κ_T 的定义如下：
$$\alpha_V = \frac{1}{V}\left(\frac{\partial V}{\partial T}\right)_p, \quad \kappa_T = -\frac{1}{V}\left(\frac{\partial V}{\partial p}\right)_T$$

试导出理想气体的 α_V、κ_T 与压力、温度的关系。

解：α_V 的物理意义：每单位体积的物质在恒压条件下，温度每升高 1 ℃所引起系统体积 V 的增量，单位为 K^{-1}；κ_T 的物理意义：每单位体积的物质在恒温条件下，每增加单位压力所引起系统体积 V 增量的负值，单位为 Pa^{-1}。

对于理想气体，$pV = nRT$，得
$$\left(\frac{\partial V}{\partial T}\right)_p = \frac{nR}{p}, \quad \left(\frac{\partial V}{\partial p}\right)_T = -\frac{nRT}{p^2} = -\frac{V}{p}$$

所以 $\alpha_V = \frac{1}{V}\left(\frac{\partial V}{\partial T}\right)_p = \frac{1}{V}\frac{nR}{p} = \frac{1}{T}$，$\kappa_T = -\frac{1}{V}\left(\frac{\partial V}{\partial p}\right)_T = -\frac{1}{V}\left(\frac{-V}{p}\right) = \frac{1}{p}$

例3 某中间带有隔板的容器，隔板两侧分别装有 20 kPa、3 dm³ 的 H_2 和 10 kPa、1 dm³ 的 N_2，两侧气体温度相同，且二者均可视为理想气体，忽略隔板的体积。（1）保持容器内温度恒定抽去隔板，计算气体混合后的压力；（2）分别计算混合气体中 H_2 与 N_2 的分压力；（3）分别计算混合气体中 H_2 与 N_2 的分体积。

解：混合前后保持不变的是 H_2 与 N_2 的物质的量 $n(\text{H}_2) = p(\text{H}_2)V^*(\text{H}_2)/RT$，$n(\text{N}_2) = p(\text{N}_2)V^*(\text{N}_2)/RT$。

（1）恒温混合后的压力
$$p = \frac{n(\text{总})RT}{V(\text{总})} = \frac{n(\text{H}_2)RT + n(\text{N}_2)RT}{V^*(\text{H}_2) + V^*(\text{N}_2)} = \frac{p(\text{H}_2)V^*(\text{H}_2) + p(\text{N}_2)V^*(\text{N}_2)}{V^*(\text{H}_2) + V^*(\text{N}_2)}$$

$$= \left(\frac{20\times 3+10\times 1}{3+1}\right)\text{kPa}=17.5\text{ kPa}$$

(2) 根据道尔顿分压定律,混合后的分压

$$p(\text{H}_2)=y(\text{H}_2)p=\frac{n(\text{H}_2)}{n(\text{H}_2)+n(\text{N}_2)}p=\frac{p(\text{H}_2)V^*(\text{H}_2)}{p(\text{H}_2)V^*(\text{H}_2)+p(\text{N}_2)V^*(\text{N}_2)}p$$

$$=\left(\frac{20\times 3}{20\times 3+10\times 1}\times 17.5\right)\text{kPa}=15.0\text{ kPa}$$

同理
$$p(\text{N}_2)=py(\text{N}_2)=\frac{p(\text{N}_2)V^*(\text{N}_2)}{p(\text{H}_2)V^*(\text{H}_2)+p(\text{N}_2)V^*(\text{N}_2)}p$$

$$=\left(\frac{10\times 1}{20\times 3+10\times 1}\times 17.5\right)\text{kPa}=2.5\text{ kPa}$$

或 $p(\text{N}_2)=p-p(\text{H}_2)=(17.5-15.0)\text{kPa}=2.5\text{ kPa}$

(3) 阿马加分体积定律,混合后的分体积

$$V^*(\text{H}_2)=y(\text{H}_2)V=\left(\frac{20\times 3}{20\times 3+10\times 1}\times 4\right)\text{dm}^3=3.43\text{ dm}^3$$

$$V^*(\text{N}_2)=V-V^*(\text{H}_2)=(4-3.43)\text{dm}^3=0.57\text{ dm}^3$$

五、概念练习题

(一) 填空题

1. 理想气体微观模型的两个基本假设包括:_____,_____。
2. 理想气体在恒温条件下,摩尔体积随压力的变化率 $\left(\dfrac{\partial V_\text{m}}{\partial p}\right)_T=$ _____。
3. 纯物质 A 处于气-液两相平衡时,随着两相平衡温度 T 升高,A 液体的饱和蒸气压 p_A^* 将_____,这使得饱和蒸气的摩尔体积 $V_\text{m}(\text{g})$ 变_____。
4. 液体在某一恒定温度下的_____是该温度下使其蒸气液化所需施加的最小压力。
5. 在临界状态下,任何真实气体的宏观特征为_____。
6. 临界温度是气体能够液化的_____(最高或最低)温度。
7. 各种不同的气体,只要两个对比参数相同,则第三个也一定_____。
8. 在同温同压下,某实际气体的摩尔体积大于理想气体的摩尔体积,该实际气体的压缩因子 Z 必然____1。

(二) 选择题

1. 下列条件下的真实气体中,最接近理想气体行为的是____。
   A. 高温高压   B. 高温低压   C. 低温低压   D. 低温高压
2. 2.0 mol 理想气体,在 25 ℃ 和压力为 96.6 kPa 时所占的体积为____ m³。
   A. 0.051   B. 0.64   C. 51.3   D. 6.41×10^2
3. 在 298.15 K、400 kPa 下,摩尔分数 $y_\text{B}=0.4$ 的 5 mol A、B 理想气体混合物,其中 A 气体的分压 $p_\text{A}=$____。
   A. 160 kPa   B. 200 kPa   C. 240 kPa   D. 300 kPa
4. 对于混合理想气体,组分 B 的物质的量 n_B 应为____。

A. $n_B = \dfrac{p_总 V_总}{RT}$ B. $n_B = \dfrac{p_B V_总}{RT}$ C. $n_B = \dfrac{p_总 V_B}{RT}$ D. $n_B = \dfrac{p_B V_B^*}{RT}$

5. 下列对基本物质临界点性质的描述，错误的是____。
   A. 液相与气相的摩尔体积相等   B. 液相与气相的相界面消失
   C. 汽化热为零   D. 气、液、固三相共存

6. 物质临界点的性质____有关。
   A. 与外界温度   B. 与外界压力
   C. 与外界物质的性质   D. 是物质本身的特性

7. CO_2 空钢瓶在工厂车间充气时（车间温度 15 ℃）会发现，当充气压力表到达一定数值后就不再升高，而钢瓶的总质量却还在增加，其原因是____。
   A. 钢瓶容积增加   B. 钢瓶中出现干冰   C. 钢瓶中出现液态 CO_2 D. B+C
   上述现象在炎热的夏季（室温高于 CO_2 的临界温度 31 ℃）____。
   A. 也会出现   B. 不会出现   C. 不一定出现   D. 视车间内大气压而定

8. 范德华气体方程式 $\left(p+\dfrac{an^2}{V^2}\right)(V-nb)=nRT$ 中的常数 a、b 的取值____。
   A. 都大于零   B. 都小于零   C. a 小于零   D. b 小于零

9. 当用压缩因子 $Z=\dfrac{pV_m}{RT}$ 来讨论真实气体时，若 $Z<1$，则表示该气体____。
   A. 比理想气体容易压缩   B. 比理想气体不容易压缩
   C. 易于液化   D. 不易液化

（三）填空题答案

1. (1) 分子本身不占有体积，(2) 分子间无相互作用力；2. $-RT/p^2$；3. 增大，小；4. 饱和蒸气压；5. 气相、液相不分；6. 最高；7. 相同；8. 大于。

（四）选择题答案

1. B；2. A；3. C；4. B；5. D；6. D；7. C，B；8. A；9. A。

第二章 热力学第一定律

一、基本要求

1. 掌握热力学基本概念：系统与环境、状态与状态函数、广度性质与强度性质、过程与途径、功与热、热力学能、焓、热容、热力学平衡态等。
2. 掌握热力学第一定律的意义，熟练掌握热力学第一定律的数学表达式。
3. 熟练掌握热力学能与焓的定义、性质及单位；理想气体热力学能与焓的性质；$\Delta H = Q_p$、$\Delta U = Q_V$ 两式成立的条件及意义；$C_{V,m}$、$C_{p,m}$ 的定义和单位，利用热容求显热的计算。
4. 掌握摩尔相变焓的定义及单位，不同温度下相变焓的计算；掌握物质的标准摩尔生成焓和标准摩尔燃烧焓的定义，并能应用这些基础数据进行相应过程热效应的计算。
5. 熟练掌握可逆过程与不可逆过程的基本特点及可逆过程在热力学方法中的意义。
6. 熟练掌握应用热力学第一定律的有关公式计算理想气体在恒温、恒容、恒压、绝热可逆、绝热不可逆等过程中的 ΔU、ΔH、Q、W 的计算。
7. 会应用盖斯定律与基希霍夫公式进行有关热效应的计算。

二、核心内容

（一）基本概念及术语

1. 系统与环境

（1）系统（system）：热力学中作为研究对象的那部分物质，称体系、物系。
（2）环境（ambience）：系统以外与之相联系的那部分物质，又称外界。
（3）隔离系统：指与环境既没有物质交换，也没有能量交换的系统，又称孤立系统。
（4）封闭系统：指与环境间没有物质交换，但可以有能量交换的系统。
（5）敞开系统：指与环境间既有物质交换又有能量交换的系统，又称开放系统。

隔离系统是一个理想化的系统，客观上并不存在。但因其不需要考虑环境，可使问题简化，所以隔离系统的概念在热力学中是不可缺少的。为研究方便，我们把"系统＋环境"看作一个整体，称为"总系统"。在处理问题时，"总系统"可作为"孤立系统"处理，这是人为的，是为研究问题的需要，二者并不是完全等同的。

热力学研究中，除有特别注明外，均以封闭系统作为研究对象。几乎不研究敞开系统，因为该系统物质不守恒,能量也不可能守恒。环境一般要比系统大很多,可以为系统提供恒定的温度和压力。

2. 状态与状态函数

(1) 状态:热力学用系统所有的性质来描述它所处的状态,当系统所有性质确定后,系统就处于确定的状态。

(2) 状态函数:鉴于状态与性质之间的对应关系,把系统的热力学性质称作状态函数。

3. 过程与途径

在一定的环境条件下,系统发生了由一个平衡态变到另一个平衡态的变化,称为发生了一个过程。物理化学中,习惯用"1"表示系统的始态,用"2"表示系统的终态(或末态)。完成指定始态至终态的变化过程的具体步骤称为途径。

按照系统内部物质变化的类型,过程可以分为单纯 pVT 变化、相变化和化学变化三类。

按照过程进行的特定条件,过程可以分为恒温过程($T_{sys}=T_{amb}=$定值)、恒压过程($p_{sys}=p_{amb}=$定值)、恒容过程($V=$定值)、绝热过程($Q=0$)、循环过程等。

4. 热和功

在热力学中,热和功是系统与环境之间交换能量的两种形式。

(1) 热(Q):由于温度不同而引起的系统与环境之间交换或传递的能量称为显热;由于系统相变化而交换或传递的能量称为潜热;化学反应热是系统发生化学变化后,使反应产物的温度回到反应前始态的温度,系统放出或吸收的热量,化学反应热通常有恒容反应热和恒压反应热两种。热的本质是系统与环境因内部质点无序运动的平均强度不同而交换的能量。

(2) 功(W):除热交换以外系统与环境之间的其他一切能量交换形式称为功。物理化学中常见的功有体积功(也称膨胀功)和非体积功(如电功和表面功等)。经典热力学中一般不考虑非体积功。功的本质是系统与环境间因质点的有序运动而交换的能量。

热和功不是状态函数,而是途径函数,只有知道了具体途径才能计算热和功的数值。若系统的始、终状态相同,不同途径的热和功的数值是不同的。热和功只存在于系统状态的变化过程中,过程一旦终止,热和功就变成了系统或环境的能量。热和功必须由环境受到的影响来显示,热和功可以相互转换。

(二) 基本定义式

体积功定义式:$\delta W = -p_{amb}dV$ $\qquad W = -\int_{V_1}^{V_2} p_{amb}dV$

焓的定义式:$H = U + pV$

摩尔定压热容定义式:$C_{p,m} = \dfrac{1}{n} \times \dfrac{\delta Q_p}{dT} = \dfrac{1}{n}\left(\dfrac{\partial H}{\partial T}\right)_p = \left(\dfrac{\partial H_m}{\partial T}\right)_p$

摩尔定容热容定义式:$C_{V,m} = \dfrac{1}{n} \times \dfrac{\delta Q_V}{dT} = \dfrac{1}{n}\left(\dfrac{\partial U}{\partial T}\right)_V = \left(\dfrac{\partial U_m}{\partial T}\right)_V$

热力学第一定律数学表达式:$\Delta U = Q + W$ 或 $dU = \delta Q + \delta W = \delta Q - p_{amb}dV + \delta W'$

说明：①式中 p_{amb}（或 $p_环$）为环境的压力，W' 为非体积功；②公式 $\Delta U=Q+W$ 适用于封闭系统的一切过程。规定系统吸热为正，放热为负；系统得到功为正，对环境做功为负。

（三）各种变化过程中 Q、W、ΔU 和 ΔH 的计算（非体积功 $W'=0$）

物理量		W	Q	ΔU	ΔH
定义式基本过程		$-\int_{V_1}^{V_2} p_{amb}dV$	$\Delta U-W$	$Q+W$	$\Delta U+\Delta(pV)$
单纯 PVT 变化	理气恒温 自由膨胀	0	0	0	0
	理气恒温 恒外压	$-p_{amb}\Delta V$	$-W$		
	理气恒温 可逆	$W_{T,r}=-nRT\ln\dfrac{V_2}{V_1}$	$Q_{T,r}=-W_{T,r}$		
	恒容可逆 理气	0	$\int C_V dT$	$\int C_V dT$	$\int C_p dT$
	恒容可逆 任意物质	0	$\int C_V dT$	Q_V	$\Delta U+V\Delta p$
	恒压可逆 理气	$-p_{amb}\Delta V$	$\int C_p dT$	$\int C_V dT$	$\int C_p dT$
	恒压可逆 任意物质	$-p_{amb}\Delta V$	$\int C_p dT$	$Q_p-p\Delta V$	Q_p
理气绝热可逆		$\Delta U=\int C_V dT$	0	$\int C_V dT$	$\int C_p dT$
理气绝热恒外压		$-p_{amb}\Delta V$	0	$\int C_V dT$	$\int C_p dT$
相变（恒温恒压）		$-p_{amb}\Delta V$	$Q_p=\Delta_\alpha^\beta H$	Q_p+W	$\Delta_\alpha^\beta H$（相变热）
化学变化（恒温恒压）		$-p_{amb}\Delta V$	Q_p	Q_p+W $\Delta_r U_m^\ominus=\Delta_r H_m^\ominus$ $-\sum_B \nu_B RT$	Q_p $\Delta_r H_m^\ominus=\sum_B \nu_B \Delta_f H_m^\ominus$

（四）理想气体绝热过程

$$Q=0 \qquad W=\Delta U=nC_{V,m}\Delta T \qquad \Delta H=nC_{p,m}\Delta T$$

这里特别提醒的是需要区分理想气体的绝热不可逆过程和绝热可逆过程。无论过程可逆与否，理想气体的绝热过程中环境对系统所做的功 W 或 ΔU 均可用下式进行计算。

$$W=\Delta U=nC_{V,m}\Delta T\text{（常用）}$$

解题关键是求解始、终态的温度 T 或压力，常用方法如下：

（1）绝热可逆过程

采用理想气体的绝热可逆过程方程：

①$T_1 p_1^{\frac{1-\gamma}{\gamma}}=T_2 p_2^{\frac{1-\gamma}{\gamma}}$，②$p_1 V_1^\gamma=p_2 V_2^\gamma$，③$T_1 V_1^{\gamma-1}=T_2 V_2^{\gamma-1}$

式中 $\gamma=\dfrac{C_{p,m}}{C_{V,m}}$ 为热容比。

（2）绝热不可逆过程

不能应用绝热可逆过程方程，只能用如下等式求解。

例如反抗恒定外压的绝热过程，由 $\Delta U = nC_{V,m}\Delta T = W = \int_{V_1}^{V_2} -p_{环}\mathrm{d}V$ 建立下列方程：

$$nC_{V,m}(T_2 - T_1) = -p_{环}\left(\frac{nRT_2}{p_2} - \frac{nRT_1}{p_1}\right)$$

（五）凝聚态物质

系统为凝聚相物质，状态函数通常近似认为仅与温度有关，而与压力或体积无关，即 $C_{p,m} - C_{V,m} \approx 0$；$\Delta V \approx 0$；$W \approx 0$；$\Delta U \approx \Delta H = nC_{p,m}\Delta T$；$Q = \Delta U - W = \Delta H$。

（六）相变化过程的焓变 $\Delta_\alpha^\beta H$（α 代表相变的始态，β 代表相变的终态）的计算

（1）可逆相变

纯物质在恒定温度 T 及该温度的平衡压力（饱和蒸气压）下发生的相变化称为可逆相变，其单位物质的量的焓变是摩尔相变焓。文献或手册通常给出的是大气压力 101.325 kPa 及其平衡温度下的相变焓数据。如，水在 101.325 kPa 下，100 ℃时汽化焓 $\Delta_{vap}H_m = \Delta_l^g H_m = 40.668$ kJ·mol^{-1}。

由温度 T_0 下的相变焓计算另一温度 T 下的相变焓：已知物质 B 在温度 T_0 及其平衡压力 p_0 下的摩尔相变焓 $\Delta_\alpha^\beta H_m(T_0)$，两相的摩尔定压热容分别为 $C_{p,m}(\alpha)$ 及 $C_{p,m}(\beta)$，求温度 T 及其平衡压力 p 下的摩尔相变焓 $\Delta_\alpha^\beta H_m(T)$：

$$\Delta H_m(\alpha) = \int_T^{T_0} C_{p,m}(\alpha)\mathrm{d}T, \Delta H_m(\beta) = \int_{T_0}^T C_{p,m}(\beta)\mathrm{d}T, \Delta_\alpha^\beta C_{p,m} = \Delta C_{p,m}(\beta) - \Delta C_{p,m}(\alpha)$$

$$\Delta_\alpha^\beta H_m(T) = \Delta H_m(\alpha) + \Delta_\alpha^\beta H_m(T_0) + \Delta H_m(\alpha) = \Delta_\alpha^\beta H_m(T_0) + \int_{T_0}^T \Delta_\alpha^\beta C_{p,m}\mathrm{d}T$$

（2）不可逆相变

对于不可逆相变过程 ΔH 的计算，首先要利用状态函数与途径无关的特点，根据题目所给的条件设计出过程。设计过程的原则：设计包括可逆相变在内的一系列的可逆变化过程，然后通过可逆相变与单纯 pVT 变化过程的焓变的加和来计算过程的焓变（具体过程详见基础篇例题例 6）。

（七）化学反应过程的焓变 ΔH 的计算

（1）$\Delta H = \Delta U + \Delta n_g RT$ 或 $Q_p = Q_V + \Delta n_g RT$

式中，$\Delta n = \sum n(产物,g) - \sum n(反应物,g)$，且 $Q_p = \Delta H$，$Q_V = \Delta U$。

（2）由标准生成焓 $\Delta_f H_m^\ominus(B)$ 计算反应焓：$\Delta_r H_m^\ominus = \sum \nu_B \Delta_f H_m^\ominus(B)$

（3）由标准燃烧焓 $\Delta_c H_m^\ominus(B)$ 计算反应焓：$\Delta_r H_m^\ominus = -\sum \nu_B \Delta_c H_m^\ominus(B)$

（4）标准摩尔反应焓 $\Delta_r H_m^\ominus$ 随温度的变化

基希霍夫公式：$\Delta_r H_m^\ominus(T_2) = \Delta_r H_m^\ominus(T_1) + \int_{T_1}^{T_2} \Delta_r C_{p,m}\mathrm{d}T$

上式要求在温度变化区间内，系统中各物质无相变。$\Delta_r C_{p,m} = 0$，表示 $\Delta_r H_m^\ominus$ 不随温度变化；$\Delta_r C_{p,m} > 0$，表示 $\Delta_r H_m^\ominus$ 随温度的升高而增大；$\Delta_r C_{p,m} < 0$，表示 $\Delta_r H_m^\ominus$ 随温度

的升高而减小。

三、基本概念辨析

1. 等温过程与恒温过程有无区别？等压过程与恒压过程有无区别？恒压过程与恒外压过程是否一样？

答：等温过程是指系统在变化时，温度与环境温度相等，始终态温度相等，即 $T_{始}=T_{终}=T_{环}$。恒温过程是指系统在变化途径中温度保持不变，并与环境温度一致。化学热力学只谈论系统始终态之间的变化，不研究变化的细节与机理，因此等温过程与恒温过程在化学热力学上没有什么区别，是一样的。

等压过程是指系统在变化时，压力与环境保持一样，始终态压力相等，即 $p_{始}=p_{终}=p_{环}$。恒压过程是指系统在变化过程中压力恒定不变，并与外压相等。等压过程和恒压过程的关系与等温过程和恒温过程一样，在化学热力学上没有什么区别，是一样的。

恒压过程与恒外压过程是不一样的，恒压过程系统的压力与外压一直保持相等，恒外压只要求外压即环境压力保持不变，不要求系统压力与外压相等，系统的压力可以变化，例如理想气体反抗一定外压进行一次膨胀，是恒外压过程，而不是恒压过程。恒压过程一定有恒外压的条件做保证，而恒外压过程却不一定是恒压过程。

2. 由热力学第一定律表达式 $\Delta U=Q+W$，来说明第一类永动机是不可能制成的。

答：第一类永动机是指不需要消耗任何能量便能不断向外做功的机器，机器的运转是要周而复始的，由热力学第一定律表达式 $\Delta U=Q+W$，机器运转一周，$\Delta U=0$，$W=-Q$。若外界不提供能量（如热能），即 $Q=0$，则 $W=0$，机器就不能向外做功，因此第一类永动机是不可能制成的。

3. 热与热力学能（内能）都是能量，所以它们的性质相同。这句话是否正确？

答：不正确。虽然功、热与热力学能都具有能量的量纲，但在性质上不同：热力学能是系统的性质，是状态函数，而热与功是系统与环境之间交换的能量，功与热是被"交换"或被"传递"的能量，不是系统的性质，不是状态函数。并且热与功也有区别，热是微粒无序运动而传递的能量，功是微粒有序运动而传递的能量，功可以无条件全部变成热，而热不能无条件全部变成功。

4. 系统经历一个循环后，ΔH、ΔU、Q、W 是否都等于零？

答：系统经历一个循环，意味着系统经过一系列变化后又回复到原来的状态。所以系统的所有状态函数都随之回复至原来的数值，H 和 U 是系统的状态函数，因此 $\Delta U=0$，$\Delta H=0$。但功和热都是过程函数，不仅与始态和终态有关，还与变化的途径有关。系统经一循环后状态复原，一般情况下，系统从始态至中间态的途径与从中间态复原至始态时的途径不同，因此两过程的功不会刚好抵消，热也不会刚好抵消。在特殊情况下，如系统经绝热可逆膨胀后又绝热可逆压缩回原状态，或系统经等温可逆膨胀后又等温可逆压缩回复原状态，这时 Q、W 都等于零。

5. $dU=nC_{V,m}dT$，$dH=nC_{p,m}dT$ 在何种条件下能适用？对化学反应、相变化或有非体积功变化过程，此两式还能适用吗？

答：此两式不是在任何条件下都能适用的，只有物质的 U、H 仅是温度的单值函数时才适用，例如理想气体。另外，状态方程为 $pV=RT+bp$ 的刚球模型气体的热力学能 U 也适用。对化学反应、相变化或有非体积功的变化过程，此两式不能适用。

6. 气体经绝热自由膨胀后，因为 $Q=0$，$W=0$，所以 $\Delta U=0$，气体温度不变，该判断正确吗？

答：不完全正确。若是理想气体则正确，若是非理想气体温度就会改变。如范德华气体，分子之间有吸引力，在气体膨胀后，体积增大，分子之间距离增大，势能增大，而气体的总热力学能不变，只有动能减少，气体温度降低。

7. 在理解物质的标准摩尔生成焓的定义时，要注意些什么？

答：物质的标准摩尔生成焓的定义：在温度为 T 的标准态下，由稳定相态的单质生成 1 mol β 相态的化合物 B(β)，该生成反应的焓变即为该化合物 B(β) 在温度 T 时的标准摩尔生成焓。物质的标准摩尔生成焓是相对数值，因为热力学能 U、焓 H 等的绝对量无法测量，只能测量始终态之间的变化值，如 ΔU、ΔH 等，为便于比较和计算方便，采用相对数值方法，就要规定一个参比点：定义稳定单质标准状态时的摩尔生成焓为零，来确定其他各种物质的相对焓值，即标准摩尔生成焓，它是一个相对值。此外，应注意：同一种物质，在不同的温度、不同的聚集状态下，其标准摩尔生成焓是不同的。

四、例题

（一）基础篇例题

例 1 1 mol 某单原子理想气体由 300 K、1 MPa 经恒容变化到 0.2 MPa，求过程的 Q、W、ΔU 及 ΔH。

解：因恒容过程，$\Delta V=0$，$W=0$（如图 2-1 所示，无阴影面积），终态的温度：

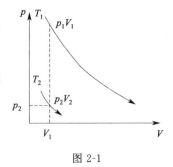

图 2-1

$$T_2 = \frac{p_2 T_1}{p_1} = \frac{0.2 p_1 \times T_1}{p_1} = 60 \text{ K}$$

$$Q_V = \Delta U = nC_{V,m}\Delta T = \left[1 \times \frac{3}{2} \times 8.314 \times (60-300)\right] \text{J} = -2993 \text{ J}$$

$$\Delta H = nC_{p,m}\Delta T = \left[1 \times \frac{5}{2} \times 8.314 \times (60-300)\right] \text{J} = -4988 \text{ J}$$

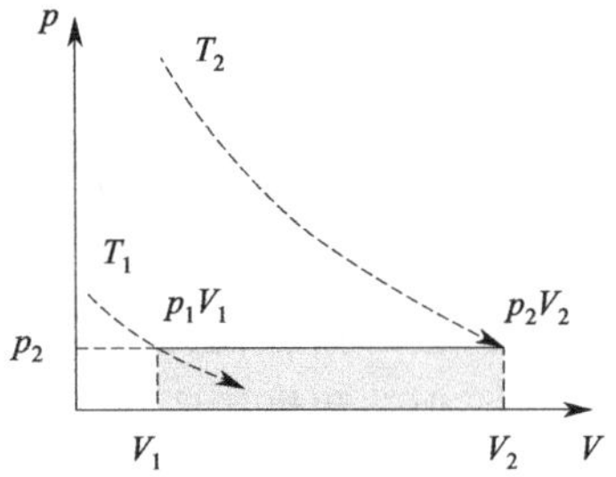

例 2 1 mol 某单原子理想气体从 300 K、100 kPa 恒压膨胀至原体积的 5 倍，求此过程的 Q、W、ΔU 及 ΔH。

解：因恒压升温过程，终态的温度：

$$T_2 = \frac{V_2}{V_1}T_1 = 1500 \text{ K}$$

$$\begin{aligned}Q_p = \Delta H &= nC_{p,m}(T_2-T_1) \\ &= \left[1 \times \frac{5}{2} \times 8.314 \times (1500-300)\right] \text{J} \\ &= 2.49 \times 10^4 \text{ J}\end{aligned}$$

$$W = -p(V_2-V_1) = -nR(T_2-T_1) = 9976.8 \text{ J}$$

图 2-2

（如图 2-2 所示阴影面积为体积功）

$$\Delta U = Q_p + W = 1.49 \times 10^4 \text{ J} \quad \text{或} \quad \Delta U = nC_{V,m}(T_2-T_1) = 1.49 \times 10^4 \text{ J}$$

例3 某双原子理想气体 1 mol 从始态 350 K、200 kPa 经过如下五个不同过程达到各自的平衡态，求各过程的 Q、W、ΔU 及 ΔH。

（1）恒温可逆膨胀到 50 kPa；
（2）恒温反抗 50 kPa 恒外压的不可逆膨胀；
（3）恒温向真空膨胀到 50 kPa（自由膨胀）；
（4）绝热可逆膨胀到 50 kPa；
（5）绝热反抗 50 kPa 恒外压的不可逆膨胀。

解：（1）理想气体的 U 和 H 都只是温度的函数，因 $\Delta T=0$，故
$$\Delta U=0, \Delta H=0, Q=-W$$
$$W=-nRT\ln\frac{p_1}{p_2}=\left(-1\times 8.314\times 350\times\ln\frac{200}{50}\right)\text{J}=-4.034\text{ kJ}$$

（2）$\Delta T=0$，$\Delta U=0$，$\Delta H=0$，$Q=-W$
$$W=-p\Delta V=-p(V_2-V_1)=-p\left(\frac{nRT}{p_2}-\frac{nRT}{p_1}\right)$$
$$=\left[50\times\left(\frac{1\times 8.314\times 350}{50}-\frac{1\times 8.314\times 350}{200}\right)\right]\text{J}=-2.182\text{ kJ}$$

（3）恒温向真空膨胀也可描述为自由膨胀，是在 $p_{\text{amb}}=0$ 下的膨胀，则
$$\Delta T=0, \Delta U=0, \Delta H=0, W=-p_{\text{amb}}\text{d}V=0, \Delta U=Q+W, Q=0$$

（4）先求出经绝热可逆膨胀至终态时的温度，再进一步求解该过程的 Q、W、ΔU 和 ΔH。对于双原子理想气体有：$\gamma=\dfrac{C_{p,\text{m}}}{C_{V,\text{m}}}=\dfrac{3.5R}{2.5R}=1.4$；由理想气体绝热可逆过程方程：
$$T_1 p_1^{\frac{1-\gamma}{\gamma}}=T_2 p_2^{\frac{1-\gamma}{\gamma}}$$
则
$$T_2=T_1\left(\frac{p_1}{p_2}\right)^{\frac{1-\gamma}{\gamma}}=350\times\left(\frac{200}{50}\right)^{\frac{1-1.4}{1.4}}=235.5\text{ K}$$

由绝热可逆膨胀得：$Q=0$
$$W=\Delta U=nC_{V,\text{m}}(T_2-T_1)=[1\times 2.5\times 8.314\times(235.5-350)]\text{J}=-2.380\text{ kJ}$$
$$\Delta H=nC_{p,\text{m}}(T_2-T_1)=[1\times 3.5\times 8.314\times(235.5-350)]\text{J}=-3.332\text{ kJ}$$

（5）绝热不可逆过程不可使用绝热可逆过程方程，因绝热过程 $Q=0$，故 $\Delta U=W$。

恒外压膨胀的体积功：$W=-p_{\text{amb}}\Delta V=-p_{\text{amb}}(V_2-V_1)=-p_{\text{amb}}\left(\dfrac{nRT_2}{p_{\text{amb}}}-\dfrac{nRT_1}{p_1}\right)$

$$\Delta U=nC_{V,\text{m}}(T_2-T_1)=n\times 2.5\times R\times(T_2-T_1)$$
$$-p_{\text{amb}}\left(\frac{nRT_2}{p_{\text{amb}}}-\frac{nRT_1}{p_1}\right)=n\times 2.5\times R\times(T_2-T_1)$$
$$-1\times 8.314\times T_2+1\times 8.314\times\frac{50}{200}\times T_1=1\times 2.5\times 8.314\times(T_2-350)$$

解出 $T_2=275\text{ K}$

则 $W=\Delta U=nC_{V,\text{m}}(T_2-T_1)=[1\times 2.5\times 8.314\times(275-350)]\text{J}=-1.559\text{ kJ}$
$$\Delta H=nC_{p,\text{m}}(T_2-T_1)=[1\times 3.5\times 8.314\times(275-350)]\text{J}=-2.182\text{ kJ}$$

过程（1）、（2）、（3）的始终态相同，状态函数是完全相同的，非状态函数 Q、W 完全不

同,体积功差别如图 2-3 所示,阴影面积为体积功。

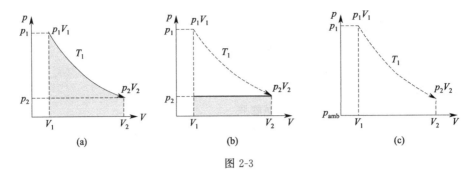

图 2-3

比较上述结果可以看出,(1)、(2)、(3) 中的 ΔU 和 ΔH 都为零,但 (4)、(5) 的 ΔU 和 ΔH 却与之不同,这与状态函数的改变量与途径无关的性质是否矛盾呢?结论是不矛盾。因为状态函数的改变量与途径无关的前提是始终态一定相同,过程 (1)、(2)、(3) 的始终态相同,所以 ΔU 和 ΔH 相同。过程 (4)、(5) 的始态虽与 (1)、(2)、(3) 相同,终态压力也相同,但终态温度不同,所以 ΔU 和 ΔH 也就不同。

例 4 一气体从某一状态出发,经绝热可逆膨胀或经恒温可逆膨胀到一相同的体积,哪一种膨胀过程系统对环境所做的功数值大? 状态 $A \rightarrow B$ 为恒温可逆过程,状态 $A \rightarrow C$ 为绝热可逆过程,如果从 $A(p_1, V_1)$ 经过一个绝热不可逆过程到相同的 V_2 或者 p_2,终态将在 C 之下,还是 B 之上,还是 BC 之间?

解: 恒温可逆过程的温度不变,热力学能不变,$\Delta U = 0$,$W = -Q_{sys} = Q_{amb}$,所做的功全部来自环境;绝热膨胀过程时,$Q = 0$,$W = \Delta U$,系统对环境做功,W 为负值,所做的功全部来自系统的热力学能,系统的温度必然降低,当达到相同的终态体积(压力)时,绝热线必然在恒温可逆线之下。如图 2-4(a) 所示,AB 为恒温可逆线,AC 为绝热可逆线,曲线下阴影面积即为膨胀功,所以恒温可逆过程所做的功数值大。绝热不可逆膨胀所做的功在数学上小于绝热可逆膨胀过程[膨胀功为负值,具体计算过程见例 3-(4) 和例 3-(5) 这两个过程],即绝热不可逆膨胀的终态温度高于绝热可逆膨胀过程的终态温度,当终态体积相同时,终态压力一定大于 C,即在 C 之上。同理,当终态压力相同时,终态体积也一定在 C 的右侧,即其终态必在 BC 之间,见图 2-4(b)。

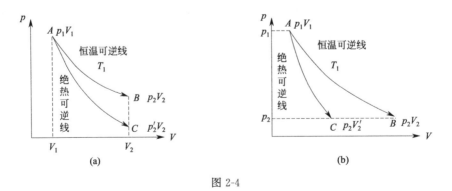

图 2-4

例 5 (1) 1 mol 水在 100 ℃、$p^{\ominus}$ 下全部蒸发为水蒸气,求该过程的 Q、W、ΔU 及 ΔH。已知水的汽化焓为 40.6 kJ·mol^{-1},水蒸气与液体水的摩尔体积分别为 $V_m(g) = 30.19$

$dm^3 \cdot mol^{-1}$，$V_m(l) = 18.00 \times 10^{-3} dm^3 \cdot mol^{-1}$。(2) 若是 100 ℃、101.325 kPa 下，1 mol 液体水向真空蒸发，变成同温同压的水蒸气（突然放入恒温 100 ℃ 的真空箱中，控制体积使终态压力为 $p^{\ominus}$），求该过程的 Q、W、ΔU 及 ΔH。

解：（1）此过程为正常相变点时的可逆相变过程，是恒温、恒压、$W' = 0$ 的可逆蒸发过程，故 $Q_p = n\Delta_{vap}H_m = 1 \text{ mol} \times 40.60 \text{ kJ} \cdot \text{mol}^{-1} = 40.60 \text{ kJ}$

$W = -p_{amb}(V_{m,g} - V_{m,l}) = -[101.325 \times 10^3 \times (30.19 - 18.00 \times 10^{-3}) \times 10^{-3}]J = -3.057 \text{ kJ}$

当水蒸气视为理想气体，且忽略水的体积时：

$W = -p_{amb}(V_{m,g} - V_{m,l}) \approx -pV_{m,g} = nRT = (-1 \times 8.314 \times 373.15)J = -3.102 \text{ kJ}$

$\Delta U = Q + W = (40.60 - 3.057)kJ = 37.54 \text{ kJ}$

（2）解法一：$p_{amb} = 0$，$W = -p_{amb}dV = 0 \text{ kJ}$

ΔU、ΔH 是状态函数，其值同上题中的 ΔU、ΔH。$Q = \Delta U = 37.54 \text{ kJ}$

解法二：$\Delta H = n\Delta_{vap}H_m = 1 \text{ mol} \times 40.60 \text{ kJ} \cdot \text{mol}^{-1} = 40.60 \text{ kJ}$

$\Delta U = \Delta H - \Delta(pV) = \Delta H - \Delta(p_2V_2 - p_1V_1)$
$= \Delta H - \Delta(pV_g - pV_l) = \Delta H - (nRT - 0) = \Delta H - nRT = 37.54 \text{ kJ}$

例 6 1 mol 水在 298.15 K、101.325 kPa 条件下，经等温、等压完全蒸发为水蒸气，试求该过程的 Q、W、ΔU 及 ΔH。已知：$H_2O(l)$ 和 $H_2O(g)$ 的 $\overline{C}_{p,m}$ 分别为 75.29 J·$K^{-1} \cdot mol^{-1}$ 和 33.58 J·$K^{-1} \cdot mol^{-1}$，水在正常沸点 373.15 K 下的 $\Delta_{vap}H_m = 40.60 \text{ kJ} \cdot \text{mol}^{-1}$。

解： 本题是典型的已知可逆相变求不可逆相变，重要的是设计可逆路线。（水的正常沸点是 373.15 K 与其饱和蒸气压 101.325 kPa 下发生的，此相变过程为可逆相变。水在 298.15 K 时其饱和蒸气压为 3.166 kPa，所以在 298.15 K、101.325 kPa 下水的相变一定是不可逆相变）。由系统的始终态设计恒压变温可逆过程如图 2-5：

$\Delta H_1 = nC_{p,m,H_2O(l)}\Delta T = 75.29 \text{ J} \cdot \text{K}^{-1} \cdot \text{mol}^{-1} \times (373.15 - 298.15)K = 5.65 \text{ kJ} \cdot \text{mol}^{-1}$

$\Delta H_2 = n\Delta_{vap}H_m = 40.60 \text{ kJ} \cdot \text{mol}^{-1}$

$\Delta H_3 = nC_{p,m,H_2O(g)}\Delta T = 33.58 \text{ J} \cdot \text{K}^{-1} \cdot \text{mol}^{-1} \times (298.15 - 373.15)K = -2.52 \text{ kJ} \cdot \text{mol}^{-1}$

$\Delta_{vap}H_m(298.15 \text{ K}) = \Delta H_1 + \Delta_{vap}H_m(373.15 \text{ K}) + \Delta H_3 = 43.73 \text{ kJ} \cdot \text{mol}^{-1}$

$Q_p = \Delta H = \Delta_{vap}H_m = 43.73 \text{ kJ}$

$W = -p_{amb}(V_g - V_l) \approx -pV_g = -n_gRT = (-8.314 \times 298.15)J = -2.48 \text{ kJ}$

$\Delta U = Q + W = (43.73 - 2.48)kJ = 41.25 \text{ kJ}$

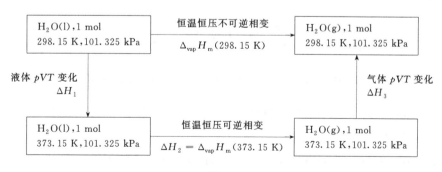

图 2-5

例 7 已知 A(g)、B(g) 和 Y(g) 的 $\Delta_fH_m^{\ominus}(298 \text{ K})$ 分别为 $-235 \text{ kJ} \cdot \text{mol}^{-1}$、$52 \text{ kJ} \cdot \text{mol}^{-1}$ 和 $-241 \text{ kJ} \cdot \text{mol}^{-1}$，$C_{p,m}$ 分别为 $19.1 \text{ J} \cdot \text{K}^{-1} \cdot \text{mol}^{-1}$、$4.2 \text{ J} \cdot \text{K}^{-1} \cdot \text{mol}^{-1}$、$30.0 \text{ J} \cdot$

$K^{-1} \cdot mol^{-1}$（$C_{p,m}$ 的适用范围为 25～800 ℃）。试求气相反应 A(g)+B(g) $\rightleftharpoons$ Y(g) 在 500 ℃、100 kPa 下进行时，Q、W、$\Delta_r H_m^\ominus$、$\Delta_r U_m^\ominus$ 各为多少，并写出计算过程。

解：由题给数据可得：

$\Delta_r H_m^\ominus(298\ K) = \Delta_f H_m^\ominus(Y) - \Delta_f H_m^\ominus(A) - \Delta_f H_m^\ominus(B) = -58.0\ kJ \cdot mol^{-1}$

$\sum \nu_B C_{p,m}(B) = 6.7\ J \cdot mol^{-1} \cdot K^{-1}$

$\Delta_r H_m^\ominus(773\ K) = \Delta_r H_m^\ominus(298\ K) + \int_{298\ K}^{773\ K} \sum \nu_B C_{p,m}(B) dT = -54.8\ kJ \cdot mol^{-1}$

$Q = \Delta_r H_m^\ominus(773\ K) = -54.8\ kJ \cdot mol^{-1}$

$\Delta_r U_m^\ominus = \Delta_r H_m^\ominus - \sum \nu_B(g) RT = -48.39\ kJ \cdot mol^{-1}$

$W = -p\Delta V = \sum \nu_B(g) RT = 6.43\ kJ \cdot mol^{-1}$

（二）提高篇例题

例 1 2 mol 某双原子理想气体从 298 K、100 kPa 的始态沿 pT = 常数的途径可逆压缩至 200 kPa 的终态，求该过程的 Q、W、ΔU 及 ΔH。

解：始态 $T_1 = 298\ K$，$p_1 = 100\ kPa$，则

$$V_1 = \frac{nRT_1}{p_1} = \frac{2\ mol \times 8.314\ J \cdot mol^{-1} \cdot K^{-1} \times 298\ K}{100 \times 10^3\ Pa} = 0.04955\ m^3$$

终态 $p_2 = 200\ kPa$，$T_2 = \frac{T_1 p_1}{p_2} = \left(\frac{298 \times 100}{200}\right) K = 149\ K$，则

$$V_2 = \frac{nRT_2}{p_2} = \frac{2\ mol \times 8.314\ J \cdot mol^{-1} \cdot K^{-1} \times 149\ K}{200 \times 10^3\ Pa} = 0.01239\ m^3$$

所以 $\Delta U = nC_{V,m}(T_2 - T_1) = \left[2 \times \frac{5}{2} \times 8.314 \times (149 - 298)\right] J = -6193.9\ J$

$\Delta H = nC_{p,m}(T_2 - T_1) = \left[2 \times \frac{7}{2} \times 8.314 \times (149 - 298)\right] J = -8671.5\ J$

该过程的功的计算无现成公式，只能从定义出发：$W = -\int p dV$。

该过程的压力 p 同时服从该过程方程和理想气体状态方程，可以联立两个方程获得 p 和 V 的关联式。

$\begin{cases} pT = C \\ pV = nRT \end{cases} \Rightarrow p = \sqrt{\frac{CnR}{V}}$；根据数学公式 $\int x^n dx = \frac{x^{n+1}}{n+1} + C$，有

$W = -\int p dV = -\sqrt{CnR} \int_{V_1}^{V_2} V^{-0.5} dV = -\sqrt{p_1 T_1 nR} \times 2(\sqrt{V_2} - \sqrt{V_1})$

$\quad = -(100 \times 10^3 \times 298 \times 2 \times 8.314)^{0.5} \times 2 \times [(0.01239)^{0.5} - (0.04955)^{0.5}]$ J

$\quad = 4.9551\ kJ$

$Q = \Delta U - W = (-6193.9 - 4955.1) J = -11149\ J = -11.149\ kJ$

例 2 在一带有活塞的绝热容器中有一固定的绝热隔板，隔板靠活塞一侧为 2 mol、0 ℃的单原子理想气体 A，压力与恒定的环境压力相等；隔板的另一侧为 6 mol、100 ℃的双原子理想气体 B，其体积恒定。今将隔板的绝热层去掉使之变成导热板，求系统达到平衡

时的 T 及过程的 W、ΔU 及 ΔH。

解：题给过程的始态可以表示为图 2-6：$C_{V,m}(A)=1.5R$，$C_{V,m}(B)=2.5R$

图 2-6

当隔板变为导热隔板后，A(g) 与 B(g) 之间产生温差传热，A(g) 温度升高，进行恒外压膨胀，体积变大。B(g) 则恒容降温，直至 A、B 的温度相等达到平衡为止，设终态温度为 t。

因题给系统绝热 $Q=0$，故能由 $\Delta U=W$ 确定终态的温度 t。

$\Delta U = \Delta U(A) + \Delta U(B)$
$\quad = n_A C_{V,m}(A)(t-t_A) + n_B C_{V,m}(B)(t-t_B) = 1.5 n_A R(t-t_A) + 2.5 n_B R(t-t_B)$

$W = -p\{V_2^*(A) - V_1^*(A)\} = -n_A R(t-t_A)$

由 $\Delta U=W$ 可得终态温度：

$$t = \frac{n_A t_A(1.5+1) + 2.5 n_B t_B}{n_A(1.5+1) + 2.5 n_B} = \frac{2.5 \times 6 \text{ mol} \times 100}{2.5 \times (2+6) \text{mol}} = 75 \text{ °C}, \quad T = 348.15 \text{ K}$$

$\Delta U = W = -n_A R(t-t_A) = -2 \text{ mol} \times 8.314 \text{ J·mol}^{-1}\cdot\text{K}^{-1} \times 75 \text{ K} = -1.2471 \text{ kJ}$

虽然 $Q=0$，$p^*(A)=p_{amb}=$ 常数，但 $p^*(B)$ 降低，所以此题不是绝热恒压过程，焓必变，

$\Delta H = \Delta U + \Delta(pV)$

$\Delta(pV) = \Delta(pV)_A + \Delta(pV)_B = n_A R \Delta T_A + n_B R \Delta T_B$
$\quad = 8.314 \text{ J·mol}^{-1}\cdot\text{K}^{-1} \times (2 \text{ mol} \times 75 \text{ K} - 6 \text{ mol} \times 25 \text{ K}) = 0$

$\Delta H = \Delta U = -1.2471 \text{ J}$

ΔH 也可直接计算：$\Delta H = \Delta H(A) + \Delta H(B)$
$\quad = R(2.5 n_A \Delta T_A + 3.5 n_B \Delta T_B) = -1.2471 \text{ J}$

例 3 已知 100 kPa 下冰的熔点为 0 °C，此时冰的比融化焓 $\Delta_{fus}H=333.3 \text{ J·g}^{-1}$，水和冰的定压比热容分别为 $C_p(l)=4.184 \text{ J·g}^{-1}\cdot\text{K}^{-1}$，$C_p(s)=2.000 \text{ J·g}^{-1}\cdot\text{K}^{-1}$，今在绝热容器内向 1 kg，50 °C 的水中投入 0.8 kg 温度为 -20 °C 的冰，求：(1) 终态的温度；(2) 终态水和冰的质量。

解：(1) 假设冰全部融化，终态温度为 t。

$\Delta H = m_1(l) C_p(l)[t - t_1(l)] + m_1(s) C_p(s)[0 - t_1(s)] + m_1(s) \Delta_{fus} H + m_1(s) C_p(l)(t-0) = 0$

上式整理可得终态温度：

$$t = \frac{m_1(l) C_p(l) t_1(l) + m_1(s) C_p(s) t_1(l) - m_1(l) \Delta_{fus} H}{[m_1(l) + m_1(l)] \times C_p(l)}$$

$$= \frac{1 \times 10^3 \times 4.184 \times 50 - 0.8 \times 10^3 \times 2.000 \times 20 - 0.8 \times 10^3 \times 333.3}{(0.8+1) \times 10^3 \times 4.184} = -11.88 \text{ °C}$$

冰全融化，而 $t<0$ ℃，假设（1）不合理，说明冰未完全融化。

(2) 假设冰融化的质量为 x，即部分融化。始态同（1），始态则为：

$H_2O(l) \rightleftharpoons H_2O(s)$，$m_2(l)=x+1$ kg，$m_2(s)=0.8$ kg$-x$，冰与水两相平衡，在 100 kPa 下，其温度只能是 0 ℃。

$\Delta H = m_1(l)C_p(l)[0-t_1(l)] + m_1(s)C_p(s)[0-t_1(s)] + x(s)\Delta_{fus}H = 0$

由上式可得冰融化的质量：

$$x = \frac{m_1(l)C_p(l)\times 50\text{ K} + m_1(s)C_p(s)\times 20\text{ K}}{\Delta_{fus}H} = \frac{1\times 10^3\times 4.184\times 50 - 0.8\times 10^3\times 2.000\times 20}{333.3}$$

$= 0.5317$ kg

$x < m_1(s) = 0.8$ kg；假设合理。终态冰和水的质量分别为：

$m_1(s) = m_1(s) - x = 0.8$ kg $- 0.5317$ kg $= 0.2683$ kg

$m_2(l) = m_1(l) + x = 1$ kg $+ 0.5317$ kg $= 1.5317$ kg

例 4 25 ℃下，密闭恒容的容器中有 10 g 固体萘 $C_{10}H_8(s)$ 在过量的 $O_2(g)$ 中完全燃烧生成 $CO_2(g)$ 和 $H_2O(l)$。过程放热 401.727 kJ。求：（1）$C_{10}H_8(s)+12O_2(g)\longrightarrow 10CO_2(g)+4H_2O(l)$ 的反应进度；（2）$C_{10}H_8(s)$ 的 $\Delta_rU_m^\ominus$；（3）$C_{10}H_8(s)$ 的 $\Delta_rH_m^\ominus$。

解：（1）萘的摩尔质量 $M = 128.17$ g·mol^{-1}，则萘的物质的量为：

$$n = \frac{m}{M} = \frac{10}{128.17}\text{ mol} = 0.07802\text{ mol}$$

此题中萘的燃烧过程为恒温恒容过程，即：

$$C_{10}H_8(s) + 12O_2(g) \longrightarrow 10CO_2(g) + 4H_2O(l)$$

由于燃烧在过量氧气中进行，且萘是完全燃烧，根据反应进度定义，有：

$$\Delta\xi = \frac{\Delta n_B}{\nu_B} = \frac{-0.07802}{-1}\text{ mol} = 0.07802\text{ mol}$$

(2) 若反应进行 1 mol 时，上述反应恒温恒容摩尔反应热 $Q_{V,m} = \Delta_rU_m^\ominus$，则：

$$\Delta_rU_m^\ominus = Q_{V,m} = \frac{Q_V}{\Delta\xi} = \left(\frac{-401.727}{0.07802}\right)\text{kJ·mol}^{-1} = -5149\text{ kJ·mol}^{-1}$$

(3) 反应的 $\Delta_rH_m^\ominus$ 可按下式计算

$\Delta_rH_m^\ominus = \Delta_rU_m^\ominus + \sum\nu_B(g)RT = [-5419 + (10-12)\times 8.314\times 298.15\times 10^{-3}]\text{ kJ·mol}^{-1}$

$= -5424$ kJ·mol^{-1}

例 5 已知 25 ℃甲酸甲酯的标准摩尔燃烧焓 $\Delta_cH_m^\ominus(HCOOCH_3,l)$ 为 -979.5 kJ·mol^{-1}，甲酸(HCOOH,l)、甲醇(CH_3OH,l)、水(H_2O,l) 及二氧化碳(CO_2,g) 的标准摩尔生成焓 $\Delta_fH_m^\ominus$ 分别为 -424.72 kJ·mol^{-1}、-238.66 kJ·mol^{-1}、-285.83 kJ·mol^{-1} 及 -393.509 kJ·mol^{-1}。应用这些数据求 25 ℃时下列反应的标准摩尔反应焓。

$$HCOOH(l) + CH_3OH(l) \xrightarrow{\Delta_rH_m^\ominus} HCOOCH_3(l) + H_2O(l)$$

解： 此题所用的公式为：$\Delta_rH_m^\ominus = \sum\limits_B \nu_B\Delta_fH_m^\ominus(B,\beta,T)$，则题给反应 $\Delta_fH_m^\ominus$ 的计算式为：

$\Delta_rH_m^\ominus = \Delta_fH_m^\ominus(H_2O,l) + \Delta_fH_m^\ominus(HCOOCH_3,l)$

$\quad - \Delta_fH_m^\ominus(HCOOH,l) - \Delta_fH_m^\ominus(CH_3OH,l)$ (1)

对照题给数据可知，缺少(HCOOCH$_3$,l)的$\Delta_f H_m^\ominus$，所以需先求出该化合物的$\Delta_f H_m^\ominus$。题给虽无(HCOOCH$_3$,l)的$\Delta_f H_m^\ominus$值，但却给出了(HCOOCH$_3$,l)的$\Delta_c H_m^\ominus$值。这就需要从(HCOOCH$_3$,l)的$\Delta_c H_m^\ominus$值求出(HCOOCH$_3$,l)的$\Delta_f H_m^\ominus$。根据$\Delta_c H_m^\ominus$的定义可写出下列反应式，即：

$$\text{HCOOCH}_3(l) + 2\text{O}_2(g) \xrightarrow{\Delta_r H_m^\ominus} 2\text{CO}_2(g) + 2\text{H}_2\text{O}(l) \quad (2)$$

式(2)中标准摩尔反应焓也就是(HCOOCH$_3$,l)的$\Delta_c H_m^\ominus$。再据：

$$\Delta_c H_m^\ominus(\text{HCOOCH}_3,l) = 2\Delta_f H_m^\ominus(\text{H}_2\text{O},l) + 2\Delta_f H_m^\ominus(\text{CO}_2,g) - \Delta_f H_m^\ominus(\text{HCOOCH}_3,l)$$

移项得：$\Delta_f H_m^\ominus(\text{HCOOCH}_3,l) = -\Delta_c H_m^\ominus(\text{HCOOCH}_3,l) + 2\Delta_f H_m^\ominus(\text{H}_2\text{O},l) + 2\Delta_f H_m^\ominus(\text{CO}_2,g)$
$= [979.5 + 2 \times (-285.83) + 2 \times (-393.509)] \text{kJ}\cdot\text{mol}^{-1} = -379.18 \text{ kJ}\cdot\text{mol}^{-1}$

这样，将有关数据代入式(1)中，得所求反应：
$\Delta_r H_m^\ominus = [-379.18 - 285.83 - (-424.72) - (-238.66)] \text{kJ}\cdot\text{mol}^{-1} = -1.63 \text{ kJ}\cdot\text{mol}^{-1}$

五、概念练习题

（一）填空题

1. 在符号">、=、<"中，选择一个正确的填入下列空格：
(1) 理想气体恒温可逆膨胀，W____0，Q____0，ΔU____0，ΔH____0。
(2) 理想气体绝热节流膨胀，W____0，Q____0，ΔU____0，ΔH____0。
(3) 理想气体恒压膨胀，W____0，Q____0，ΔU____0，ΔH____0。
(4) 理想气体自由膨胀，W____0，Q____0，ΔU____0，ΔH____0。
(5) 实际气体绝热自由膨胀，W____0，Q____0，ΔU____0，ΔT____0。
(6) 实际气体恒温自由膨胀，ΔT____0，W____0，Q____0，ΔU____0，ΔH____0。
(7) 常温下，氢气节流膨胀，ΔT____0，W____0，Q____0，ΔU____0，ΔH____0。
(8) 273 K及$p^\ominus$下，冰融化成水，以冰和水为系统，W____0，Q____0，ΔU____0，ΔH____0。
(9) 水蒸气通过蒸汽机对外做出一定量的功之后恢复原状，以水蒸气为系统，W____0，Q____0，ΔU____0，ΔH____0。
(10) 在充满氧气的绝热恒容反应器中，石墨剧烈燃烧，以反应器以及其中所有物质为系统，W____0，Q____0，ΔU____0，ΔH____0。

2. 指出下列各式适用的条件：
(1) $W = -nRT \ln \dfrac{V_2}{V_1}$，适用的条件是_____；
(2) $H = U + pV$，适用的条件是_____；
(3) $W = -nR(T_2 - T_1)$，适用的条件是_____；
(4) $W = -nC_{V,m}(T_2 - T_1)$，适用的条件是_____；
(5) $p_1 V_1^\gamma = p_2 V_2^\gamma$，适用的条件是_____。

3. n mol 理想气体的 $C_p - C_V =$_____。

4. 焓H的定义式_____，它的变化量在_____时有明确的物理意义，在非恒压过程中_____（有或没有）ΔH。

5. 封闭系统由某一始态出发，经历一循环过程，此过程的 ΔU _____；ΔH _____；Q 与 W 的关系是 ____，但 Q 与 W 的数值 _____，因为 _____。

6. 一定量单原子理想气体经历某过程的 $\Delta(pV)=20$ kJ，则此过程的 $\Delta U=$ _____；$\Delta H=$ _____。

7. 一定量理想气体，经历 _____ 过程或经历 _____ 过程时系统与环境交换的体积功 $W=0$。

8. 系统内部及系统与环境之间，在 _____ 下进行的过程，称为可逆过程。

9. 在一个体积恒定为 2 m³、$W=0$ 的绝热反应器中，发生某化学反应使系统温度升高 1200 ℃，压力增加 300 kPa，此过程的 ΔU _____；ΔH _____。

10. 298 K 时，S 的标准摩尔燃烧焓为 -296.8 kJ·mol^{-1}，则反应 $1/2SO_2(g) \longrightarrow 1/2S(s)+1/2O_2(g)$ 的标准摩尔反应焓 $\Delta_r H_m^{\ominus}(298K)=$ _____ J·mol^{-1}。

(二) 选择题

1. 热力学第一定律公式 $\Delta U=Q+W$ 中的 W 是指 ____。
   A. 体积功   B. 非体积功   C. 各种形式功之和   D. 机械功

2. 功和热 ____。
   A. 都是途径函数，对应某一状态有一确定值
   B. 都是途径函数，无确定变化途径就无确定的数值
   C. 都是状态函数，变化量与途径无关
   D. 都是状态函数，始、终状态确定其值也确定

3. 某理想气体从同一始态 (p_1, V_1, T) 分别经 (1) 恒温可逆压缩；(2) 恒温不可逆压缩达到同一终态压力 p_2，则系统在两途径下所做的功。
   A. $W_1 > W_2$ B. $W_1 < W_2$ C. $W_1 = W_2$ D. 无确定关系

4. 对于任意封闭系统中 H 和 U 的相对大小，正确的答案是 ____。
   A. $H>U$ B. $H<U$ C. $H=U$ D. 不能确定

5. 物质的温度越高，则 ____。
   A. 其所含的热量越多   B. 其所含的热能越多
   C. 其热容越大   D. 其分子的热运动越剧烈

6. 理想气体的热容 $C_{p,m}$ 与 $C_{V,m}$ 的关系为 ____。
   A. $C_{p,m}=C_{V,m}$ B. $C_{p,m}=C_{V,m}-R$
   C. $C_{p,m}=C_{V,m}+R$ D. $C_{p,m}/C_{V,m}=R$

7. 某系统经历一不可逆循环过程，下列答案中 ____ 是错误的。
   A. $Q=0$ B. $W=0$ C. $\Delta U=0$ D. $\Delta C_p=0$

8. 将某理想气体从温度 T_1 经非恒容途径加热到 T_2，则 ΔU ____，而 Q_V ____。
   A. $=0$ B. $=C_V(T_2-T_1)$ C. 不存在   D. 难以确定

9. 对气体的绝热自由膨胀过程，下述说法中不正确的是 ____。
   A. 若是理想气体，热力学能不变   B. 若是真实气体，热力学能可能变化
   C. 若是理想气体，温度不变   D. 若是真实气体，温度可能变化

10. 1 mol 的氢气，始态为 298.15 K、1013 kPa。现经 (1) 恒温可逆膨胀；(2) 绝热可逆膨胀；(3) 绝热恒外压膨胀，三种不同途径到达 101.3 kPa。下列对三种途径所达终态

温度的判断正确的是____。

  A. $T_1 > T_2 > T_3$ B. $T_1 > T_3 > T_2$

  C. $T_1 > T_2 = T_3$ D. $T_3 > T_1 > T_2$

11. 某理想气体进行绝热恒外压膨胀，则温度一定____。

  A. 升高   B. 降低   C. 不变   D. 不能确定

12. 真实气体进行绝热自由膨胀后，下述表达中不正确的是____。

  A. $Q=0$ B. $W=0$ C. $\Delta U=0$ D. $\Delta H=0$

13. 公式"$pV^\gamma =$ 常数"适用于____。

  A. 任何气体的绝热过程   B. 理想气体的绝热过程

  C. 理想气体的可逆过程   D. 理想气体的绝热可逆过程

14. 下列公式中，适用于理想气体的是____。

  A. $\Delta U = Q_V$ B. $W = nRT \ln \dfrac{p_2}{p_1}$

  C. $\Delta U = n\int_{T_1}^{T_2} C_{V,m} dT$ D. $\Delta H = \Delta U + p\Delta V$

15. 在一定温度下，C(石墨)的标准摩尔燃烧焓与____的标准摩尔生成焓相等。

  A. $CO(g)$ B. $CO_2(g)$ C. 金刚石   D. 无法确定

16. 一恒压反应系统，若产物和反应物的 $\Delta_r C_{p,m} = 0$，则反应的热效应____。

  A. 既不吸热也不放热   B. 吸热

  C. 与反应温度无关   D. 放热

17. 基希霍夫公式：$\Delta_r H_m^\ominus(T_2) = \Delta_r H_m^\ominus(T_1) + \int_{T_1}^{T_2} \Delta_r C_{p,m} dT$，在____条件下不能用。

  A. T_2 与 T_1 之间相差不大   B. T_2 与 T_1 之间系统中各物质有相变化

  C. T_2 与 T_1 之间相差较大   D. 上式要求系统各物质均为凝聚相

18. 一化学反应的产物和反应物的 $\Delta_r C_{p,m} < 0$，且该反应在温度变化区间内各物质无相变化，则 $\Delta_r H_m^\ominus$ 随温度的升高而____。

  A. 减小   B. 增大   C. 不变   D. 无法确定

19. 若要通过节流膨胀达到制冷的目的，则焦耳-汤姆生系数为____。

  A. $\mu_{J\text{-}T} = 0$ B. $\mu_{J\text{-}T} > 0$ C. $\mu_{J\text{-}T} < 0$ D. 与 $\mu_{J\text{-}T}$ 取值无关

20. 对于理想气体，焦耳-汤姆生系数为____。

  A. $\mu_{J\text{-}T} = 0$ B. $\mu_{J\text{-}T} < 0$ C. $\mu_{J\text{-}T} > 0$ D. 无法判断

21. 公式 $\Delta H = Q_p$ 适用于下列过程中的____。

  A. 理想气体从 80 kPa 反抗恒外压 50 kPa 膨胀

  B. 在 373.15 K 和大气压力下，水达到汽-液两相平衡

  C. 在等温等压下，电解水制备氢气

  D. 给自行车打气，使车胎内压力增加 1 倍

22. 一有机物的燃烧热为 Q_p，在氧弹中测得的热效应为 Q_V。由公式：$\Delta H = \Delta U + p\Delta V = \Delta U + \Delta nRT$ 得到 $Q_p = Q_V + \Delta nRT$。式中 p 应为____。

  A. 实验室大气压力   B. 氧弹中氧气压力   C. 101.325 kPa

式中的 Δn 应为____。

A. 生成物与反应物总物质的量之差

B. 生成物与反应物中凝聚相物质物质的量之差

C. 生成物与反应物中气相物质物质的量之差

式中的 T 应为____。

A. 氧弹中的最高燃烧温度　　B. 外水套中的水温　　　　C. 298.15 K

23. 实际气体的节流膨胀过程是____。

A. 恒压过程　　　B. 恒外压过程　　　C. 等焓过程　　　D. 绝热膨胀过程

(三) 填空题答案

1. (1) $\Delta U=0$，$\Delta H=0$，$W<0$，$Q>0$。(2) 节流膨胀的热力学特点是绝热、恒焓，所以 $Q=0$，$\Delta H=0$。由于理想气体的 U 和 H 都是温度的函数，$\Delta H=0$ 意味着系统的温度不变，故 $\Delta U=0$，由于 $\Delta U=Q+W$，$\Delta U=0$，$Q=0$，故 $W=0$。理想气体在节流膨胀中，尽管压力减少，体积增加，但系统对环境做的功与环境对系统做的功相等，总效果为零。(3) $\Delta U>0$，$\Delta H>0$，$W<0$，$Q>0$。(4) $\Delta U=0$，$\Delta H=0$，$W=0$，$Q=0$。(5) 绝热条件，$Q=0$。对于自由膨胀，$p_{amb}=0$，$W=0$。由于 $\Delta U=Q+W$，$Q=0$，$W=0$，故 $\Delta U=0$。实际气体分子之间存在相互作用，当膨胀时，由于体积增大，分子之间距离增大，分子的势能必然增加。又因 $\Delta U=0$，说明系统与环境之间没有能量交换，根据能量守恒原理，分子势能的增加只能由分子动能转化而来，所以分子动能必然减小，而温度是分子运动的宏观体现，分子动能减小会导致系统温度下降，即 $\Delta T<0$。(6) 自由膨胀，$p_{amb}=0$，$W=0$。如 (5) 中所述，实际气体膨胀时，分子势能增加，但恒温表明分子动能保持不变，根据能量守恒原理，分子势能的增加只能由环境提供，这就导致热力学能增加，$\Delta U>0$ 和 $Q>0$。(7) 节流膨胀，$Q=0$，$\Delta H=0$。常温下，氢气在节流膨胀过程中为负效应，即 $\mu_{J\text{-}T}=(\partial T/\partial p)_H<0$，在节流膨胀中，系统压力总是下降，因此温度必然升高，即 $\Delta T>0$。对于实际气体，体积增大，分子的势能增加，温度升高，分子的动能亦增加，系统的热力学能必然增加，所以 $\Delta U>0$。由 $W=\Delta U-Q$，$Q=0$，$\Delta U>0$，故 $W>0$。说明氢气在节流膨胀时，环境必须对系统做功。(8) 由分子运动规律可知，在相同温度、压力下，同一种物质有：U(气态)$>U$(液态)$>U$(固态)，因此，冰融化成为水，热力学能必定增加，所以 $\Delta U>0$。该相变过程为恒温恒压且只做体积功，故 $\Delta H=Q_p$，而冰融化为水的过程一定吸热，所以 $\Delta H=Q_p>0$。冰融化为水时，体积减小，故 $W>0$。一般来说，在相变过程中，体积功的绝对值均比热效应的数值小得多，因此 ΔU 和 ΔH 的符号总是一致的。(9) 系统对外做功，所以 $W<0$。根据状态函数的特点，系统经循环过程后恢复原状态，一切状态函数都必须恢复原值，故 $\Delta U=0$，$\Delta H=0$。由于 $Q=\Delta U-W$，$\Delta U=0$，$W<0$，故 $Q>0$。(10) 题给条件是绝热恒容，故 $Q=0$，$W=0$。根据 $\Delta U=Q+W$，$\Delta U=0$。实际上这是个隔离系统，根据能量守恒定律，在隔离系统中无论发生如何剧烈的变化，系统的热力学能都保持不变。石墨绝热燃烧，系统温度必然升高，但不能因温度升高就误认为热力学能增大，这与单组分理想气体系统是不相同的。系统内发生的变化是 $C(s)+O_2(g) \longrightarrow CO_2(g)$，由反应式可知，系统内的气体分子数保持不变，因此 $\Delta H=\Delta U+\Delta pV=\Delta U+V\Delta p$，$\Delta U=0$，故 $\Delta H>0$。本题 $\Delta H>0$ 并不能说明系统吸热，因为系统的变化不是在恒压条件下进行的，$\Delta H \neq Q$。

2. (1) 理想气体恒温可逆过程；(2) 任意过程；(3) 理想气体恒压变温过程；(4) $C_{V,m}$ 为常数的绝热过程；(5) 理想气体绝热可逆过程。3. nR。4. $H=U+pV$；不做非体积功的

恒压过程中系统 $\Delta H=Q_p$；有。5. $=0$；$=0$；$Q=-W$；无法确定；循环过程的具体途径未知。6. 30 kJ；50 kJ。7. 恒容；自由膨胀或向真空膨胀。8. 系统无限接近平衡条件。9. 0；600 kJ。10. 148. 4。

(四) 选择题答案

1. C；2. B；3. B；4. A；5. D；6. C；7. A，B；8. B，C；9. B；10. B；11. B；12. D；13. D；14. B；15. B；16. C；17. B；18. A；19. B；20. A；21. B；22. A，C，B；23. C。

第三章 热力学第二定律

一、基本要求

1. 掌握热力学第二定律的经典表述；热力学第三定律的内容；吉布斯函数、亥姆霍兹函数的定义、性质、判据及其适用条件。

2. 掌握卡诺循环、卡诺定理及其推论；熵的定义、物理意义和单位；克劳修斯不等式和熵增原理的数学表达式及作为过程方向与限度的判据的适用条件。

3. 掌握规定熵和标准熵的定义及相关的计算。

4. 掌握封闭系统的热力学基本关系式和麦克斯韦关系式，并掌握相关的简单推导。掌握克劳修斯-克拉佩龙方程的相关计算。

5. 熟练掌握应用热力学第一、二、三定律的有关公式计算理想气体在恒温、恒容、恒压、绝热等各类过程中的 ΔS、ΔG 和 ΔA 以及由可逆相变设计出不可逆相变的 ΔS、ΔG。

二、核心内容

（一）基本概念与基本定义

1. 热机效率

$$\eta = -\frac{W}{Q_1} = \frac{Q_1 + Q_2}{Q_1} = 1 - \frac{T_2}{T_1}$$

2. 卡诺定理

任何循环的热温商小于或等于 0；$\dfrac{Q_1}{T_1} + \dfrac{Q_2}{T_2} \leqslant 0 \begin{pmatrix} <0, \text{不可逆} \\ =0, \text{可逆} \end{pmatrix}$

3. 熵变的定义式

$$dS = \frac{\delta Q_r}{T}$$

①对于封闭系统的熵变，无论过程可逆与否，均可用上式计算熵变。只是在求算不可逆过程的熵变时，必须在相同的始末态间设计一个可逆过程，进而计算熵变。②对环境而言，系统与环境的热交换过程均可近似为恒温、可逆过程，因此，环境的熵变 ΔS_{amb} 的计算式

为：$\Delta S_{amb} = \dfrac{Q_{amb}}{T_{amb}} = -\dfrac{Q_{sys}}{T_{amb}}$。

4. 热力学第二定律

（1）热力学第二定律表述

克劳修斯说法：热不能自动从低温物体传给高温物体而不产生其他变化。

开尔文说法：不可能从单一热源吸热使之完全对外做功而不产生其他变化。

（2）热力学第二定律数学表达式——克劳修斯不等式

$$dS \geqslant \dfrac{\delta Q}{T} \begin{pmatrix} 不可逆 \\ 可逆 \end{pmatrix}$$

5. 热力学第三定律及标准摩尔反应熵

（1）热力学第三定律（普朗克的修正说法）表述：在 0K 时，纯物质完美晶体的熵值为零。数学表达式：$S^*(0\,K, 完美晶体) = 0$。

（2）标准摩尔反应熵：化学反应中各物质标准摩尔熵的代数和 $\Delta_r S_m^{\ominus} = \sum \nu_B S_m^{\ominus}(T)$。

6. 亥姆霍兹（Helmholtz）函数 A 和吉布斯（Gibbs）函数 G 的定义式

$$A = U - TS; \quad G = H - TS; \quad G = A + pV$$

7. 过程方向的三个判据

（1）S 判据：$\Delta S_{隔离} = \Delta S_{系统} + \Delta S_{环境} \geqslant 0 \begin{cases} >0, 不可逆, 自发 \\ =0 \ 可逆, 平衡 \end{cases}$

注意：该式适用于隔离系统。表示在隔离系统中不可逆过程即自发过程，可逆过程即为平衡过程。在隔离系统，一切自发过程都向着熵增加的方向进行，即为熵增加原理。

（2）A 判据：$\Delta A_{T,V,w'=0} \leqslant 0 \begin{cases} <0, 不可逆, 自发 \\ =0 \ 可逆, 平衡 \end{cases}$

在恒温、恒容且不做非体积功时，可用 A 判据，过程自发向 A 减小的方向进行。

（3）G 判据：最常用 $\Delta G_{T,p,w'=0} \leqslant 0 \begin{cases} <0, 不可逆, 自发 \\ =0 \ 可逆, 平衡 \end{cases}$

在恒温、恒压且不做非体积功时，可用 G 判据，过程自发向 G 减小的方向进行。

8. 热力学基本方程和麦克斯韦关系式

要准确记住四个热力学基本方程。

$$dU = TdS - pdV$$
$$dH = TdS + Vdp$$
$$dA = -SdT - pdV$$
$$dG = -SdT + Vdp$$

注意：① 适用于一定量组成不变的均相系统，且非体积功为 0；② 无论过程是否可逆；③ 应重点掌握 $dG = -SdT + Vdp$，常用于 ΔG 的计算。

四个麦克斯韦关系式：

$$\left(\dfrac{\partial T}{\partial V}\right)_S = -\left(\dfrac{\partial p}{\partial S}\right)_V$$

$$\left(\frac{\partial T}{\partial p}\right)_S = \left(\frac{\partial V}{\partial S}\right)_p$$

$$\left(\frac{\partial S}{\partial V}\right)_T = \left(\frac{\partial p}{\partial T}\right)_V$$

$$\left(\frac{\partial S}{\partial p}\right)_T = -\left(\frac{\partial V}{\partial T}\right)_p$$

麦克斯韦关系式的意义在于：在不可直接测量与可测量的热力学变量之间建立了关系，多用于热力学关系式的推导和证明。

9. 克拉佩龙方程及克劳修斯-克拉佩龙方程

用于纯物质相变温度、压力及相变焓的相关计算。

（1）克拉佩龙方程

设纯物质 B 的 α 相与 β 相在恒定温度 T、压力 p 下处于平衡：

$$B(\alpha, T, p) \xrightleftharpoons{\text{平衡}} B(\beta, T, p); \quad \frac{dp}{dT} = \frac{\Delta_\alpha^\beta H_m}{T \Delta_\alpha^\beta V_m}$$

克拉佩龙方程适用于纯物质任意两相平衡。

（2）克劳修斯-克拉佩龙方程

① 微分式 $\dfrac{d\ln p}{dT} = \dfrac{\Delta_{vap} H_m}{RT^2}$；

② 定积分式 $\ln \dfrac{p_2}{p_1} = -\dfrac{\Delta_{vap} H_m}{R}\left(\dfrac{1}{T_2} - \dfrac{1}{T_1}\right)$；

③ 不定积分式 $\ln p = -\dfrac{\Delta_{vap} H_m}{R} \times \dfrac{1}{T} + C$。

克劳修斯-克拉佩龙方程适用于气-液（或固-液，$\Delta_{vap} H_m$ 换为 $\Delta_{sub} H_m$）两相平衡。该方程是克拉佩龙方程对液（或固）相与气相转变的近似处理。它忽略了凝聚相的体积；将气体视为理想气体；还忽略了相变焓随温度的变化。

（二）各种变化过程中 ΔS、ΔG 和 ΔA 的计算（非体积功 $W' = 0$）

物理量 基本过程		ΔS	ΔG	ΔA
	定义式	$dS = \dfrac{\delta Q_r}{T}$	$\Delta H - \Delta(TS)$	$\Delta U - \Delta(TS)$
单纯 pVT 变化	理气恒温可逆	$nR\ln\dfrac{V_2}{V_1}$ 或 $nR\ln\dfrac{p_1}{p_2}$	$-T\Delta S$ 或 $-nRT\ln\dfrac{p_1}{p_2}$	$\Delta A_T = W_r$ $= -nRT\ln\dfrac{V_2}{V_1}$
	任意物质恒压	$nC_{p,m}\ln\dfrac{T_2}{T_1}$	$\Delta H - (T_2 S_2 - T_1 S_1)$	$\Delta U - (T_2 S_2 - T_1 S_1)$
	任意物质恒容	$nC_{V,m}\ln\dfrac{T_2}{T_1}$	$\Delta H - (T_2 S_2 - T_1 S_1)$	$\Delta U - (T_2 S_2 - T_1 S_1)$
	理气绝热可逆	0	$\Delta H - S\Delta T$	$\Delta U - S\Delta T$

物理量		ΔS	ΔG	ΔA
定义式 基本过程		$dS=\dfrac{\delta Q_r}{T}$	$\Delta H-\Delta(TS)$	$\Delta U-\Delta(TS)$
单纯 pVT 变化	理气从 p_1,V_1,T_1 到 p_2,V_2,T_2	(1) $nR\ln\dfrac{V_2}{V_1}+nC_{V,m}\ln\dfrac{T_2}{T_1}$ (2) $nR\ln\dfrac{p_1}{p_2}+nC_{p,m}\ln\dfrac{T_2}{T_1}$ (3) $nC_{V,m}\ln\dfrac{p_2}{p_1}+nC_{p,m}\ln\dfrac{V_2}{V_1}$	$\Delta H-(T_2S_2-T_1S_1)$	$\Delta U-(T_2S_2-T_1S_1)$
可逆相变 （恒温恒压）		$\dfrac{\Delta_{相变}H}{T}$	0	W_r
化学变化 （恒温恒压）		$\Delta_r S_m^{\ominus}=\sum\nu_B S_m^{\ominus}(T)$	$\Delta_r G_m=\Delta_r H_m-T\Delta_r S_m$	$\Delta U-T\Delta S$

（三）相变化过程

（1）可逆相变：在某一温度及其平衡压力下发生的相变化过程。

如可逆相变 B(α) ⇌ B(β) $\Delta_\alpha^\beta S=\dfrac{n\Delta_\alpha^\beta H_m}{T}$

式中，$\Delta_\alpha^\beta S_m$、$\Delta_\alpha^\beta H_m$ 分别为相变过程的摩尔熵变、摩尔焓变；T 为可逆相变温度；n 为发生相变的物质的量。

（2）不可逆相变：一般设计一条包括可逆相变步骤在内的可逆途径，并分步计算熵变，其总和即为不可逆相变的熵变 ΔS。

（3）化学反应的标准摩尔反应熵 $\Delta_r S_m^{\ominus}$

用热力学数据表中的各物质标准摩尔熵，计算 298.15 K 时的 $\Delta_r S_m^{\ominus}$：

$$\Delta_r S_m^{\ominus}(298.15\ \text{K})=\sum\nu_B S_m^{\ominus}(B,298.15\ \text{K})$$

若在温度 298.15 K～T 区间内，所有物质均不发生相变化，则温度 T 时：

$$\Delta_r S_m^{\ominus}(T)=\Delta_r S_m^{\ominus}(298.15\ \text{K})+\int_{298.15\ \text{K}}^{T}\sum\dfrac{\nu_B C_{p,m}(B)}{T}dT$$

（四）ΔA 和 ΔG 的计算

通常只要求计算恒温过程的 ΔA 和 ΔG。

① 根据定义式，在恒温条件下：$\Delta A=\Delta U-T\Delta S$；$\Delta G=\Delta H-T\Delta S$。
该式适用于恒温条件下的任何过程。

② 根据热力学基本方程，对于理想气体的恒温过程：$dA=-pdV$，$dG=Vdp$，则

$$\Delta G=\Delta A=\int_{p_1}^{p_2}Vdp=nRT\ln\dfrac{p_2}{p_1}=-nRT\ln\dfrac{V_2}{V_1}$$

三、基本概念辨析

1. 下列说法正确吗？

（1）自然界发生的过程一定是不可逆过程。

(2) 实际生活中发生的过程一定是自发过程。

(3) 自发过程一定是不可逆的,所以不可逆过程一定是自发的。

答:(1) 正确。自然界发生的过程都是以一定速率进行的,因此都是不可逆的。

(2) 不正确。实际生活中发生的过程不一定都是自发的,例如人们电解水制备氢气。

(3) 不正确。自发过程不一定是不可逆过程,例如:$Zn(s)+CuSO_4 \longrightarrow ZnSO_4+Cu(s)$反应在恒温恒压下是自发的,在烧杯中以不可逆方式进行,但放在可逆电池中进行,就是以可逆的方式进行的,过程自发性与过程性质(可逆、不可逆)之间没有必然的联系。不可逆过程不一定是自发的,也存在不可逆的非自发过程。例如,理想气体绝热不可逆压缩,是不可逆过程,也是非自发的,再例如电解水,是不可逆的,也是非自发的。

2. 自然界的自发过程与热力学中讨论的自发过程是否一样?

答: 不一样。自然界的自发过程是指能自动发生的变化,即无须外力帮助,任其自然即可发生的变化,自然界的变化是宇宙运动、物种进化的过程,是自动的、不可逆转的变化,是有时间性的,是以一定速率进行的,进行的方式是不可逆的。例如,一棵小苗长成一棵大树,热由高温热源传给低温热源。热力学中讨论的自发过程,是自发可能性过程,用热力学原理对其判断有无自动发生的可能性,判断它向哪个方向自动发生,没有时间、速率的概念,进行的方式可以是可逆的,也可以是不可逆的。

3. 由熵的统计意义知道,熵与系统的热力学概率(微观状态数、混乱度)的关系,玻尔兹曼熵定律公式为 $S=k\ln\Omega$,那么热力学中为什么不通过该式来计算过程的熵变 ΔS?

答: 从理论上讲,由玻尔兹曼熵定律公式 $S=k\ln\Omega$,只要计算出系统中各物质的热力学概率,就可以得出各物质的熵值,计算出各种不同过程的熵变 ΔS。但实际上做起来是很困难的,主要是因为系统中不同状态下各物质的热力学概率 Ω 无法计算出来,就是用统计热力学方法,也只能计算独立子系统的热力学概率 Ω(微观状态数),其他系统就无法计算,因此一般热力学不采用这种方法,而采用可逆过程热温商来计算过程的熵变 ΔS。

4. 为什么绝对熵值无法计算?

答: 普朗克在1912年假定,0 K 时纯物质的熵值等于零。到了1920年,路易斯和吉普森指出,普朗克的假定只适用于完美晶体。从统计力学观点看,这是假定完美晶体中的原子或分子在 0 K 时处于最低能级,只有一种排列方式,微观状态数 $\Omega=1$,$S=k\ln\Omega=0$;实际上也就是把分子平动、转动、振动、电子运动、核运动以及构型在 0 K 时对熵的贡献都算作零。然而,即使如此,微观状态数其实也不一定等于1,因为:(1) 由于同位素的存在,同种晶体中的原子或分子并不完全相同;(2) 即使对同一种同位素的原子而言,由于原子核的自旋方向不同,也不能把它们看作是完全相同的;(3) 还有我们迄今未认识到的核内其他的因素。所以,物质的绝对熵值是无法计算的,令完美晶体或处于内平衡态的纯物质在 0 K 时的熵值为零,也只是相对的规定值,把以此作为基准计算出的熵值称为规定熵,或标准熵比较合理。

四、例题

(一) 基本篇例题

例1 1 mol 理想气体,压力 $10p^{\ominus}$,温度 298.15 K,恒温条件下发生以下三种膨胀过程,求出三种过程膨胀至 $p^{\ominus}$ 时的 ΔS、ΔA 和 ΔG。(1) 向真空膨胀(自由膨胀);(2) 在

外压 $p^\ominus$ 下膨胀；(3) 可逆膨胀。

解： 三个过程的始态和终态是相同的，ΔS、ΔA 和 ΔG 是状态函数，所以答案是一样的。

```
┌─────────────┐   (1) 自由膨胀      ┌─────────────┐
│  1 mol      │ ─────────────────→  │  1 mol      │
│  298.15 K,  │   (2) 恒外压膨胀    │  298.15 K,  │
│  10p^⊖      │ ─────────────────→  │  p^⊖        │
│             │   (3) 恒温可逆膨胀  │             │
└─────────────┘ ─────────────────→  └─────────────┘
```

$$\Delta S = nR\ln\frac{p_1}{p_2} = \left(nR \times \ln\frac{10p^\ominus}{p^\ominus}\right) \text{J} \cdot \text{K}^{-1} = nR\ln 10 = 19.14 \text{ J} \cdot \text{K}^{-1}$$

$$\Delta A = \Delta U - \Delta(TS) = -T\Delta S = -nRT\ln 10 = 5706.59 \text{ J}$$

$$\Delta G = \Delta H - \Delta(TS) = -T\Delta S = -nRT\ln 10 = 5706.59 \text{ J}$$

例 2 1 mol 某单原子理想气体始态为 298.15 K、100 kPa，分别经历下列(1)～(5)过程变化至终态，试计算(1)～(5)各过程的 Q、W、ΔU、ΔH、ΔS、ΔA 和 ΔG。（已知 298.15 K、100 kPa 下该气体的摩尔熵为 130 J·mol^{-1}·K^{-1}）

(1) 恒温可逆下压力加倍；

(2) 恒压下体积加倍；

(3) 恒容下压力加倍；

(4) 绝热可逆膨胀至压力减少一半；

(5) 绝热不可逆反抗恒外压 50 kPa 膨胀至平衡。

解：(1) 恒温可逆下压力加倍，则 $\Delta T = 0$，$\Delta U = 0$，$\Delta H = 0$，

$$W = -nRT\ln\frac{p_1}{p_2} = -1 \text{ mol} \times 8.314 \text{ J} \cdot \text{mol}^{-1} \cdot \text{K}^{-1} \times 298.15 \text{ K} \times \ln\frac{1}{2} = 1718 \text{ J}$$

$$Q = -W$$

$$\Delta S = nR\ln\frac{p_1}{p_2} = \left(1 \times R \times \ln\frac{1}{2}\right) \text{J} \cdot \text{K}^{-1} = -5.763 \text{ J} \cdot \text{K}^{-1}$$

$$\Delta A = \Delta U - \Delta(TS) = -T\Delta S = 1718 \text{ J} \quad \text{或} \quad \Delta A = W = 1718 \text{ J}$$

$$\Delta G = \Delta H - \Delta(TS) = -T\Delta S = 1718 \text{ J} \quad \text{或} \quad \Delta G = -nRT\ln\frac{p_1}{p_2} = 1718 \text{ J}$$

(2) 恒压下体积加倍：$p = \frac{nRT}{V}$，当 $V_1 \to 2V_1$ 时，$T_2 = 2T_1$，$\Delta T = T_1$

$$\Delta U = nC_{V,m}(T_2 - T_1) = 1 \text{ mol} \times \frac{3}{2} \times 8.314 \text{ J} \cdot \text{mol}^{-1} \cdot \text{K}^{-1} \times 298.15 \text{ K} = 3718 \text{ J}$$

$$W = -p\Delta V = -p_1(2V_1 - V_1) = -p_1V_1 = -nRT$$
$$= -1 \text{ mol} \times 8.314 \text{ J} \cdot \text{mol}^{-1} \cdot \text{K}^{-1} \times 298.15 \text{ K} = -2479 \text{ J}$$

$$Q = \Delta U - W = 6197 \text{ J} \quad \text{或} \quad Q_p = \Delta H$$

$$\Delta H = nC_{p,m}(T_2 - T_1) = 1 \text{ mol} \times \frac{5}{2} \times 8.314 \text{ J} \cdot \text{mol}^{-1} \cdot \text{K}^{-1} \times 298.15 \text{ K} = 6197 \text{ J}$$

$$\Delta S = nC_{p,m}\ln\frac{T_2}{T_1} = 1 \text{ mol} \times \frac{5}{2} \times 8.314 \text{ J} \cdot \text{mol}^{-1} \cdot \text{K}^{-1} \times \ln 2 = 14.41 \text{ J} \cdot \text{K}^{-1}$$

$$S_2 = S_1 + \Delta S = 1 \text{ mol} \times 130 \text{ J·mol}^{-1}\text{·K}^{-1} + 14.41 \text{ J·K}^{-1} = 144.41 \text{ J·K}^{-1}$$

$$\Delta G = \Delta H - \Delta(TS) = \Delta H - (T_2 S_2 - T_1 S_1)$$
$$= 6197 \text{ J} - (2 \times 298.15 \text{ K} \times 144.41 \text{ J·K}^{-1} - 298.15 \text{ K} \times 130 \text{ J·K}^{-1}) = -4.12 \times 10^4 \text{ J}$$

$$\Delta A = \Delta U - \Delta(TS) = \Delta U - (T_2 S_2 - T_1 S_1)$$
$$= 3718 \text{ J} - (2 \times 298.15 \text{ K} \times 144.41 \text{ J·K}^{-1} - 298.15 \text{ K} \times 130 \text{ J·K}^{-1}) = -4.36 \times 10^4 \text{ J}$$

(3) 恒容下压力加倍：$V = \dfrac{nRT}{p}$。当压力加倍时，温度也加倍，即 $T_2 = 2T_1$，$\Delta T = T_1$，则

$$W = -p\Delta V = 0; \quad \Delta U = nC_{V,m}(T_2 - T_1) = 3718 \text{ J}; \quad Q_V = \Delta U$$

$$\Delta H = nC_{p,m}(T_2 - T_1) = 6197 \text{ J}$$

$$\Delta S = nC_{V,m}\ln\dfrac{T_2}{T_1} = 1 \text{ mol} \times \dfrac{3}{2} \times 8.314 \text{ J·mol}^{-1}\text{·K}^{-1} \times \ln 2 = 8.644 \text{ J·K}^{-1}$$

$$S_2 = S_1 + \Delta S = 1 \text{ mol} \times 130 \text{ J·mol}^{-1}\text{·K}^{-1} + 8.644 \text{ J·K}^{-1} = 138.644 \text{ J·K}^{-1}$$

$$\Delta G = \Delta H - \Delta(TS) = \Delta H - (T_2 S_2 - T_1 S_1)$$
$$= 6197 \text{ J} - (2 \times 298.15 \text{ K} \times 138.644 \text{ J·K}^{-1} - 298.15 \text{ K} \times 130 \text{ J·K}^{-1}) = -3.77 \times 10^4 \text{ J}$$

$$\Delta A = \Delta U - \Delta(TS) = \Delta U - (T_2 S_2 - T_1 S_1)$$
$$= 3718 \text{ J} - (2 \times 298.15 \text{ K} \times 138.644 \text{ J·K}^{-1} - 298.15 \text{ K} \times 130 \text{ J·K}^{-1}) = -4.02 \times 10^4 \text{ J}$$

(4) 绝热可逆膨胀至压力减少一半：$Q_r = 0$

由理想气体绝热可逆过程方程：$T_1 p_1^{\frac{1-\gamma}{\gamma}} = T_2 p_2^{\frac{1-\gamma}{\gamma}}$，$\gamma = \dfrac{C_{p,m}}{C_{V,m}} = \dfrac{\frac{5}{2}R}{\frac{3}{2}R} = 1.667$

则 $T_2 = T_1\left(\dfrac{p_1}{p_2}\right)^{\frac{1-\gamma}{\gamma}} = \left[298.15 \times \left(\dfrac{100}{50}\right)^{\frac{1-1.667}{1.667}}\right] \text{ K} = 225.94 \text{ K}$

$$\Delta U = nC_{V,m}(T_2 - T_1) = 1 \text{ mol} \times \dfrac{3}{2} \times 8.314 \text{ J·mol}^{-1}\text{·K}^{-1} \times (225.94 \text{ K} - 298.15 \text{ K})$$
$$= -900.5 \text{ J}$$

$$W = \Delta U = -900.5 \text{ J}$$

$$\Delta H = nC_{p,m}(T_2 - T_1)$$
$$= 1 \text{ mol} \times \dfrac{5}{2} \times 8.314 \text{ J·mol}^{-1}\text{·K}^{-1} \times (225.94 \text{ K} - 298.15 \text{ K}) = -1500.9 \text{ J}$$

$$\Delta S = \dfrac{Q_r}{T} = 0$$

$$\Delta G = \Delta H - \Delta(TS) = \Delta H - S(T_2 - T_1)$$
$$= -1500.9 \text{ J} - 130 \text{ J·K}^{-1} \times (225.94 \text{ K} - 298.15 \text{ K}) = 7886.4 \text{ J}$$

$$\Delta A = \Delta U - \Delta(TS) = \Delta U - S(T_2 - T_1)$$
$$= -900.5 \text{ J} - 130 \text{ J·K}^{-1} \times (225.94 \text{ K} - 298.15 \text{ K}) = 8486.8 \text{ J}$$

(5) 绝热不可逆反抗恒外压 50 kPa 膨胀至平衡。绝热不可逆过程中不可使用绝热可逆过程方程，因绝热过程 $Q = 0$，可根据 $\Delta U = W$，先求解出终态温度 T_2，再利用 T_2 求出 ΔU、ΔH。

$$Q=0, \quad \Delta U=W$$
$$nC_{V,m}(T_2-T_1)=-p_{amb}(V_2-V_1)$$
$$n\times\frac{3}{2}R\times(T_2-T_1)=-p_2\left(\frac{nRT_2}{p_2}-\frac{nRT_1}{p_1}\right)=-nR\left(T_2-\frac{T_1}{p_1}p_2\right)$$
$$\frac{3}{2}\times(T_2-298.15\text{ K})=-T_2+\frac{298.15\text{ K}}{100\text{ kPa}}\times(50\text{ kPa})$$
$$T_2=238.52\text{ K}$$
$$\Delta U=nC_{V,m}(T_2-T_1)$$
$$=1\text{ mol}\times\frac{3}{2}\times 8.314\text{ J·mol}^{-1}\text{·K}^{-1}\times(238.52\text{ K}-298.15\text{ K})=-743.6\text{ J}$$
$$W=\Delta U=-743.6\text{ J}$$
$$\Delta H=nC_{p,m}(T_2-T_1)$$
$$=1\text{ mol}\times\frac{5}{2}\times 8.314\text{ J·mol}^{-1}\text{·K}^{-1}\times(238.52\text{ K}-298.15\text{ K})=-1239.4\text{ J}$$

理想气体的绝热不可逆过程的特点是：$T_1\neq T_2, p_1\neq p_2, V_1\neq V_2$

$$\Delta S=nR\ln\frac{p_1}{p_2}+nC_{p,m}\ln\frac{T_2}{T_1}$$
$$=\left(1\times 8.314\times\ln\frac{1}{0.5}+1\times\frac{5}{2}\times 8.314\times\ln\frac{238.52\text{ K}}{298.15\text{ K}}\right)\text{J·K}^{-1}$$
$$=1.125\text{ J·K}^{-1}$$
$$S_2=S_1+\Delta S=1\text{ mol}\times 130\text{ J·mol}^{-1}\text{·K}^{-1}+1.125\text{ J·K}^{-1}=131.125\text{ J·K}^{-1}$$
$$\Delta G=\Delta H-\Delta(TS)=\Delta H-(T_2S_2-T_1S_1)$$
$$=-1239.4\text{ J}-(238.52\text{ K}\times 131.125\text{ J·K}^{-1}-298.15\text{ K}\times 130\text{ J·K}^{-1})$$
$$=6244\text{ J}$$
$$\Delta A=\Delta U-\Delta(TS)=\Delta U-(T_2S_2-T_1S_1)$$
$$=-743.6\text{ J}-(238.52\text{ K}\times 131.125\text{ J·K}^{-1}-298.15\text{ K}\times 130\text{ J·K}^{-1})$$
$$=6740\text{ J}$$

例3 293.15 K 时，体积为 10 dm³ 的 2 mol 氧气，反抗 101.325 kPa 的恒外压进行绝热不可逆膨胀，求该过程中的熵变 ΔS。设氧气为理想气体。

解： 因绝热过程 $Q=0$，则根据 $\Delta U=W$，先求解出终态温度 T_2。
$$nC_{V,m}(T_2-T_1)=-p_2(V_2-V_1)$$
$$nC_{V,m}(T_2-T_1)=-p_2\left(\frac{nRT_2}{p_2}-V_1\right)=-nRT_2+p_2V_1$$
$$T_2=\left(\frac{2\times 2.5\times 8.314\times 293.15+101.325\times 10^3\times 10\times 10^{-3}}{2\times 2.5\times 8.314+2\times 8.314}\right)\text{K}=226.8\text{ K}$$

又 $p_1=\dfrac{nR_1T_1}{V_1}=\left(\dfrac{2\times 8.314\times 293.15}{10\times 10^{-3}}\right)\text{Pa}=487.45\text{ kPa}$

$$\Delta S=nC_{p,m}\ln\frac{T_2}{T_1}+nR\ln\frac{p_1}{p_2}$$
$$=\left(2\times 3.5\times 8.314\ln\frac{226.8}{293.15}+2\times 8.314\ln\frac{487.45}{101.325}\right)\text{J·K}^{-1}=11.19\text{ J·K}^{-1}$$

例 4 在 300 K 时，1 mol 理想气体压力由 10^5 Pa 增加至 10^6 Pa，求 ΔS、ΔA 和 ΔG。若系统为 1 mol 水，在同样的变化中，求 ΔS、ΔA 和 ΔG。比较两个系统的结果说明了什么问题？已知 25～50 ℃时水的定压膨胀系数 $\left(\dfrac{\partial V}{\partial T}\right)_p = 6.57 \times 10^{-9}$ m³·K⁻¹·mol⁻¹。

解：1 mol 理想气体的恒温变化：

$$\Delta S = R\ln\dfrac{p_1}{p_2} = -19.14 \text{ J·K}^{-1}$$

$$\Delta G = \int_{p_1}^{p_2} V\mathrm{d}p = RT\ln\dfrac{p_2}{p_1} = 5743 \text{ J}$$

$$\Delta A = -\int_{V_1}^{V_2} p\mathrm{d}V = \Delta G = 5743 \text{ J}$$

若以 1 mol 水为系统，则

$$\Delta S = \int\left(\dfrac{\partial S}{\partial p}\right)_T \mathrm{d}p = \int\left(\dfrac{\partial V}{\partial T}\right)_p \mathrm{d}p$$

$$= [-6.57\times 10^{-9}\times(10^6-10^5)] \text{ J·K}^{-1} = -5.91\times 10^{-3} \text{ J·K}^{-1}$$

$$\Delta A = -\int p\mathrm{d}V = 0 \text{（当压力变化时，液体体积可认为不变）}$$

$$\Delta G = \int_{p_1}^{p_2} V\mathrm{d}p = [18.00\times 10^{-6}\times(10^6-10^5)] \text{ J} = 16.2 \text{ J}$$

比较以上结果，说明在恒温过程中，凝聚相的状态函数改变量 ΔS、ΔA 和 ΔG 比气体系统的小很多。因此，当系统中既有气体、又有凝聚相，考虑压力对 ΔS、ΔA 和 ΔG 的影响时，凝聚相可忽略不计。

例 5 1 mol H₂O(l) 在 100 ℃、$p^{\ominus}$ 下，向真空蒸发变成 100 ℃、$p^{\ominus}$ 的 H₂O(g)。求该过程中系统的 Q、W、ΔU、ΔH、ΔS、ΔA 和 ΔG，并判断过程的方向。已知该温度下 $\Delta_{\text{vap}}H_m^{\ominus}$ 为 40.67 kJ·mol⁻¹，蒸汽可视为理想气体，液体水的体积比之蒸汽体积可忽略不计。

解：以 1 mol H₂O(l) 为系统，设计在 100 ℃、$p^{\ominus}$ 下可逆相变到相同终态。题设的始终态与恒温恒压可逆相变的始终态相同，故两种途径的状态函数变化相等，

即：$\Delta G = \Delta G_{可逆} = 0$；因向真空蒸发 $p_{\text{amb}} = 0$，故 $W = 0$，

$$\Delta H = \Delta H_{可逆} = \Delta_{\text{vap}}H_m^{\ominus} = 40.67 \text{ kJ}$$

$$\Delta S = \Delta S_{可逆} = \dfrac{\Delta H_{可逆}}{T} = \dfrac{40.67\times 10^3}{373.15} \text{ J·K}^{-1} = 109.0 \text{ J·K}^{-1}$$

$$\Delta U = \Delta H - p\Delta V = \Delta H - nRT = (40.67\times 10^3 - 8.314\times 373.15) \text{ J} = 37.57 \text{ kJ}$$

$$Q = \Delta U = 37.57 \text{ kJ}$$

$$\Delta A = \Delta U - T\Delta S = -RT = -3.01 \text{ kJ}$$

在恒温，且非体积功 $W' = 0$ 条件下，因 $\Delta A < W$，故过程不可逆。

这里 ΔG 不能用作判据，因为题设相变化不符合恒温恒压的条件，但符合恒温的条件，所以可用 $(\Delta A)_T \leqslant W$ 判据。

例 6 在 90 ℃、$p^{\ominus}$ 下，1 mol 水蒸发成同温同压下的水蒸气，求此过程的 ΔS，并判断此过程是否可能发生。已知 100 ℃时的汽化焓为 40.67 kJ·mol⁻¹，液态水和气态水的恒压摩尔热容分别为 75.30 J·mol⁻¹·K⁻¹ 和 33.58 J·mol⁻¹·K⁻¹。

解：本题是不可逆相变过程，始终态已确定，重要的是设计可逆路线。设计恒压变温可逆过程如下：

```
┌─────────────────┐    ΔS      ┌─────────────────┐
│ 90 ℃, pᶿ, H₂O(l)│ ────────→  │ 90 ℃, pᶿ, H₂O(g)│
└─────────────────┘    T₁      └─────────────────┘
       │ ΔS₁                            ↑ ΔS₃
       ↓                                │
┌─────────────────┐   ΔS₂     ┌──────────────────┐
│100 ℃, pᶿ, H₂O(l)│ ────────→ │100 ℃, pᶿ, H₂O(g) │
└─────────────────┘ T₂,可逆相变└──────────────────┘
```

$$\Delta S = \Delta S_1 + \Delta S_2 + \Delta S_3$$
$$= \int_{T_1}^{T_2} C_{p,m}(l)\frac{dT}{T} + \frac{\Delta_{vap}H_m(373.15\ K)}{T_2} + \int_{T_2}^{T_1} C_{p,m}(g)\frac{dT}{T}$$
$$= \left(75.30\ln\frac{373.15}{363.15} + \frac{40.67\times10^3}{373.15} + 33.58\ln\frac{363.15}{373.15}\right) J\cdot K^{-1} = 110.1\ J\cdot K^{-1}$$

根据基希霍夫公式，有

$$\Delta H(T_1) = \Delta H(T_2) + \int_{T_1}^{T_2}\Delta C_p dT = [40.67\times10^3 + (33.58-75.30)\times(90-100)] J$$
$$= 41.09\times10^3\ J$$

$$\frac{Q}{T_1} = \frac{\Delta H(T_1)}{T_1} = \left(\frac{41.09\times10^3}{363.15}\right) J\cdot K^{-1} = 113.1\ J\cdot K^{-1}$$

因 $\Delta S < \dfrac{Q}{T}$，所以该过程不可能发生。

例7 298.15 K、101.325 kPa 下，1 mol 过饱和水蒸气变为同温同压下的液态水。求此过程的 ΔG 和 ΔS。并判断此过程能否自发进行。已知：298.15 K 时水的饱和蒸气压为 3.166 kPa，质量蒸发焓为 2217 J·g⁻¹。

解：根据题给条件，设计如下过程（以 1 mol 为基准）

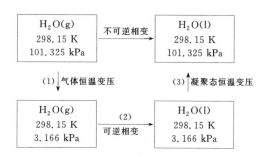

过程（1）为 $H_2O(g)$ 的理想气体恒温变压过程，$H_2O(g)$ 近似认为是理想气体；

过程（2）为 $H_2O(g)$ 在 298.15 K 及该温度对应的饱和蒸气压下发生的可逆相变，$\Delta G_2 = 0$；

过程（3）为 $H_2O(l)$ 的凝聚相恒温变压过程，$\Delta G_3 \approx 0$，$\Delta S_3 \approx 0$。

$$\Delta G = \Delta G_1 + \Delta G_2 + \Delta G_3 = -nRT\ln\frac{p_1}{p_2} + 0 + 0 = -8.591\ kJ$$

$$\Delta S = \Delta S_1 + \Delta S_2 + \Delta S_3 = nR\ln\frac{p_1}{p_2} + \frac{-n\Delta_{vap}H_m}{T} + 0$$
$$= 1\times 8.314\times \ln\frac{101.325}{3.166} + \frac{-2217\times 18}{298.15} + 0$$
$$= -105.03 \text{ J}\cdot\text{K}^{-1}$$

$\Delta G < 0$，该过程自发进行。

例8 已知25 ℃时，水的饱和蒸气压 $p^* = 3.166$ kPa，液体水的标准摩尔生成吉布斯函数 $\Delta_f G_m^\ominus(H_2O, l) = -237.129$ kJ·mol^{-1}。求25 ℃时水蒸气的标准摩尔生成吉布斯函数。

解： 求解本题的关键是对标准摩尔吉布斯函数 $\Delta_f G_m^\ominus(B, \beta, T)$ 的确切理解。根据其定义。不管 $\Delta_f G_m^\ominus(H_2O, l)$ 还是 $\Delta_f G_m^\ominus(H_2O, g)$，均从标准状态下稳定单质出发。即

$$H_2(g, p^\ominus) + 1/2 O_2(g, p^\ominus) \xrightarrow{\Delta_f G_m^\ominus(H_2O, l)} H_2O(l, p^\ominus)$$

$$H_2(g, p^\ominus) + 1/2 O_2(g, p^\ominus) \xrightarrow{\Delta_f G_m^\ominus(H_2O, g)} H_2O(g, p^\ominus)$$

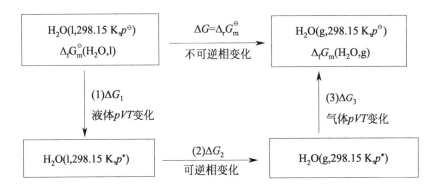

过程（1）凝聚态恒温变压过程，$\Delta G_1 = \int_{p^\ominus}^{p^*} V_m(l)\,dp = V_m(l)(p^* - p^\ominus) \approx 0$，可忽略不计；

过程（2）为 $H_2O(l)$ 在 298.15 K 及其饱和蒸气压下发生的可逆相变，$\Delta G_2 = 0$；

过程（3）为 $H_2O(g)$ 的恒温变压过程，$H_2O(g)$ 近似认为是理想气体，

$$\Delta G_3 = -nRT\ln\frac{p_1}{p_2} = \left(-1\times 8.314\times 298.15\times \ln\frac{3.166}{100}\right) \text{ J}\cdot\text{mol}^{-1}$$
$$= 8.558 \text{ kJ}\cdot\text{mol}^{-1}$$

$$\Delta G = \Delta_f G_m^\ominus(H_2O, g) - \Delta_f G_m^\ominus(H_2O, l) = \Delta G_1 + \Delta G_2 + \Delta G_3 = \Delta G_3$$

$$\Delta_f G_m^\ominus(H_2O, g) = \Delta_f G_m^\ominus(H_2O, l) + \Delta G_1 + \Delta G_2 + \Delta G_3$$
$$= \Delta_f G_m^\ominus(H_2O, l) + \Delta G_3 = (-237.129 + 8.558) \text{ kJ}\cdot\text{mol}^{-1} = -228.571 \text{ kJ}\cdot\text{mol}^{-1}$$

例9 已知在 −5 ℃，水和冰的密度分别为 $\rho(H_2O, l) = 999.2$ kg·m^{-3} 和 $\rho(H_2O, s) = 916.7$ kg·m^{-3}。在 −5 ℃，水和冰的相平衡压力为 59.8 MPa。今有 −5 ℃ 的 1 kg 水在 100 kPa 下凝固成同样温度、压力下的冰，求该过程的 ΔG。假设水和冰的密度不随压力而变。

解： 本题虽然为液-固变化，但因压力改变很大，因此，压力变化引起状态函数变化便不能忽略。按题给水和冰的相平衡压力数据，可设计以下可逆途径（100 kPa = 0.1 MPa）：

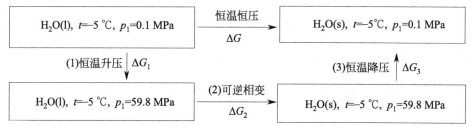

过程（2）为恒温恒压可逆相变过程，$\Delta G_2 = 0$

过程（1）、（3）均为凝聚态物质的恒温变压过程，其水的密度不随压力而改变，则

$$\Delta G_1 = \int_{p_1}^{p_2} V(l) dp = V(l)(p_2 - p_1), \quad \Delta G_3 = \int_{p_2}^{p_1} V(s) dp = V(s)(p_1 - p_2)$$

而 $V(l) = \dfrac{m(l)}{\rho(l)}, V(s) = \dfrac{m(s)}{\rho(s)}$，则

$$\Delta G = \Delta G_1 + \Delta G_2 + \Delta G_3 = \Delta G_1 + \Delta G_3 = m \times \left[\dfrac{1}{\rho(s)} - \dfrac{1}{\rho(l)}\right] \times (p_1 - p_2)$$

$$= \left[1 \times \left(\dfrac{1}{916.7} - \dfrac{1}{999.2}\right) \times (100 \times 10^3 - 59.8 \times 10^6)\right] J = -5.377 \text{ kJ}$$

例 10 已知在 100 kPa 下水的凝固点为 0 ℃，在 −5 ℃，过冷水和冰的饱和蒸气压分别 $p^*(H_2O,l) = 0.422$ kPa，$p^*(H_2O,s) = 0.414$ kPa，过冷水的比凝固焓 $\Delta_l^s h = -322.4$ J·g^{-1}。今在 100 kPa 下，有 −5 ℃、1 kg 的过冷水变为同温同压下的冰，设计可逆途径，分别按可逆途径计算过程的 ΔS 及 ΔG。

解：根据题给条件，可设计如下途径求 ΔS 及 ΔG。

```
H₂O(l), t=-5 ℃, p=100 kPa  ──恒温恒压不可逆相变──▶  H₂O(s), t=-5 ℃, p=100 kPa
    │(1) 液相恒温变压                                    ▲(5) 固相恒温变压
    ▼                                                   │
H₂O(l), t=-5 ℃, p*(l)=0.422 kPa                   H₂O(s), t=-5 ℃, p*(s)=0.414 kPa
    │(2)                                                ▲(4) 气固可逆相变
    ▼                                                   │
H₂O(g), t=-5 ℃, p*(l)=0.422 kPa  ──(3)气体恒温变压──▶  H₂O(g), t=-5 ℃, p*(s)=0.414 kPa
```

过程（2）、（4）均为可逆相变，$\Delta G_2 = 0$，$\Delta G_4 = 0$；

过程（1）、（5）均为凝聚相的恒温变压过程，$\Delta G_1 \approx 0$，$\Delta G_5 \approx 0$；

过程（3）为气体恒温变压过程，$H_2O(g)$ 近似认为是理想气体。则

$$\Delta G = \Delta G_1 + \Delta G_2 + \Delta G_3 + \Delta G_4 + \Delta G_5$$

$$= \Delta G_3 = nRT \ln \dfrac{p^*(s)}{p^*(l)} = \left(\dfrac{1000}{18.0148} \times 8.314 \times 268.15 \times \ln \dfrac{0.414}{0.422}\right) J = -2.369 \text{ kJ}$$

因始态到终态为恒温过程，则 $\Delta G = \Delta H - T\Delta S$

$$\Delta S = \dfrac{\Delta H - \Delta G}{T} = -\left(\dfrac{1000 \times 322.4 + 2.369 \times 10^3}{268.15}\right) J \cdot K^{-1} = -1.211 \text{ kJ} \cdot K^{-1}$$

例 11 证明 $\left(\dfrac{\partial U}{\partial V}\right)_T = T\left(\dfrac{\partial p}{\partial T}\right)_V - p$

证明：由热力学基本方程 $dU = TdS - pdV$，在恒温下两边同除 dV，得

$$\left(\frac{\partial U}{\partial V}\right)_T = T\left(\frac{\partial S}{\partial V}\right)_T - p$$

将麦克斯韦关系式 $\left(\frac{\partial S}{\partial V}\right)_T = \left(\frac{\partial p}{\partial T}\right)_V$ 代入上式，得 $\left(\frac{\partial U}{\partial V}\right)_T = T\left(\frac{\partial p}{\partial T}\right)_V - p$

例 12 试从热力学基本方程出发，证明理想气体 $\left(\frac{\partial H}{\partial p}\right)_T = 0$。

证明： 由热力学基本方程式 $dH = TdS + Vdp$，得 $\left(\frac{\partial H}{\partial p}\right)_T = T\left(\frac{\partial S}{\partial p}\right)_T + V$

将麦克斯韦关系式 $\left(\frac{\partial S}{\partial p}\right)_T = -\left(\frac{\partial V}{\partial T}\right)_p$ 代入上式，得

$$\left(\frac{\partial H}{\partial p}\right)_T = -T\left(\frac{\partial V}{\partial T}\right)_p + V$$

由理想气体状态方程 $V = \frac{nRT}{p}$，得 $\left(\frac{\partial V}{\partial T}\right)_p = \frac{nR}{p} = \frac{V}{T}$，故

$$\left(\frac{\partial H}{\partial p}\right)_T = -T \times \frac{V}{T} + V = 0$$

（二）提高篇例题

例 1 2 mol 某双原子理想气体 $S_m^\ominus(298\ K) = 205.1\ J \cdot mol^{-1} \cdot K^{-1}$，从 298 K、100 kPa 开始沿 $pT =$ 常数的途径可逆压缩到 200 kPa 的终态，求该过程的 ΔS 和 ΔG。

解： 始态：$T_1 = 298\ K$，$p_1 = 100\ kPa$

$S_1 = nS_m^\ominus(298\ K) = 2\ mol \times 205.1\ J \cdot mol^{-1} \cdot K^{-1} = 410.2\ J \cdot K^{-1}$

终态：$p_2 = 200\ kPa$，$T_2 = \frac{T_1 p_1}{p_2} = \left(\frac{298 \times 100}{200}\right)\ K = 149\ K$，故

$$\Delta S = nC_{p,m}\ln\frac{T_2}{T_1} + nR\ln\frac{p_1}{p_2}$$

$$= \left(2 \times \frac{7}{2} \times 8.314 \times \ln\frac{149}{298} + 2 \times 8.314 \times \ln\frac{100}{200}\right) J \cdot K^{-1} = -51.87\ J \cdot K^{-1}$$

$S_2 = S_1 + \Delta S = (410.2 - 51.87)\ J \cdot K^{-1} = 358.33\ J \cdot K^{-1}$

$\Delta G = \Delta H - \Delta(TS) = nC_{p,m}(T_2 - T_1) - (T_2 S_2 - T_1 S_1)$

$= [-8671.5 - (149 \times 358.33 - 298 \times 410.2)]\ J = 60.176\ kJ$

例 2 绝热恒容容器中有一绝热耐压隔板，隔板两侧均为 $N_2(g)$。一侧容积为 50 dm^3，内有 200 K 的 $N_2(g)$ 2 mol；另一侧容积为 75 dm^3，内有 500 K 的 $N_2(g)$ 4 mol；$N_2(g)$ 可认为是理想气体，今将容器中绝热隔板撤去，使系统达平衡态，求该过程的 ΔS。

解： 将隔板两侧的 N_2 作为一个整体研究，混合过程经历的是绝热恒容过程。解此题的关键是首先求出终态温度 T。

根据题给条件，过程可表示如下：

| $N_2(g)$
$n_1 = 2\ mol$
$T_1 = 200\ K$
$V_1 = 50\ dm^3$ | + | $N_2(g)$
$n_2 = 4\ mol$
$T_2 = 500\ K$
$V_2 = 75\ dm^3$ | $\xrightarrow[dV=0]{Q=0}$ | $N_2(g)$
$n = 6\ mol$
$T = ?$
$V = V_1 + V_2 = 125\ dm^3$ |

因 N_2 混合过程为绝热恒容过程,即 $Q=0$,$W=0$,则 $\Delta U=0$。

$N_2(g)$ 的 $C_{V,m}=2.5R$;$\Delta U=n_1 C_{V,m}(T-T_1)+n_2 C_{V,m}(T-T_2)=0$

由上式可得 $T=\dfrac{n_1 T_1+n_2 T_2}{n_1+n_2}=\dfrac{2\times 200+4\times 500}{2+4}$ K$=400$ K

再根据 $pV=nRT$,分别求出 $p_1=66.512$ kPa,$p_2=221.707$ kPa,$p=159.629$ kPa

$\Delta S=\Delta S_1(n_1)+\Delta S_2(n_2)$

$\Delta S_1(n_1)=n_1 C_{p,m}\ln\dfrac{T}{T_1}+n_1 R\ln\dfrac{p_1}{p}=n_1 R\left(3.5\times\ln\dfrac{T}{T_1}+\ln\dfrac{p_1}{p}\right)$

$=2\times 8.314\times\left(3.5\times\ln\dfrac{400}{200}+\ln\dfrac{66.512}{159.629}\right)$ J·K$^{-1}=25.782$ J·K^{-1}

$\Delta S_2(n_2)=n_2 C_{p,m}\ln\dfrac{T}{T_2}+n_2 R\ln\dfrac{p_2}{p}=n_2 R\left(3.5\times\ln\dfrac{T}{T_2}+\ln\dfrac{p_2}{p}\right)$

$=4\times 8.314\times\left(3.5\times\ln\dfrac{400}{500}+\ln\dfrac{221.707}{159.629}\right)$ J·K$^{-1}=-15.048$ J·K^{-1}

$\Delta S=\Delta S_1(n_1)+\Delta S_2(n_2)=(25.782-15.048)$ J·K$^{-1}=10.734$ J·K^{-1}

例 3 已知 100 ℃水的饱和蒸气压为 101.325 kPa,此条件下水的摩尔蒸发焓 $\Delta_{vap}H_m=40.668$ kJ·mol^{-1}。在置于 100 ℃恒温槽中的容积为 100 dm^3 的密闭容器中,有压力 120 kPa 的过饱和水蒸气。此状态为亚稳态。今过饱和水蒸气失稳,部分凝结成液态水并达到热力学稳定的平衡态,求过程的 Q、ΔU、ΔH、ΔS、ΔA 及 ΔG。

解:此过程是在恒容条件下进行的。过饱和水蒸气失稳后变为平衡态,是指在 100 ℃下的状态,而水在 100 ℃的平衡态的压力是水在 100 ℃的饱和蒸气压 $p^*_{H_2O}$,即 101.325 kPa,则其终态应是 100 ℃、101.325 kPa 的饱和蒸气与凝结的水成平衡的状态。

(1) 根据题意,其过程以及为计算所设计的途径为:

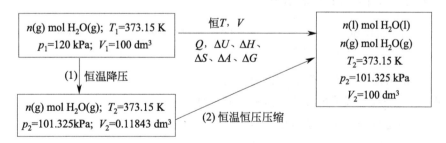

计算水蒸气凝结成液体水的物质的量 $n(l)$。设液体的体积忽略不计,则 $n(l)$ 等于始终态水蒸气的物质的量之差。

凝结前水蒸气的物质的量 $n(始)=\dfrac{p(始)V}{RT}=\left(\dfrac{120\times 10^3\times 100\times 10^{-3}}{8.314\times 373.15}\right)$ mol$=3.868$ mol;

凝结出液体水后余下的水蒸气的物质的量 $n(终)=\dfrac{p(终)V}{RT}$,而 $p(终)=p^*_{H_2O}$

$n(终)=\left(\dfrac{101.325\times 10^3\times 0.1}{8.314\times 373.15}\right)$ mol$=3.266$ mol;因此,凝结成水的物质的量

$n(l) = n(始) - n(终) = (3.868 - 3.266) \text{ mol} = 0.602 \text{ mol}$

因过程（1）为理想气体恒温可逆变化，而过程（2）为 $n(l)$ mol 的水蒸气在恒温恒压 T、p 下凝结为水的过程；过程（2）除 Q 值外，ΔU、ΔH、ΔS、ΔA 及 ΔG 均为状态函数的变化。

$\Delta H_1 = 0$；$\Delta H_2 = -n(l)\Delta_{vap}H_m$，则

$\Delta H = \Delta H_1 + \Delta H_2 = \Delta H_2 = -n(l)\Delta_{vap}H_m = (-0.602 \times 40.668) \text{ kJ} = -24.482 \text{ kJ}$

因 $\Delta H = \Delta U + p[V(l) - V(g)]$，则

$\Delta U = \Delta H + pV(g) = \Delta H + n(l)RT$
$= (-24.482 \times 10^3 + 0.602 \times 8.314 \times 373.15) \text{ J} = -22.610 \text{ kJ}$

因是恒 T、V、$W' = 0$ 的过程，故

$Q = \Delta U = -22.610 \text{ kJ}$

$\Delta S = \Delta S_1 + \Delta S_2 = nR\ln\dfrac{p_1}{p_2} + \dfrac{-n(l)\Delta_{vap}H_m}{T_2}$

$= \left(3.868 \times 8.314 \times \ln\dfrac{120}{101.325} + \dfrac{-0.602 \times 40.668 \times 10^3}{373.15}\right) \text{ J} \cdot \text{K}^{-1} = -60.169 \text{ J} \cdot \text{K}^{-1}$

$\Delta A = \Delta U - T\Delta S = [-22.610 \times 10^3 - 373.15 \times (-60.169)] \text{ J} = -0.158 \text{ kJ}$

$\Delta G = \Delta H - T\Delta S = [-24.482 \times 10^3 - 373.15 \times (-60.169)] \text{ J} = -2.030 \text{ kJ}$

例4 将装有 0.1 mol 乙醚 $(C_2H_5)_2O(l)$ 的小玻璃瓶放入容积为 10 dm³ 的恒容密闭真空容器中，并在 35.51 ℃ 的恒温槽中恒温。已知乙醚的正常沸点为 35.51 ℃，此条件下乙醚的摩尔蒸发焓 $\Delta_{vap}H_m = 25.104 \text{ kJ} \cdot \text{mol}^{-1}$。今将小玻璃瓶打破，乙醚蒸发至平衡态，求：（1）乙醚蒸气的压力；（2）过程的 Q、ΔU、ΔH 及 ΔS。

解：以 B 代表乙醚，假设 0.1 mol B(l) 全部蒸发，

（1）乙醚蒸气的压力 $p_2 = \dfrac{nRT}{V} = \left(\dfrac{0.1 \times 8.314 \times 308.66}{10 \times 10^{-3}}\right) \text{ Pa} = 25.662 \text{ kPa}$

因 $p_2 < 101.325 \text{ kPa}$，表明假设成立。

（2）根据题给条件，过程可表示为

| $n=0.1$ mol, B(l)
$T=308.66$ K | $\xrightarrow[dp=0]{(1) dT=0}$ | $n=0.1$ mol, B(g)
$p_1=101.325$ kPa | $\xrightarrow{(2) dT=0}$ | $n=0.1$ mol, B(g)
$p_2=25.662$ kPa |

将 B(g) 视为理想气体，先求过程的焓变。

因过程（2）是理想气体恒温变压过程，则 $\Delta H_2 = 0$

$\Delta H = \Delta H_1 + \Delta H_2 = n\Delta_{vap}H_m(B,l) = (0.1 \times 25.104 \times 10^3) \text{ J} = 2.5104 \text{ kJ}$

因整个系统的体积恒定，$dV = 0$，故 $W = 0$

$Q = \Delta U = \Delta H - n(g)RT = (2.5104 \times 10^3 - 0.1 \times 8.314 \times 308.66) \text{ J} = 2.2538 \text{ kJ}$

$\Delta S = \dfrac{n\Delta_{vap}H_m(B,l)}{T} + nR\ln\dfrac{p_1}{p_2} = \left(\dfrac{0.1 \times 25.104 \times 10^3}{308.66} + 0.1 \times 8.314 \times \ln\dfrac{101.325}{25.662}\right) \text{ J} \cdot \text{K}^{-1}$

$= 9.275 \text{ J} \cdot \text{K}^{-1}$

例5 已知苯 C_6H_6 在 101.325 kPa 下于 80.1 ℃ 沸腾的蒸发焓 $\Delta_{vap}H_m = 30.878 \text{ kJ} \cdot \text{mol}^{-1}$。液体苯的摩尔定压热容 $C_{p,m}(H_2O,l) = 142.7 \text{ J} \cdot \text{mol}^{-1} \cdot \text{K}^{-1}$。今将 40.53 kPa、80.1 ℃ 的苯蒸气 1 mol，先恒温可逆压缩至 101.325 kPa，并凝结成液态苯，再在恒压下将

其冷却至 60 ℃。求整个过程的 Q、W、ΔU、ΔH 及 ΔS。

解：整个过程包括（1）恒温可逆过程，（2）恒温恒压凝结过程，（3）恒压过程。其中过程（3）由于液态苯体积变化很小，则 $W_3 = 0$。

以 B 代表苯，根据题给条件，过程可表示为

$$\boxed{\begin{array}{c}1\text{ mol, B(g)}\\p_1=40.53\text{ kPa}\\T_1=353.25\text{ K}\end{array}}\xrightarrow[(1)]{dT=0,\text{可逆}}\boxed{\begin{array}{c}1\text{ mol, B(g)}\\p_2=101.325\text{ kPa}\\T_2=T_1=353.25\text{ K}\end{array}}\xrightarrow[(2)]{dT=0,dp=0}\boxed{\begin{array}{c}1\text{ mol, B(l)}\\p_3=p_2\\T_3=T_2\end{array}}\xrightarrow[(3)]{dp=0,\text{降温}}\boxed{\begin{array}{c}1\text{ mol, B(l)}\\p_4=p_3\\T_4=333.15\text{ K}\end{array}}$$

$$W = W_1 + W_2 = nRT_1 \ln\frac{p_2}{p_1} - p_2(V_1 - V_g) \approx nRT_1 \ln\frac{p_2}{p_1} + p_2 V_g$$

$$= nRT_1 \ln\frac{p_2}{p_1} + nRT_2 = nRT_1\left(\ln\frac{p_2}{p_1} + 1\right) = \left[1 \times 8.314 \times 353.25 \times \left(\ln\frac{101.325}{40.53} + 1\right)\right] \text{ kJ}$$

$$= 5.628 \text{ kJ}$$

$$Q = Q_1 + Q_2 + Q_3 = -nRT_1 \ln\frac{p_2}{p_1} - n\Delta_{\text{vap}}H_m + nC_{p,m}(\text{B,l})(T_4 - T_3)$$

$$= \left[-8.314 \times 353.25 \times \ln\frac{101.325}{40.53} - 30.878 \times 10^3 + 142.7 \times (333.15 - 353.25)\right] \text{ J}$$

$$= -36.437 \text{ kJ}$$

$$\Delta U = Q + W = (5.628 - 36.437) \text{ kJ} = -30.81 \text{ kJ}$$

忽略液态苯的体积，计算焓变并计算熵变：

$$\Delta(pV) = -p_1 V_1 = -nRT_1$$

$$\Delta H = \Delta U - \Delta(pV) = -(30.81 + 8.314 \times 353.25 \times 10^{-3}) \text{ kJ} = -33.747 \text{ kJ}$$

$$\Delta S = \Delta S_2 + \Delta S_2 + \Delta S_3 = nR\ln\frac{p_1}{p_2} + \frac{-n\Delta_{\text{vap}}H_m}{T_1} + nC_{p,m}(\text{l})\ln\frac{T_4}{T_3}$$

$$= \left(8.314\ln\frac{40.53}{101.325} + \frac{-30.878 \times 10^3}{353.25} + 142.7\ln\frac{333.15}{353.25}\right) \text{ J}\cdot\text{K}^{-1}$$

$$= -103.39 \text{ J}\cdot\text{K}^{-1}$$

例 6 化学反应如下：$CH_4(g) + CO_2(g) \longrightarrow 2CO(g) + 2H_2(g)$，（1）利用各物质的 $S_m^{\ominus}$、$\Delta_f H_m^{\ominus}$ 数据，求上述反应在 25 ℃ 时的 $\Delta_r S_m^{\ominus}$、$\Delta_r G_m^{\ominus}$；（2）利用各物质的 $\Delta_f G_m^{\ominus}$ 数据，计算上述反应在 25 ℃ 的 $\Delta_r G_m^{\ominus}$；（3）25 ℃，若始态 $CH_4(g)$ 和 $CO_2(g)$ 的分压均为 150 kPa，终态 $CO(g)$ 和 $H_2(g)$ 的分压为 50 kPa，求反应的 $\Delta_r S_m$、$\Delta_r G_m$。

解：由教材附录可查得 25 ℃ 时反应中物质 $S_m^{\ominus}$、$\Delta_f H_m^{\ominus}$ 数据，可用来计算 $\Delta_r S_m^{\ominus}$、$\Delta_r G_m^{\ominus}$。

(1) 因 $\Delta_r G_m^{\ominus} = \Delta_r H_m^{\ominus} - T\Delta_r S_m^{\ominus}$，故先求出反应的 $\Delta_r H_m^{\ominus}$ 与 $\Delta_r S_m^{\ominus}$。

$$\Delta_r H_m^{\ominus} = \sum_B \nu_B \Delta_f H_m^{\ominus}(\text{B},\beta,T) = 2\Delta_f H_m^{\ominus}(\text{CO},g) - \Delta_f H_m^{\ominus}(\text{CO}_2,g) - \Delta_f H_m^{\ominus}(\text{CH}_4,g)$$

$$= [2 \times (-110.525) - (-393.509) - (-74.81)] \text{ kJ}\cdot\text{mol}^{-1} = 247.269 \text{ kJ}\cdot\text{mol}^{-1}$$

$$\Delta_r S_m^{\ominus} = \sum_B \nu_B S_m^{\ominus}(\text{B},\beta,T) = 2S_m^{\ominus}(\text{CO},g) + 2S_m^{\ominus}(\text{H}_2,g) - S_m^{\ominus}(\text{CO}_2,g) - S_m^{\ominus}(\text{CH}_4,g)$$

$$= (2 \times 197.674 + 2 \times 130.684) \quad (186.264 + 213.74) \text{ J}\cdot\text{K}^{-1}\cdot\text{mol}^{-1}$$

$$= 256.712 \text{ J}\cdot\text{K}^{-1}\cdot\text{mol}^{-1}$$

在 25℃ 下，$\Delta_r G_m^\ominus = \Delta_r H_m^\ominus - T\Delta_r S_m^\ominus$
$$= [(247.269 \times 10^3) - (298.15 \times 256.712)] \text{ J·mol}^{-1}$$
$$= 170.730 \text{ kJ·mol}^{-1}$$

（2）利用 25 ℃的各物质的 $\Delta_f G_m^\ominus(B,\beta,298.15 \text{ K})$ 数据，得

$$\Delta_r G_m^\ominus = \sum_B \nu_B \Delta_f G_m^\ominus(B,\beta,298.15 \text{ K}) = 2\Delta_f G_m^\ominus(CO,g) - \Delta_f G_m^\ominus(CH_4,g) - \Delta_f G_m^\ominus(CO_2,g)$$
$$= [2 \times (-137.168) - (-50.72 - 394.359)] \text{ kJ·mol}^{-1} = 170.743 \text{ kJ·mol}^{-1}$$

（3）由于反应物与生成物均不在标准压力下，而且压力亦不相同，所以，需利用标准状态下的数据并设计途径来计算。

根据所设计的途径（见下图），得 $\Delta_r S_m = \Delta S_1 + \Delta_r S_m^\ominus - \Delta S_2$

因 ΔS_1、ΔS_2 均是理想气体的恒温变压过程，其计算可用下式：

$$\Delta S_1 = -n_A R \ln \frac{p_{A2}}{p_{A1}} - n_B R \ln \frac{p_{B2}}{p_{B1}} = \left(-2 \times 8.314 \times \ln \frac{100}{150}\right) \text{ J·K}^{-1}\text{·mol}^{-1}$$
$$= 6.742 \text{ J·K}^{-1}\text{·mol}^{-1}$$

$$\Delta S_2 = -n_C R \ln \frac{p_{C2}}{p_{C1}} - n_D R \ln \frac{p_{D2}}{p_{D1}} = \left(-4 \times 8.314 \times \ln \frac{100}{50}\right) \text{ J·K}^{-1}\text{·mol}^{-1}$$
$$= -23.0513 \text{ J·K}^{-1}\text{·mol}^{-1}$$

所以 $\Delta_r S_m = \Delta S_1 + \Delta_r S_m^\ominus - \Delta S_2 = 286.505 \text{ J·K}^{-1}\text{·mol}^{-1}$

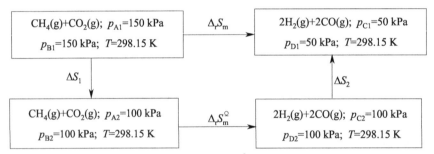

同理 $\Delta_r H_m = \Delta_r H_m^\ominus + \Delta H_1 - \Delta H_2$；理想气体的焓只是温度的函数，与压力无关，所以 $\Delta H_1 = \Delta H_2 = 0$，则 $\Delta_r H_m = \Delta_r H_m^\ominus = 247.269 \text{ kJ·mol}^{-1}$

$$\Delta_r G_m = \Delta_r H_m^\ominus - T\Delta_r S_m = (247.269 \times 10^3 - 298.15 \times 286.505) \text{ J·mol}^{-1}$$
$$= 161.848 \text{ kJ·mol}^{-1}$$

例 7 证明：（1）$dS = \dfrac{C_V}{T}\left(\dfrac{\partial T}{\partial p}\right)_V dp + \dfrac{C_p}{T}\left(\dfrac{\partial T}{\partial V}\right)_p dV$

（2）对理想气体 $dS = C_V d\ln p + C_p d\ln V$

证明：（1）根据题给方程，设 $S = f(p,V)$，其全微分式为 $dS = \left(\dfrac{\partial S}{\partial p}\right)_V dp + \left(\dfrac{\partial S}{\partial V}\right)_p dV$

因 $\left(\dfrac{\partial S}{\partial p}\right)_V = \left(\dfrac{\partial S}{\partial T}\right)_V \left(\dfrac{\partial T}{\partial p}\right)_V$，且对于恒容过程，$dS = \dfrac{C_V}{T}dT$

即 $\left(\dfrac{\partial S}{\partial T}\right)_V = \dfrac{C_V}{T}$，则 $\left(\dfrac{\partial S}{\partial p}\right)_V = \dfrac{C_V}{T}\left(\dfrac{\partial T}{\partial p}\right)_V$

同理 $\left(\dfrac{\partial S}{\partial V}\right)_p = \left(\dfrac{\partial S}{\partial T}\right)_p \left(\dfrac{\partial T}{\partial V}\right)_p = \dfrac{C_p}{T}\left(\dfrac{\partial T}{\partial V}\right)_p$

代入 $dS = \left(\dfrac{\partial S}{\partial p}\right)_V dp + \left(\dfrac{\partial S}{\partial V}\right)_p dV$，得 $dS = \dfrac{C_V}{T}\left(\dfrac{\partial T}{\partial p}\right)_V dp + \dfrac{C_p}{T}\left(\dfrac{\partial T}{\partial V}\right)_p dV$

（2）对于理想气体 $pV=nRT$，有 $\left(\dfrac{\partial T}{\partial p}\right)_V = \dfrac{V}{nR} = \dfrac{T}{p}$，$\left(\dfrac{\partial T}{\partial V}\right)_p = \dfrac{p}{nR} = \dfrac{T}{V}$，则

$$dS = \dfrac{C_V}{p}dp + \dfrac{C_p}{V}dV = C_V d\ln p + C_p d\ln V$$

例 8 固态氨的饱和蒸气压为 $\ln(p_s/\text{kPa}) = 21.01 - 3754/(T/\text{K})$，液态氨的饱和蒸气压为 $\ln(p_l/\text{kPa}) = 17.47 - 3065/(T/\text{K})$。试求：（1）三相点的温度、压力；（2）三相点的蒸发焓、升华焓和熔化焓。

解：（1）在三相点时，$p_l = p_s$，则

$21.01 - 3754/(T/\text{K}) = 17.47 - 3065/(T/\text{K})$ 得 $T = 195.2$ K

由 $\ln(p_s/\text{kPa}) = 21.01 - 3754/(T/\text{K}) = 21.01 - 3754/195.2 = 1.778$，得 $p_s = 5.92$ kPa

（2）将 $\ln(p/\text{kPa}) = \dfrac{-\Delta H}{RT} + C$ 分别与

$\ln(p_s/\text{kPa}) = 21.01 - \dfrac{3754}{T/\text{K}}$ 和 $\ln(p_l/\text{kPa}) = 17.47 - \dfrac{3065}{T/\text{K}}$ 比较，得

升华焓 $\Delta_{\text{sub}}H_m = 3754 \times 8.314$ J·mol^{-1} = 31.21 kJ·mol^{-1}

蒸发焓 $\Delta_{\text{vap}}H_m = 3063 \times 8.314$ J·mol^{-1} = 25.47 kJ·mol^{-1}

熔化焓 $\Delta_{\text{fus}}H_m = \Delta_{\text{sub}}H_m - \Delta_{\text{vap}}H_m = 5.74$ kJ·mol^{-1}

五、概念练习题

（一）填空题

1. "功可以全部转化为热，但热不能全部转化为功"的说法_____（填正确或错误）。

2. 自然界中_____（填存在或不存在）温度降低而熵值增加的过程。

3. 在 300 K 时，2 mol 理想气体经等温可逆膨胀，其体积由 1 dm^3 增大到 10 dm^3，则 $\Delta S =$ _____。

4. 在 298 K 时，1 mol 理想气体经等温可逆膨胀，其压力由 1000 kPa 减小到 100 kPa，则 $\Delta G =$ _____。

5. 一定量的理想气体，始态温度 T_1，体积 V_1，经不同过程到达终态，终态体积均为 $2V_1$，则系统的熵变为：（1）恒温可逆膨胀，ΔS ____ 0；（2）绝热恒外压膨胀，ΔS ____ 0；（3）绝热可逆膨胀，ΔS ____ 0。

6. 双原子理想气体分别在（1）恒压，（2）恒容下，从 T_1 加热到 T_2，则在恒压下的熵变应为在恒容下熵变的_____倍。

7. 理想气体进行恒温膨胀时内能不变，所吸收的热全部用来对环境做功，这与热力学第二定律是不矛盾的，原因是_____。

8. 用 ΔS 作为过程方向性判据的条件是_____；用 ΔA 作为过程方向性判据的条件是_____；用 ΔG 作为过程方向性判据的条件是_____。

9. 在 101.325 kPa、101 ℃下水变为水蒸气,系统的 ΔS____ 0,ΔG____ 0。

10. 下列过程中,ΔU、ΔH、ΔS、ΔA 和 ΔG 何者为零?

(1) 理想气体自由膨胀过程:_____;

(2) 在绝热刚壁容器内进行的化学反应:_____;

(3) 某液体由始态(T,p^*)变成同温同压的饱和蒸气:_____;

(4) 真实气体经历一绝热可逆过程到达某一终态:_____。

11. 克拉佩龙方程 $\dfrac{\mathrm{d}p}{\mathrm{d}T}=\dfrac{\Delta_\alpha^\beta H_\mathrm{m}}{T\Delta_\alpha^\beta V_\mathrm{m}}$ 的应用条件是_____;

克劳修斯-克拉佩龙方程 $\dfrac{\ln p}{\mathrm{d}T}=\dfrac{\Delta_\mathrm{vap} H_\mathrm{m}}{RT^2}$ 的应用条件是_____。

12. 液态 SO_2 的饱和蒸气压与温度的关系为 $\ln(p_{SO_2}^*/\mathrm{Pa})=-\dfrac{3283.4}{T/\mathrm{K}}+24.05$,则液态 SO_2 的其正常沸点为_____ K,摩尔蒸发焓 $\Delta_\mathrm{vap}H_\mathrm{m}^\ominus$ _____ kJ·mol^{-1}。

(二) 选择题

1. 关于热力学第二定律,下述说法不正确的是____。
   A. 第二类永动机时不可能制造出来的
   B. 一切实际过程都是热力学不可逆过程
   C. 热自动从低温物体传给高温物体而不产生其他变化是不可能的
   D. 从单一热源吸取热量使之完全转变为功是不可能的

2. 系统从状态 A 变化到状态 B 经两个途径,1 为可逆途径,2 为不可逆途径。以下关系中不正确的是_____。
   A. $\Delta S_1=\Delta S_2$ B. $\Delta S_1=\int_A^B\left(\dfrac{\delta Q}{T}\right)_1$ C. $\Delta S_2=\int_A^B\left(\dfrac{\delta Q}{T}\right)_1$ D. $\sum_A^B\left(\dfrac{\delta Q}{T}\right)_1=\sum_A^B\left(\dfrac{\delta Q}{T}\right)_2$

3. 某系统经历一个不可逆循环,则系统和环境的熵变分别为____。
   A. ΔS(系)>0,ΔS(环)>0
   B. ΔS(系)=0,ΔS(环)=0
   C. ΔS(系)=0,ΔS(环)>0
   D. ΔS(系)>0,ΔS(环)=0

4. 一定量理想气体,在绝热条件下,经恒外压被压缩至终态,则系统和环境的熵变分别为____。
   A. ΔS(系)>0,ΔS(环)>0
   B. ΔS(系)<0,ΔS(环)=0
   C. ΔS(系)>0,ΔS(环)=0
   D. ΔS(系)<0,ΔS(环)>0

5. 真实气体进行绝热可逆膨胀,则____。
   A. $\Delta S>0$,$\Delta G>0$
   B. $\Delta S>0$,$\Delta G<0$
   C. $\Delta S<0$,$\Delta G<0$
   D. $\Delta S=0$,$\Delta G<0$

6. 真实气体进行节流膨胀,下列说法正确的是____。
   A. 增加   B. 减少   C. 不变   D. 无法确定

7. 对于封闭系统,下列状态函数中____的值是可知的。
   A. U B. S C. C_p D. G

8. 对于任意封闭系统中 A 和 G 的相对大小,正确的是____。
   A. $G>A$ B. $G<A$ C. $G=A$ D. 无法确定

9. 焦耳实验中所进行的过程是一个自发过程，这一过程自发性判据是系统的____。

   A. ΔS B. ΔA C. ΔG D. 都不是

10. 在 101.325 kPa，273.15 K 时，一定量理想气体 H_2 的 $\left(\dfrac{\partial G}{\partial p}\right)_T = 4.48 \times 10^{-2}$ m^3，那么其质量为____g。

   A. 2×10^{-3} B. 4×10^{-3} C. 2 D. 4

11. 下列公式中，____需要"不做非体积功"的条件。

   A. $\Delta H = \Delta U + \Delta(pV)$ B. $\Delta S = \int_1^2 \dfrac{\delta Q_r}{T}$

   C. $\Delta H = Q_p$ D. $\Delta G_{T,p} \leq 0$ 作判据

12. 在 101.325 kPa 和 274.15 K 下，一定量的冰变为水，则 ΔS(系)____，ΔS(环)____，ΔS(系) + ΔS(环)____，ΔG(系)____。

   A. > 0 B. < 0 C. $= 0$ D. 不确定

13. 298.15 K，一定量的 $H_2O(l)$ 在其饱和蒸气压 3.17 kPa 下，蒸发为 298.15 K、3.17 kPa 下的 $H_2O(g)$，关于系统，下列说法中错误的是____。

   A. $\Delta U = 0$ B. $\Delta H = Q_p$ C. $\Delta S = Q_p$ / 298.15 K D. $\Delta G = 0$

14. 恒温时，封闭系统中亥姆霍兹函数降低量等于____。

   A. 系统对外做非体积功的多少 B. 系统对外做总功的多少
   C. 可逆条件下系统对外做膨胀功的多少 D. 可逆条件下系统对外做总功的多少

15. 在 101.325 kPa 和 100 ℃ 时，水变为水蒸气，在此过程中系统可以对环境____。

   A. 做非体积功 B. 做膨胀功 C. 做任何功 D. 不能做任何功

16. 若一化学反应的 $\Delta_r C_{p,m} = 0$，则反应的____。

   A. ΔS、ΔA、ΔG 均不随温度而变 B. ΔH 不随温度而变，ΔS、ΔG 随温度而变
   C. 不随温度而变，ΔG 随温度而变 D. ΔH、ΔS、ΔG 均随温度而变

17. 一个由气相变为凝聚相的化学反应，在恒温、恒容下自发进行，在此过程中____。

   A. ΔS(系)> 0，ΔS(环)< 0 B. ΔS(系)< 0，ΔS(环)> 0
   C. ΔS(系)< 0，ΔS(环)$= 0$ D. ΔS(系)> 0，ΔS(环)$= 0$

18. 公式 $\Delta G = \Delta H - T\Delta S$，下列说法中正确的是____。

   A. 适用于任意热力学过程 B. 适用于任意恒温热力学过程
   C. 只适用于恒温化学反应过程 D. 只适用于恒温恒压相变化过程

19. 下列过程中，可直接用公式 $dH = TdS + Vdp$ 计算的过程是____。

   A. 水蒸气在 363.15 K、$p^{\ominus}$ 下凝聚为水
   B. 电解水制备氢气和氧气
   C. NO_2 以一定速率解离，且解离出的 NO 和 O_2 总是低于平衡组成
   D. CO(g) 进行绝热不可逆膨胀

20. 对于组成不变，且不做非体积功的封闭系统，下面关系中不正确的是____。

   A. $\left(\dfrac{\partial H}{\partial S}\right)_p = T$ B. $\left(\dfrac{\partial A}{\partial V}\right)_T = p$

   C. $\left(\dfrac{\partial H}{\partial p}\right)_S = V$ D. $\left(\dfrac{\partial S}{\partial p}\right)_T = -\left(\dfrac{\partial V}{\partial T}\right)_p$

21. 当冰与水达成平衡时 $H_2O(s) \rightleftharpoons H_2O(l)$，若降低温度，其平衡压力将____。

A. 升高　　　　　B. 降低　　　　　C. 不变　　　　　D. 无法判断

（三）填空题答案

1. 错误；2. 存在，如气体的恒外压绝热膨胀过程；3. 38.29 $J \cdot K^{-1}$；4. -5.7 kJ；5. (1) >，(2) >，(3) =；6. 1.4；7. 该系统在将热全部用来做功的同时，系统的状态（如体积、压力等状态变量）发生了变化，即所谓"引起了其他变化"；8. 绝热过程或隔离系统；恒 T，恒 V，$W'=0$ 的封闭系统；恒 T，恒 p，$W'=0$ 的封闭系统；9. >，<；10. (1) ΔU，ΔH；(2) ΔU；(3) ΔG；(4) ΔS；11. 纯物质的任意两相平衡；纯物质的气-液或气-固两相平衡；12. 262.2，27.30。

（四）选择题答案

1. D；2. D；3. C；4. C；5. D；6. A；7. B，C；8. A；9. A；10. D；11. C，D；12. A，B，A，B；13. A；14. D；15. B；16. C；17. B；18. B；19. D；20. B；21. A。

第四章 多组分热力学

一、基本要求

1. 熟练掌握偏摩尔量和化学势的定义及其差别，熟练掌握化学势判据及应用。
2. 熟练掌握拉乌尔定律的文字表述、数学表达式及应用。掌握理想液态混合物的混合性质及计算。
3. 掌握亨利定律的文字表述、数学表达式及应用。
4. 掌握气体组分、理想液态混合物、理想稀溶液的化学势表达式。
5. 正确理解稀溶液的依数性，正确理解逸度和逸度因子、活度和活度因子。

二、核心内容

1. 偏摩尔量

均相系统中，任一组分 B 的某一偏摩尔量 X_B 为：$X_B = \left(\dfrac{\partial X}{\partial n_B}\right)_{T,p,n_C}$。

偏摩尔量是多组分均相热力学中一个非常重要的概念。其中，X 为状态函数，是广度量，各广度量 V、U、H、S、A 和 G 均有偏摩尔量。n_C 表示除了某组分 B 外其他各组分的物质的量均保持不变。

组分 B 的某一偏摩尔量 X_B 的物理意义：在恒温恒压下，于足够大量的某一组成的混合系统中加入 1 mol B 组分，而系统可视为组成不变时该 1 mol B 组分对系统广度量 X 的贡献。在各偏摩尔量中，以偏摩尔吉布斯函数 G_B 最为重要，它是应用最广泛的热力学函数之一。

2. 化学势的定义与化学势判据

（1）化学势的定义：混合物（或溶液）中组分 B 的偏摩尔吉布斯函数 G_B 为 B 的化学势。

$$\mu_B = G_B = \left(\frac{\partial G}{\partial n_B}\right)_{T,p,n_C} = \left(\frac{\partial U}{\partial n_B}\right)_{S,V,n_C} = \left(\frac{\partial H}{\partial n_B}\right)_{S,p,n_C} = \left(\frac{\partial A}{\partial n_B}\right)_{T,V,n_C}$$

以上四种化学势表达式中，只有 $(\partial G/\partial n_B)_{T,p,n_C}$ 是偏摩尔量。

（2）化学势判据：恒温恒压及非体积功为零的条件下，有

$$\sum_\alpha \sum_B \mu_B(\alpha) dn_B(\alpha) \leqslant 0 \begin{pmatrix} <0 \text{ 自发} \\ =0 \text{ 平衡} \end{pmatrix} (dT=0, dp=0, \delta W'=0)$$

3. 拉乌尔定律和亨利定律（对非电解质溶液）

（1）拉乌尔定律：$p_A = p_A^* x_A$。稀溶液溶剂 A 的蒸气压等于同一温度下纯溶剂的饱和蒸气压与溶液中溶剂的摩尔分数的乘积。该定律适用于稀溶液中的溶剂和理想液态混合物中的任一组分。

（2）亨利定律：$p_B = k_{x,B} x_B = k_{b,B} b_B = k_{c,B} c_B$。即在一定温度下，稀溶液中挥发性溶质 B 在气相中的平衡分压与其在溶液中的摩尔分数（或质量摩尔浓度、物质的量浓度）成正比。比例系数称为亨利系数。同一系统，在使用不同的组成标度时，亨利系数的单位不同，其数值也不一样。$k_{x,B}$、$k_{b,B}$ 和 $k_{c,B}$ 的单位分别是 Pa、$Pa \cdot mol^{-1}$ 和 $Pa \cdot mol^{-1} \cdot m^3$。

4. 理想液态混合物及其性质

（1）定义：任一组分在全浓度范围内都符合拉乌尔定律的液态混合物。

（2）混合性质：在定温、定压下，由纯组分混合成理想液态混合物时，

①$\Delta_{mix}V = 0$；②$\Delta_{mix}H = 0$；③$\Delta_{mix}S = -R\sum_B n_B \ln x_B > 0$；④$\Delta_{mix}G = RT\sum_B n_B \ln x_B < 0$。

即：体积不变，无热效应，但熵增大，吉布斯函数减小。

5. 理想稀溶液

溶剂符合拉乌尔定律，挥发性溶质符合亨利定律的稀溶液。

6. 系统的化学势表示

（1）理想系统

系统	系统实验性质状态方程	化学势表达式	标准状态
理想气体	$pV_m = RT$	$\mu^* = \mu^\ominus + RT\ln(p/p^\ominus)$	$T, p^\ominus$ 时的纯理想气体
理想气体混合物	混合气体中，任意组分 B 的状态不因其他气体存在与否而改变	$\mu_B = \mu_B^\ominus + RT\ln(p_B/p^\ominus)$	$T, p^\ominus$ 时的纯理想气体
理想液体混合物	各组分服从拉乌尔定律 $p_B = p_B^* x_B$	$\mu_B = \mu_B^\ominus + RT\ln x_B$	$T, p^\ominus$ 时的纯液体
理想稀溶液	溶剂服从拉乌尔定律 $p_A = p_A^* x_A$	$\mu_A = \mu_A^\ominus + RT\ln x_A$	$T, p^\ominus$ 时的纯液体
	溶质服从亨利定律 $p_B = k_{x,B} x_B$	$\mu_B = \mu_{x,B}^\ominus + RT\ln x_B$	$T, p^\ominus$ 时，其饱和蒸气压为 $k_{x,B}$ 的假想纯液体 B

（2）实际气体的化学势与逸度 $\tilde{p}$：①纯态实际气体：$\mu^*(g) = \mu^\ominus(g) + RT\ln(\tilde{p}/p^\ominus)$；②实际气体混合物的任意组分：$\mu_B(g) = \mu_B^\ominus(g) + RT\ln(\tilde{p}/p^\ominus)$；其中 $\tilde{p} = p_B \varphi_B$，$\varphi_B$ 为逸度系数，理想气体的 $\varphi_B = 1$。

（3）真实溶液的化学势与活度 a_B：浓度用活度代替，$\mu_B = \mu_B^\ominus + RT\ln a_B$；其中，$a_B = f_B x_B$，$f_B$ 为活度系数。

7. 稀溶液的依数性

（1）蒸气压下降：$\Delta p_A = p_A^* - p_A = p_A^* x_B$；（2）凝固点降低：$\Delta T_f = K_f b_B$，$K_f$ 为与

溶剂有关的凝固点降低常数；(3) 沸点升高：$\Delta T_b = K_b b_B$，K_b 为与溶剂有关的沸点升高常数；(4) 渗透压：半透膜两边的平衡压力差 $\Pi = c_B RT$。

三、基本概念解析

1. 物质的偏摩尔量与摩尔量有什么异同点？

答：对于单组分系统，只有摩尔量，没有偏摩尔量。或者说，在单组分系统中，偏摩尔量就等于摩尔量。对于多组分系统，每种组分物质的量也成为系统的变量，当某物质的量发生改变时，系统的某些容量性质就会发生改变，由此才引入了偏摩尔量的概念。系统总的容量性质要用偏摩尔量的加和公式来计算，而不能用纯物质的摩尔量乘以物质的量来计算。物质的摩尔量总是大于零，但物质的偏摩尔量在一定条件下会小于零，也会等于零。

2. 对于理想气体化学势、实际气体化学势、稀溶液中各组分化学势，化学势的物理意义、数值大小如何正确理解？

答：化学势的狭义定义是物质的偏摩尔吉布斯函数，对于纯物质就是 1 mol 吉布斯函数，纯物质的摩尔吉布斯函数 G_m 与温度、压力有关，它的绝对数值无法知道，我们只能计算其改变值 ΔG。多组分系统中某组分的偏摩尔吉布斯函数，除了与温度、压力有关，还与组成（浓度）有关，同样其绝对数值也无法知道。由于偏摩尔吉布斯函数即化学势的绝对数值不可知，给系统变化过程的 ΔG 计算带来一些困难，为了克服这个困难，像化学反应热效应计算那样，采用相对数值方法，确定物质的化学势即偏摩尔吉布斯函数的相对数值，利用化学势的相对数值来计算系统变化过程的 ΔG，确定相对数值就要选定一个参考点（也称零点）。例如理想气体 B 选的参考点（即标准态）是温度为 T、压力为标准压力 $p^\ominus$，1 mol 纯理想气体 B 的化学势（即摩尔吉布斯函数 $G_m^\ominus$），用符号 $\mu_B^\ominus(T)$ 表示。由于物理化学中讨论的化学反应一般在等温下进行，因此得出理想气体 B 在一般状态下化学势的相对数值表达式：$\mu_B(T, p_B) = \mu_B^\ominus(T) + RT\ln(p_B/p^\ominus)$，将该式称为理想气体的化学势是不严格的，其物理意义是理想气体 B 的化学势相对数值等温表达式。同样，实际气体 B 的化学势为 $\mu_B(T, p_B) = \mu_B^\ominus(T) + RT\ln(f_B/p^\ominus)$，溶液中组分 B 的化学势为 $\mu_B(T, p_B, x_B) = \mu_B^\ominus(T) + RT\ln a_B$ 等，其物理意义也是化学势相对数值等温表达式。

3. 请比较下列各情况化学势的大小，并简单说明理由。
(1) 未饱和糖水溶液中糖的化学势与固体糖的化学势；
(2) 过饱和溶液中溶剂的化学势与纯溶剂的化学势；
(3) 纯物质过冷液体的化学势与其固体的化学势。

答：(1) 未饱和糖水溶液中糖的化学势小于固体糖的化学势，因为未饱和，所以固体糖有向水溶液中溶解的趋势，即固体糖的化学势大于未饱和糖水溶液中糖的化学势。

(2) 过饱和溶液中溶剂的化学势小于纯溶剂的化学势，不论溶液是否饱和，溶剂的化学势都小于纯溶剂的化学势，若用一半透膜置于过饱和溶液与纯溶剂之间，纯溶剂会向过饱和溶液渗透。

(3) 纯物质过冷液体的化学势大于其固体的化学势，因为过冷液体变成固体的相变过程是自发过程。

4. 自然界中，有的高大树种可以长到 100 m 以上，能够从地表供给树冠养料和水分的主要动力是什么？从下列提出的主要原因中分析、比较。(1) 因外界大气压引起的树干内导管的空吸作用；(2) 树干中微导管的毛细作用；(3) 树内体液含盐浓度大，渗透压高。

答：应该是原因 (3)。若是原因 (1)，则能吸起的水柱最大高度为 10.3 m，若是原因 (2)，则能吸起的水柱最大高度为 30 m，而渗透压却可达到几十甚至几百大气压，使树内水柱高达 100 m 以上。

四、例题

(一) 基础篇例题

例 1 23 g 乙醇溶于 500 g 水中形成溶液，其密度为 992 kg·m^{-3}。计算：(1) 乙醇的摩尔分数 x_B；(2) 乙醇的质量分数 w_B；(3) 乙醇的浓度 c_B；(4) 乙醇的质量摩尔浓度 b_B。

解：以 A 代表水，B 代表乙醇；$M_A = 18.02$ g·mol^{-1}，$M_B = 46.07$ g·mol^{-1}。

(1) $x_B = \dfrac{n_B}{\sum\limits_B n_B} = \dfrac{23/46.07}{23/46.07 + 500/18.02} = 0.01767$

(2) $w_B = \dfrac{m_B}{\sum\limits_B m_B} = \dfrac{23}{23+500} = 0.04398 = 4.398\%$

(3) $c_B = \dfrac{n_B}{(m_A+m_B)/\rho} = \dfrac{23/46.07}{(23+500)\times 10^{-3}/992}$ mol·m^{-3} = 0.9469 mol·dm^{-3}

(4) $b_B = \dfrac{n_B}{m_A} = \dfrac{23/46.07}{500 \times 10^{-3}}$ mol·kg^{-1} = 0.9985 mol·kg^{-1}

例 2 质量分数 w(甲醇) = 0.40 的甲醇水溶液，已知其中甲醇的偏摩尔体积 V(甲醇) 为 39.0 cm^3·mol^{-1}，水的偏摩尔体积 V(水) 为 17.5 cm^3·mol^{-1}。试求溶液的密度。已知 M(甲醇) = 32.04 g·mol^{-1}，M(水) = 18.02 g·mol^{-1}。

解：假设取 100 g 水溶液，则溶液的体积为：

$$V = n(\text{甲醇})V(\text{甲醇}) + n(\text{水})V(\text{水}) = \left(\dfrac{40.0}{32.04}\times 39.0 + \dfrac{60.0}{18.02}\times 17.5\right) \text{cm}^3 = 107 \text{ cm}^3$$

溶液的密度为 $\rho = \dfrac{m}{V} = \left(\dfrac{100}{107}\right)$ g·cm^{-3} = 0.935 kg·dm^{-3}

例 3 比较下列各组 H$_2$O 在不同状态时的化学势 μ 的大小，并说明原因。

(1) 373.15 K、101.325 kPa 液态水的 μ_1 和 373.15 K、101.325 kPa 水蒸气的 μ_2；

(2) 373.15 K、202.650 kPa 液态水的 μ_3 和 373.15 K、202.650 kPa 水蒸气的 μ_4；

(3) 374.15 K、101.325 kPa 液态水的 μ_5 和 374.15 K、101.325 kPa 水蒸气的 μ_6；

(4) 373.15 K、101.325 kPa 液态水的 μ_1 和 373.15 K、202.650 kPa 水蒸气的 μ_4。

答：(1) $\mu_1 = \mu_2$。因为恒温恒压条件下，汽液平衡。

(2) $\mu_3 < \mu_4$。因为 d$\mu = -S$d$T + V$dp，恒温时 d$\mu = V$dp，随压力升高化学势升高，dμ(l) $= V$(l)dp，dμ(g) $= V$(g)dp，V(g) $\gg V$(l)。虽然压力均从 101.325 kPa 升高到 202.650 kPa，但气体的化学势增加比液体的要大得多。

(3) $\mu_5 > \mu_6$。因为 d$\mu = -S$d$T + V$dp，恒压时 d$\mu = -S$dT，随温度升高化学势降低，dμ(l) $= -S$(l)dT，dμ(g) $= -S$(g)dT，S(g) $\gg S$(l)。虽然温度均从 373.15 K 升高到 374.15 K，但气体的化学势降低值比液体的要大得多。

(4) $\mu_1 < \mu_4$。以 μ_2[H$_2$O(g, 373.15 K, 101.325 kPa)] 为参考点，它与 μ_1 的化学势相

等，恒温时 $\mathrm{d}\mu(\mathrm{g})=V(\mathrm{g})\mathrm{d}p$，压力增加化学势升高，$\mu_A$ 的化学势比参考点高。

例 4 25 ℃时纯水的饱和蒸气压为 3.160 Pa，若一甘油水溶液中甘油的质量分数为 10%，试求 25 ℃时该溶液的蒸气压。$M(水)=18.02\ \mathrm{g\cdot mol^{-1}}$，$M(甘油)=92.09\ \mathrm{g\cdot mol^{-1}}$。

解：根据已知，甘油溶液为非挥发溶质的稀溶液，满足拉乌尔定律 $p_A=p_A^*x_A$。

$$x_A=\frac{n_A}{n_A+n_B}=\frac{90/18.02}{90/18.02+10/92.09}=0.9787$$

$$p_A=p_A^*x_A=(3.160\times0.9787)\mathrm{kPa}=3.093\ \mathrm{kPa}$$

例 5 20 ℃时，甲醇(A) 和乙醇(B) 的饱和蒸气压分别为 11.83 kPa 和 5.933 kPa，将二者混合形成理想液态混合物。求 20 ℃，质量分数 $w_B=0.50$ 的该液态混合物的气液平衡组成（以摩尔分数表示）。已知 $M(甲醇)=32.04\ \mathrm{g\cdot mol^{-1}}$，$M(乙醇)=46.07\ \mathrm{g\cdot mol^{-1}}$。

解：由于形成理想液态混合物，每个组分都服从拉乌尔定律 $p_A=p_A^*x_A$，气相中 A 和 B 都遵循道尔顿分压定律 $p_A=y_Ap$ 进行计算。液态混合物的摩尔分数：

$$x_A=\frac{0.50/32.04}{0.50/32.04+0.50/46.07}=0.59,\ x_B=1-0.59=0.41$$

因理想液态混合物在全浓度范围内符合拉乌尔定律，则系统的总压力为：

$$p=p_A^*x_A+p_B^*x_B=(11.83\times0.59+5.933\times0.41)\mathrm{kPa}=9.41\ \mathrm{kPa}$$

根据分压定律，平衡蒸气组成为：$y_A=\dfrac{p_A}{p}=\dfrac{p_A^*x_A}{p}=\dfrac{11.83\times0.59}{9.41}=0.74,\ y_B=0.26$

例 6 A、B 两液体能形成理想液态混合物。已知在温度 T 时纯 A 的饱和蒸气压 $p_A^*=40\ \mathrm{kPa}$，纯 B 的饱和蒸气压 $p_B^*=120\ \mathrm{kPa}$。(1) 温度 T 下，于气缸中将组分为 $y(A)=0.4$ 的混合气体恒温缓慢压缩，求凝结出第一滴微细液滴时系统的总压及该滴的组成（以摩尔分数表示）为多少？(2) 若将 A、B 两液体混合，并使此混合物在 100 kPa、温度 T 下开始沸腾，求该液态混合物的组成及沸腾时饱和蒸气组成（摩尔分数）。

解：应用拉乌尔定律和分压定律进行求解

(1) 恒温缓慢压缩至凝结出液滴，可视为达到气-液平衡。

由 $p_A=y_Ap=p_A^*x_A$；$p_B=y_Bp=p_B^*x_B$；$\dfrac{p_A^*x_A}{p_B^*x_B}=\dfrac{y_Ap}{y_Bp}$

得 $x_A=x_B\dfrac{y_Ap_B^*}{y_Bp_A^*}=(1-x_A)\dfrac{0.4\times120}{0.6\times40}=2(1-x_A)$；解得 $x_A=0.667,\ x_B=0.333$

由 $p_A=y_Ap=p_A^*x_A$，得 $p=\dfrac{p_A}{y_A}=\dfrac{p_A^*x_A}{y_A}=\left(\dfrac{0.667\times40}{0.4}\right)\mathrm{kPa}=66.7\ \mathrm{kPa}$

(2) 由 $p=p_A+p_B=p_A^*x_A+p_B^*x_B=p_A^*x_A+p_B^*(1-x_A)=x_A(p_A^*-p_B^*)+p_B^*$，

得 $x_A=\dfrac{p-p_B^*}{p_A^*-p_B^*}=\dfrac{100-120}{40-120}=0.25,\ x_B=0.75$

由 $py_A=p_A^*x_A$，得 $y_A=p_A^*x_A/p=40\times0.25/100=0.1,\ y_B=1-0.1=0.9$

例 7 邻二甲苯和对二甲苯形成理想液态混合物，在 25 ℃时，将 1 mol 邻二甲苯与 1 mol 对二甲苯混合，求此混合过程的 $\Delta_{\mathrm{mix}}V$、$\Delta_{\mathrm{mix}}H$、$\Delta_{\mathrm{mix}}S$、$\Delta_{\mathrm{mix}}G$。

解：$\Delta_{\mathrm{mix}}V=0$；$\Delta_{\mathrm{mix}}H=0$；$\Delta_{\mathrm{mix}}S=-R\sum\limits_B n_B\ln x_B=-8.314\times2\times\ln0.5=11.5\ \mathrm{J\cdot K^{-1}}$

$$\Delta_{\mathrm{mix}}G = RT\sum_{\mathrm{B}} n_{\mathrm{B}}\ln x_{\mathrm{B}} = -3.43 \text{ kJ}。$$

（二）提高篇例题

例 1 在 330.3 K，丙酮(A)和甲醇(B)的液态混合物在 101325 Pa 下平衡，平衡组成为液相 $x_A=0.400$，气相 $y_A=0.519$。已知 330.3 K 纯组分的蒸气压 $p_A^*=104791$ Pa，$p_B^*=73460$ Pa。试说明，该液态混合物是否为理想液态混合物。若不是，计算各组分的活度和活度系数（均以纯液态为标准态）。

解：$p_A = py_A = 101325 \text{ Pa} \times 0.519 = 52588 \text{ Pa}$

$p_A^* x_A = 104791 \text{ Pa} \times 0.400 = 41916 \text{ Pa}$

$p_A \neq p_A^* x_A$，因此该混合物不是理想液态混合物。

$$a_A = \frac{p_A}{p_A^*} = \frac{py_A}{p_A^*} = \frac{101325 \times 0.519}{104791} = 0.502$$

$$f_A = a_A/x_A = 0.502/0.400 = 1.255$$

$$a_B = \frac{p_B}{p_B^*} = \frac{py_B}{p_B^*} = \frac{101325 \text{Pa} \times 0.481}{73460 \text{Pa}} = 0.663$$

$$f_B = a_B/x_B = 0.663/0.600 = 1.105$$

例 2 25 ℃时，在丙酮(B)和水(A)组成的理想稀溶液中，含丙酮的摩尔分数为 $x_B=0.0194$ 时，其总蒸气压为 6.679 kPa，已知在该温度时纯水的饱和蒸气压为 3.17 kPa。试计算（1）25 ℃时，丙酮溶在水中的亨利系数 $k_{x,B}$；（2）该温度下，在 $x_B=0.03$ 的溶液上面丙酮和水的分压力。

解：（1）A 和 B 形成理想稀溶液，则溶质遵循亨利定律 $p_B = k_{x,B} x_B$，溶剂遵循拉乌尔定律 $p_A = p_A^* x_A$，则 $p = p_A + p_B = p_A^* x_A + k_{x,B} x_B = p_A^*(1-x_B) + k_{x,B} x_B$

$$k_{x,B} = \frac{p + p_A^* x_B - p_A^*}{x_B} = \left(\frac{6.679 + 3.17 \times 0.0194 - 3.17}{0.0194}\right) \text{kPa} = 184 \text{ kPa}$$

（2）$p_B = k_{x,B} x_B = (184 \times 0.03) \text{kPa} = 5.52 \text{ kPa}$

$p_A = p_A^* x_A = 3.17 \times (1-0.03) \text{kPa} = 3.075 \text{ kPa}$

例 3 液体 B 和液体 C 可形成理想液态混合物。在 25 ℃下，向无限大量的组成 $x_C=0.4$ 的混合物中加入 5 mol 的纯液体 C。求过程的 ΔG、ΔS。

解：据题意，可认为溶液的组成不变，则该过程是纯液体 C 变成组成为 x_C 的液态混合物过程。

$$\Delta G = n(\mu_C^\ominus + RT\ln x_C) - n\mu_C^\ominus = nRT\ln x_C$$
$$= (5 \times 8.314 \times 298.15 \times \ln 0.4) \text{ J} = -11.36 \text{ kJ}$$

$$\Delta S = -\left(\frac{\partial \Delta G}{\partial T}\right)_p = -nR\ln x_C = -(5 \times 8.314 \times \ln 0.4) \text{ J} \cdot \text{K}^{-1} = 38.09 \text{ J} \cdot \text{K}^{-1}$$

例 4 在 100 g 苯中加入 13.76 g 联苯（$C_6H_5C_6H_5$），所形成溶液的沸点为 82.4 ℃。已知纯苯的沸点为 80.1 ℃，求：（1）苯的沸点升高系数；（2）苯的摩尔蒸发焓。

解：根据沸点升高公式 $\Delta T_b = K_b b_B$ 进行计算

（1）$M_{苯} = 78.113 \text{ g} \cdot \text{mol}^{-1}$；$M_{联苯} = 154.207 \text{ g} \cdot \text{mol}^{-1}$；$b_{联苯} = \left(\frac{13.76/154.211}{100/1000}\right) \text{mol} \cdot \text{kg}^{-1}$

$$= 0.8923 \text{ mol·kg}^{-1}$$

$$k_b = \frac{\Delta T_b}{b_B} = \left(\frac{82.4-80.1}{0.8923}\right) \text{K·mol}^{-1} \cdot \text{kg} = 2.578 \text{ K·mol}^{-1} \cdot \text{kg}$$

(2) 又因为 $K_b = \dfrac{R(T_{b,A}^*)^2 M_A}{\Delta_{vap} H_{m,A}^*}$

$$\Delta_{vap} H_{m,A}^* = \frac{R(T_b^*)^2 M_A}{K_b} = \left(\frac{8.314 \times (273.15+80.1)^2 \times 78.113 \times 10^{-3}}{2.58}\right) \text{J·mol}^{-1}$$

$$= 31.4 \text{ kJ·mol}^{-1}$$

例 5 人的血液（可视为水溶液）在 101.325 kPa 下于 −0.56 ℃ 凝固。已知水的 $K_f = 1.86$ K·mol^{-1}·kg。求：（1）血液在 37 ℃ 时的渗透压；（2）在同温度下，1 dm^3 蔗糖（$C_{12}H_{22}O_{11}$）水溶液中含有多少克蔗糖才能与血液有相同的渗透压？

解：（1）设血液的质量摩尔浓度为 b_B，则

$$b_B = \frac{\Delta T_f}{K_f} = \left(\frac{0.56}{1.86}\right) \text{mol·kg}^{-1} = 0.301 \text{ mol·kg}^{-1}$$

对于 b_B 与 c_B 之间的关系式 $b_B = \dfrac{c_B}{\rho - c_B M_B}$

在稀溶液中 $\rho - c_B M_B \approx \rho \approx \rho_A$，故 $b_B \approx c_B/\rho_A$

$c_B = b_B \rho_A = 0.301 \times 1 \times 10^3 \text{ mol·m}^{-3} = 0.301 \times 10^3 \text{ mol·m}^{-3}$

$\Pi = c_B RT = (0.301 \times 10^3 \times 8.314 \times 310.15) \text{ Pa} = 776.2 \text{ kPa}$

（2）水溶液的渗透压与溶质的种类无关，所以渗透压相同时两水溶液中溶质的浓度相等。

$m_B = c_B V M_B = (0.301 \times 1 \times 342.3) \text{ g} = 103.0 \text{ g}$

即水溶液中含 103.0 g 蔗糖才能与血液有相同的渗透压。

五、概念练习题

（一）填空题

1. 对于确定状态下的 B 组分的化学势的大小与标准态的选择_____。

2. 在恒温且总体积不变的条件下，向理想气体混合物中增加一种新组分，各气体的分压的变化是_____的，分压表达式为_____；各气体的化学势的变化是_____的，化学势表达式_____。

3. 在 −5 ℃、$p^{\ominus}$ 下，化学势的关系为 $\mu_m^*(H_2O,l)$____$\mu_m^*(H_2O,s)$。

4. 某水溶液中酚的化学势改变 $d\mu_{酚} < 0$，与此同时此相中水的化学势 $d\mu_{水}$____ 0。

5. 1 mol 非电解质 B 溶于 52 mol 水中，在 288.2 K 时测定水的蒸气压由纯水时的 $0.0172 p^{\ominus}$ 降为 $0.0145 p^{\ominus}$，则该溶液中水的活度为_____，活度系数为_____。

6. 在一定温度和压力下，将 0.1 mol 的蔗糖溶于 80 mL 水中，水蒸气的压力为 p_1，相同质量的蔗糖溶于 40 mL 水中，水蒸气的压力为 p_2，则 p_1____p_2。

7. 理想液态混合物是指在一定温度下，液体中的任意组分在全部的组成范围内_____定律混合物，可认为在此溶液中的各种分子间的_____均是相同的。

8. A 和 B 形成理想液态混合物，两液体的饱和蒸气压分别为 p_A^* 和 p_B^*，且 $p_A^* > p_B^*$，

则组分 A 的液相组成 x_A _____ 气相组成 y_A _____。

9. A 和 B 形成理想液态混合物，已知在温度 T 时，纯 A 和纯 B 的饱和蒸气压分别为 $p_A^* = 120$ kPa 和 $p_B^* = 40$ kPa，若该混合物在温度 T 和压力 100 kPa 时开始沸腾，则此时的液相组成 $x_B =$ _____，气相组成 $y_B =$ _____。

10. 在一定温度下，A、B 两种气体在某一溶剂中溶解的亨利常数分别为 k_A 和 k_B，且 $k_A > k_B$。当 A 和 B 在气相中的分压相同时，_____ 在该溶剂中的溶解度较大。

11. 稀溶液凝固点下降公式要求溶质不与溶剂形成_____；而沸点上升公式则要求溶质是_____的。

12. 现有 A、B 两种水溶液，A 溶液渗透压较 B 低。当 A 和 B 之间隔一个只有水分子可通过的半透膜时，水的渗透方向是从_____溶液到_____溶液。

（二）选择题

1. 恒温恒压下，在 A 与 B 组成的均相系统中，若 A 的偏摩尔体积随浓度的改变而增加，则 B 的偏摩尔体积将____。
   A. 增加　　　　B. 减少　　　　C. 不变　　　　D. 不一定

2. 某溶液由 2 mol A 和 1 mol B 混合而成，其体积为 100 cm³，此溶液中组分 A 的偏摩尔体积 $V_A = 20$ cm³·mol⁻¹，则组分 B 的偏摩尔体积为____cm^3·mol^{-1}。
   A. 40　　　　B. 50　　　　C. 60　　　　D. 80

3. 在 α、β 两相中均含有 A 和 B 两种物质，达到平衡时，关于化学势 μ 下列各式正确的是____。
   A. $\mu_A^\alpha = \mu_B^\beta$　　B. $\mu_B^\alpha = \mu_B^\beta$　　C. $\mu_A^\alpha = \mu_B^\alpha$　　D. $\mu_B^\alpha = \mu_A^\beta$

4. 过饱和溶液中溶质的化学势与纯溶质的化学势比较，高低如何？____。
   A. 低　　　　B. 高　　　　C. 相等　　　　D. 不可比较

5. 在下列有关化学势 μ 的表达式中，错误的是____。
   A. $\left(\dfrac{\partial U}{\partial n}\right)_{T,V,n_C \neq n_B}$　　B. $\left(\dfrac{\partial H}{\partial n}\right)_{S,p,n_C \neq n_B}$　　C. $\left(\dfrac{\partial A}{\partial n}\right)_{T,V,n_C \neq n_B}$　　D. $\left(\dfrac{\partial G}{\partial n}\right)_{T,p,n_C \neq n_B}$

6. 105 ℃、101.325 kPa 下水蒸气的化学势____液体水的化学势。
   A. 大于　　　　B. 小于　　　　C. 等于　　　　D. 无法确定

7. 298 K、标准压力下，苯和甲苯形成理想液态混合物，第一份的体积为 2 dm³，其中苯的摩尔分数为 0.25，化学势为 μ_1；第二份的体积为 1 dm³，其中苯的摩尔分数为 0.5，化学势为 μ_2，则____。
   A. $\mu_1 > \mu_2$　　B. $\mu_1 < \mu_2$　　C. μ_1 不能确定

8. 两杯由 A 和 B 形成的理想溶液，甲杯：1 mol A + 9 mol B；乙杯：20 mol A + 80 mol B。今将两个杯子放在同一密闭容器中，你将发现：____。
   A. 甲杯中 A 增加，B 减少　　B. 甲杯中 A 增加，B 增加
   C. 甲杯中 A 减少，B 增加　　D. 甲杯中无变化

9. 混合理想气体中组分 B 的标准态与混合非理想气体中组分 B 的标准态相比较，其关系是____。
   A. 相同　　　　B. 不同　　　　C. 不一定相同　　　　D. 无关

10. A 和 B 能形成理想液态混合物。已知在一定温度时，$p_A^* = 2p_B^*$，当 A 和 B 的二元

液体中 $x_B = 0.5$ 时，与其平衡的气相中 A 的摩尔分数 y_A 是____。

A. 1　　　　B. 3/4　　　　C. 2/3　　　　D. 1/2

11. 理想液态混合物的混合性质是____。

A. $\Delta_{mix}V > 0, \Delta_{mix}H > 0, \Delta_{mix}S < 0, \Delta_{mix}G > 0$

B. $\Delta_{mix}V < 0, \Delta_{mix}H < 0, \Delta_{mix}S > 0, \Delta_{mix}G = 0$

C. $\Delta_{mix}V > 0, \Delta_{mix}H > 0, \Delta_{mix}S = 0, \Delta_{mix}G = 0$

D. $\Delta_{mix}V = 0, \Delta_{mix}H = 0, \Delta_{mix}S > 0, \Delta_{mix}G < 0$

12. 下列溶质质量摩尔浓度 $b = 1\ mol \cdot kg^{-1}$ 的水溶液中，沸点升高得最高的是____。

A. $Al_2(SO_4)_3$　　　B. $MgSO_4$　　　C. Na_2SO_4　　　D. $C_6H_5SO_3H$

13. 25 ℃、101.325 kPa 时某溶液中溶剂 A 的蒸气压 p_A，化学势 μ，凝固点 T_A，上述三者与纯溶剂的 p_A^*、μ_A^*、T_A^* 相比，____。

A. $p_A^* < p_A, \mu_A^* < \mu, T_A^* < T_A$　　　B. $p_A^* < p_A, \mu_A^* < \mu, T_A^* > T_A$

C. $p_A^* > p_A, \mu_A^* > \mu, T_A^* > T_A$　　　D. $p_A^* > p_A, \mu_A^* > \mu, T_A^* < T_A$

14. 25 ℃时，$0.01\ mol \cdot dm^{-3}$ 蔗糖水溶液的渗透压为 Π_1，$0.01\ mol \cdot dm^{-3}$ 食盐水溶液的渗透压为 Π_2，则 Π_1 与 Π_2 的关系是____。

A. $\Pi_1 > \Pi_2$　　　B. $\Pi_1 < \Pi_2$　　　C. $\Pi_1 = \Pi_2$　　　D. 不能确定

(三) 填空题答案

1. 无关；2. 不变，$p_B = n_B RT/V$，不变，$\mu_B = \mu_B^\ominus + RT\ln(p_B/p^\ominus)$；3. >；4. >；5. 0.843，0.859；6. >；7. 拉乌尔，作用力；8. <；9. 0.25，0.1；10. B；11. 固溶体，非挥发性；12. A，B。

(四) 选择题答案

1. B；2. C；3. B；4. B；5. A；6. B；7. B；8. A；9. A；10. C；11. D；12. A；13. C；14. B。

第五章

化学平衡

一、基本要求

1. 熟练掌握理想气体反应的等温方程及计算；熟练掌握平衡常数 $K^\ominus$ 及压力商 J_p 判断反应的方向和限度。
2. 熟练掌握平衡常数 $K^\ominus$ 及平衡组成的计算。
3. 熟练掌握范特霍夫等压方程及计算。
4. 正确理解其他因素对理想气体反应平衡移动的影响。
5. 了解真实气体反应的化学平衡。

二、核心内容

1. 理想气体反应的等温方程

对于理想气体反应，$0 = \sum_B \nu_B B$；在恒温恒压下，任意时刻有：$\Delta_r G_m = \Delta_r G_m^\ominus + RT \ln J_p$。式中，$\Delta_r G_m^\ominus$ 为标准摩尔反应吉布斯函数，表示反应中各组分均处于标准态（$p^\ominus = 100$ kPa 的纯理想气体）时，每摩尔反应进度的吉布斯函数变。J_p 为反应的压力商。该方程是判断恒温恒压及一定反应进度时，反应进行的方向和限度的判据。具体说明如下：

(1) 此方程可用来判断化学反应的趋势。

(2) 压力商 J_p：对于反应 $aA + bB \longrightarrow yY + zZ$

$J_p = \prod_B \left(\dfrac{p_B}{p^\ominus}\right)^{\nu_B} = \dfrac{\left(\dfrac{p_Y}{p^\ominus}\right)^y \left(\dfrac{p_Z}{p^\ominus}\right)^z}{\left(\dfrac{p_A}{p^\ominus}\right)^a \left(\dfrac{p_B}{p^\ominus}\right)^b}$；对于多相反应，通常只考虑气相组分的分压。

(3) 理想气体反应的标准平衡常数 $K^\ominus$：对于理想气体反应 $0 = \sum_B \nu_B B$，在一定 T、p 下达平衡时，$\Delta_r G_m = \Delta_r G_m^\ominus + RT \ln J_p = 0$；则 $K^\ominus$ 的定义式：$K^\ominus = \exp\left(-\dfrac{\Delta_r G_m^\ominus}{RT}\right)$ 或 $\Delta_r G_m^\ominus = -RT \ln K^\ominus$；$K^\ominus$ 的表达式：$K^\ominus = J_p^{eq} = \prod_B \left(\dfrac{p_B^{eq}}{p^\ominus}\right)^{\nu_B}$。

(4) 反应方向的判据：对于恒温、恒压下的理想气体反应，在任意时刻有，

$$\Delta_r G_m = -RT\ln K^\ominus + RT\ln J_p = RT\ln \frac{J_p}{K^\ominus}$$

$\Delta_r G_m < 0$，即 $J_p < K^\ominus$ 时，反应正向自发进行；

$\Delta_r G_m = 0$，即 $J_p = K^\ominus$ 时，反应达平衡；

$\Delta_r G_m > 0$，即 $J_p > K^\ominus$ 时，反应不能正向自发进行（逆向自发进行）。

2. 范特霍夫等压方程——温度对标准平衡常数的影响

（1）微分式：$\dfrac{\mathrm{d}\ln K^\ominus}{\mathrm{d}T} = \dfrac{\Delta_r H_m^\ominus}{RT^2}$；表明：对于吸热反应，$\Delta_r H_m^\ominus > 0$，温度升高，$K^\ominus$ 增大；对于放热反应，$\Delta_r H_m^\ominus < 0$，温度升高，$K^\ominus$ 减小。

（2）积分式：当温度变化范围不太大时，$\Delta_r H_m^\ominus$ 可视为常数，可得

定积分式：$\ln \dfrac{K_2^\ominus}{K_1^\ominus} = -\dfrac{\Delta_r H_m^\ominus}{R}\left(\dfrac{1}{T_2} - \dfrac{1}{T_1}\right)$；不定积分式：$\ln K^\ominus = -\dfrac{\Delta_r H_m^\ominus}{RT} + C$。

3. 各种平衡常数的关系

$$K^\ominus = K_p(p^\ominus)^{-\Sigma\nu_B} = K_y\left(\frac{p}{p^\ominus}\right)^{\Sigma\nu_B} = K_c\left(\frac{RT}{p^\ominus}\right)^{\Sigma\nu_B} = K_n\left(\frac{p}{p^\ominus \Sigma n_B}\right)^{\Sigma\nu_B}$$

（1）标准平衡常数只是温度的函数。在一定温度下，改变总压：若反应的 $\Sigma\nu_B > 0$，总压 p 增大，$K^\ominus$ 不变，$K_y = K^\ominus\left(\dfrac{p}{p^\ominus}\right)^{-\Sigma\nu_B}$，$K_y$ 减少，生成物分压减少，反应朝反应物方向移动。

（2）温度不变时，通入惰性气体，$K^\ominus = K_n\left(\dfrac{p}{p^\ominus \Sigma n_B}\right)^{\Sigma\nu_B}$，相当于降低总压。

（3）改变反应物的配比：符合化学计量数之比时，生成物在混合气中的比例最大。

三、基本概念辨析

1. 在恒定的温度和压力条件下，某化学反应的摩尔反应吉布斯函数 $\Delta_r G_m$ 就是在一定量的系统中进行 1 mol 的化学反应时产物与反应物之间的吉布斯函数的差值。该说法对吗？

答：不对。摩尔反应吉布斯函数 $\Delta_r G_m$ 可以看成是等温等压下，在无限大量的系统中（系统的组成不改变条件下）进行了 1 mol 进度时，化学反应所引起的产物与反应物之间的吉布斯函数的差值。但不是有限量系统发生 1 mol 的反应时产物与反应物之间的吉布斯函数的差值。摩尔反应吉布斯函数 $\Delta_r G_m$ 也可以理解为等温等压下在有限量系统中，反应进行的某时刻即反应进度 ξ 处，在发生极微小进度 $\mathrm{d}\xi$ 时引起系统吉布斯函数的变化值 $\mathrm{d}G$ 与 $\mathrm{d}\xi$ 的比值，即等温等压下反应某时刻系统吉布斯函数对反应进度的变化率 $(\partial G/\partial \xi)_{T,p}$。

2. 对于一个封闭系统，其摩尔反应吉布斯函数 $\Delta_r G_m$ 与标准摩尔反应吉布斯函数 $\Delta_r G_m^\ominus$ 是否都随反应的进度而变化？为什么？

答：对于一个封闭系统，其摩尔反应吉布斯函数 $\Delta_r G_m$ 即 $(\partial G/\partial \xi)_{T,p}$ 随反应的进度而

变化。在恒温恒压条件下，当反应物吉布斯函数之和不等于产物吉布斯函数之和时，反应总是自发地向着吉布斯函数减小的方向进行。系统中吉布斯函数 G 随着反应进度 ξ 的变化而降低。另一方面 $\Delta_r G_m = (\partial G/\partial \xi)_{T,p} = \sum_B \nu_B \mu_B$，由于 μ_B 与组成 x_B 有关，在封闭系统中，反应物与产物混合在一起，随反应进度的改变，系统组成发生改变，μ_B 就改变，因此 $\Delta_r G_m$ 也发生改变。$\Delta_r G_m^\ominus$ 是指反应物、产物各自都处于标准态下，发生 1 mol 的反应进度的吉布斯函数变，它只是温度的函数，可通过热力学基础数据计算得到，与反应进度无关。

3. 公式 $\Delta_r G_m^\ominus = -RT \ln K^\ominus$，在化学平衡研究中有什么重要意义？

答：该公式意义重大。$\Delta_r G_m^\ominus$ 是指处于标准态下各反应物不混合、不接触，完全反应变成标准态下的纯产物。实际这是一个假想过程，很难做到，因为发生反应时反应物必须要相互接触，也要与产物混合。但标准平衡常数 $K^\ominus$ 却是真实反应达到平衡时的平衡常数。该公式的意义是把 $\Delta_r G_m^\ominus$ 与 $K^\ominus$ 两者之间建立了数值关系，借助假想的反应过程的 $\Delta_r G_m^\ominus$，计算出真实反应的标准平衡常数。例如反应 $CO(g) + H_2O(g) \longrightarrow H_2(g) + CO_2(g)$，其反应 $K^\ominus$ 是真实的，而该反应的 $\Delta_r G_m^\ominus$ 是指该 1 mol 纯 $CO(g)$ 与 1 mol 纯 $H_2O(g)$ 在 T、$p^\ominus$ 下，完全反应生成 1 mol 纯 $CO_2(g)$ 与 1 mol 纯 $H_2(g)$ 的吉布斯函数改变值。通过这假想过程的 $\Delta_r G_m^\ominus$ 计算出该反应的标准平衡常数 $K^\ominus$。

4. 对于理想气体化学反应，哪些因素变化不改变平衡点？

答：对于理想气体化学反应，平衡常数之间关系为 $K_p = K^\ominus (p^\ominus)^{\sum \Delta \nu} = K_c (RT)^{\sum \Delta \nu} = K_y (p)^{\sum \Delta \nu} = K_n (p/\sum n_B)^{\sum \Delta \nu}$。若计量系数 $\sum \Delta \nu = 0$，$K_p = K^\ominus = K_c = K_x = K_n$，则增加系统总压力或通入惰性气体，加入催化剂等都不改变平衡点。若 $\Delta \nu \neq 0$，温度、压力、惰性气体对平衡都有影响，只有催化剂对平衡没有影响。

5. 能否用 $\Delta_r G_m^\ominus > 0$，$\Delta_r G_m^\ominus < 0$，$\Delta_r G_m^\ominus = 0$ 来判断反应的方向？为什么？

答：一般不能。若反应物与产物恰好都处在标准态，可以使用 $\Delta_r G_m^\ominus$ 直接判定反应进行的方向。若反应系统中各物质不是处于标准态，判断化学反应方向用 $\Delta_r G_m(T)$，不能用 $\Delta_r G_m^\ominus$。作为近似处理，若 $\Delta_r G_m^\ominus$ 特别大，当大于 40 kJ·mol^{-1} 或特别小，小于 -40 kJ·mol^{-1} 时，才可以用 $\Delta_r G_m^\ominus$ 来判断反应方向。

四、例题

（一）基础篇例题

例 1 298.15 K 时，反应 $1/2 N_2(g) + 3/2 H_2(g) \longrightarrow NH_3(g)$ 的 $\Delta_r G_m^\ominus = -16.47$ J·mol^{-1}。(1) 试求该反应的 $K^\ominus$；(2) 对于物质的量之比为 $N_2 : H_2 : NH_3 = 1 : 3 : 2$ 的混合气体，在总压 101.325 kPa 时，请根据压力商 J_p 和 $K^\ominus$ 的大小关系，判断该反应自发进行的方向。

解：(1) $\Delta_r G_m^\ominus = -RT \ln K^\ominus$

$$K^\ominus = \exp\left(\frac{-\Delta_r G_m^\ominus}{RT}\right) = \exp\left(\frac{16.47}{8.314 \times 298.15 \times 10^{-3}}\right) = 768.4$$

(2) $J_p = \dfrac{p_{NH_3}/p^\ominus}{(p_{N_2}/p^\ominus)^{1/2}(p_{H_2}/p^\ominus)^{3/2}} = (1/p^\ominus)^{-1} \dfrac{p_{总} \, y_{NH_3}}{(p_{总} \, y_{N_2})^{1/2}(p_{总} \, y_{H_2})^{3/2}}$

$$= \left(\frac{101.325}{100}\right)^{-1} \times \frac{2/6}{(1/6)^{1/2}(3/6)^{3/2}} = 2.279$$

$J_p < K^\ominus$,则在该条件下,反应自发地向右进行。

例2 1000 K 时,反应 $C(s) + 2H_2(g) \longrightarrow CH_4(g)$ 的 $\Delta_r G_m^\ominus(1000\ K) = 19397\ J \cdot mol^{-1}$。现有与碳反应的气体,其中含有 $y(CH_4) = 0.10, y(H_2) = 0.80, y(N_2) = 0.10$。试问:(1) 1000 K、100 kPa 时甲烷能否形成?(2) 在上述条件下,压力需增加到多少,上述合成甲烷的反应才可能进行?(假设气体均为理想气体)

解:(1) $\quad\quad C(s) + 2H_2(g) \longrightarrow CH_4(g) \quad$ 惰性气体 $N_2(g)$
$\quad\quad p_B/kPa \quad\quad\quad\quad\quad 100\times 0.8 \quad 100\times 0.1 \quad\quad 100\times 0.1$

$\Delta_r G_m = \Delta_r G_m^\ominus + RT\ln J_p = \Delta_r G_m^\ominus + RT\ln[p(CH_4)/p^\ominus]/[p(H_2)/p^\ominus]^2 = 4.07\ kJ \cdot mol^{-1}$

$\Delta_r G_m > 0$,反应不能自发形成甲烷。

(2) $\Delta_r G_m = \Delta_r G_m^\ominus + RT\ln J_p = \Delta_r G_m^\ominus + RT\ln[(0.1p/p^\ominus)/(0.8p/p^\ominus)^2] \leqslant 0$

$p \geqslant 161.11$ kPa 时,合成甲烷反应才能自发进行。

例3 PCl_5 分解反应:$PCl_5(g) \longrightarrow PCl_3(g) + Cl_2(g)$,在 200℃时的 $K^\ominus = 0.312$,计算 200 ℃、200 kPa 下 PCl_5 的解离度。

解: 反应 $\quad\quad\quad PCl_5(g) \longrightarrow PCl_3(g) + Cl_2(g)$
开始时 n/mol $\quad\quad\quad 1 \quad\quad\quad\quad 0 \quad\quad\quad\quad 0$
平衡时 n/mol $\quad\quad 1-\alpha \quad\quad\quad \alpha \quad\quad\quad\quad \alpha \quad\quad \sum n_B = 1+\alpha$

平衡时的压力 p/kPa $\quad\left(\dfrac{1-\alpha}{1+\alpha}\times 200\right) \quad \left(\dfrac{\alpha}{1+\alpha}\times 200\right) \quad \left(\dfrac{\alpha}{1+\alpha}\times 200\right)$

$$K^\ominus = \prod_B \left(\frac{p_B^{eq}}{p^\ominus}\right)^{\sum \nu_B} = \frac{\left(\dfrac{\alpha}{1+\alpha}\times 200\right)^2}{\dfrac{1-\alpha}{1+\alpha}\times 200 \times p^\ominus} = 0.312,\text{解得}\ \alpha = 36.6\%$$

例4 在真空容器中放入固态的 $NH_4HS(s)$,于 25 ℃下分解为 $NH_3(g)$ 和 $H_2S(g)$,平衡时容器内的压力为 66.66 kPa。(1) 当放入 $NH_4HS(s)$ 时容器中已有 39.99 kPa 的 $H_2S(g)$,求平衡时容器中的压力。(2) 容器内原有 6.666 kPa 的 $NH_3(g)$,问 $H_2S(g)$ 压力为多大时才能形成 $NH_4HS(s)$?

解: 反应 $\quad NH_4HS(s) \longrightarrow NH_3(g) + H_2S(g)$

平衡时,$p_{NH_3}^{eq} = p_{H_2S}^{eq} = \dfrac{p}{2} = \dfrac{66.66}{2}$ kPa $= 33.33$ kPa

$$K^\ominus = \frac{p_{NH_3}^{eq}}{p^\ominus} \times \frac{p_{H_2S}^{eq}}{p^\ominus} = \left(\frac{p/2}{p^\ominus}\right)^2 = \left(\frac{33.33}{100}\right)^2 = 0.1111$$

(1) 反应 $\quad\quad\quad\quad NH_4HS(s) \longrightarrow NH_3(g) \quad + \quad H_2S(g)$
开始 p/kPa $\quad\quad\quad\quad\quad\quad\quad\quad\quad\quad 0 \quad\quad\quad\quad p_0 = 39.99$
平衡时 p/kPa $\quad\quad\quad\quad\quad\quad\quad\quad p_1 \quad\quad\quad\quad p_0 + p_1$

$$K^\ominus = \frac{p_1(p_0+p_1)}{(p^\ominus)^2} = \frac{p_1(p_1+39.99)}{(100)^2} = 0.1111$$

$p_1^2 + 39.99 p_1 - 0.1111 \times 10^4 = 0$

$$p_1 = \frac{-39.99 + \sqrt{39.99^2 + 4\times 0.1111 \times 10^4}}{2}\ \text{kPa} = 18.87\ \text{kPa}$$

系统的平衡总压：$p = p_0 + 2p_1 = (39.99 + 2 \times 18.87)$ kPa $= 77.73$ kPa

(2) 当反应的 $J_p > K^\ominus$ 时反应才能逆向进行，生成 $NH_4HS(s)$。

$$\frac{6.666 \text{ kPa} \times p(H_2S)}{(100 \text{ kPa})^2} > K^\ominus = 0.1111$$

$$p(H_2S) > \frac{0.1111 \times (100)^2}{6.666} \text{ kPa} = 166.67 \text{ kPa}$$

即通入的 $H_2S(g)$ 气体的压力 $p(H_2S) > 166.67$ kPa 才能有 $NH_4HS(s)$ 生成。

例5 高温下，水蒸气通过灼热煤层反应生成水煤气：$C(s) + H_2O(g) \longrightarrow H_2(g) + CO(g)$；已知在 1000 K 及 1200 K 时的 $K^\ominus$ 分别为 2.472 和 37.58。试计算：(1) 在此温度范围内反应的 $\Delta_r H_m^\ominus$；(2) 1100 K 时该反应的 $K^\ominus$。

解：(1) 根据范特霍夫等压方程的定积分式：$\ln \dfrac{K_2^\ominus}{K_1^\ominus} = -\dfrac{\Delta_r H_m^\ominus}{R}\left(\dfrac{1}{T_2} - \dfrac{1}{T_1}\right)$，则

$\ln \dfrac{37.58}{2.472} = -\dfrac{\Delta_r H_m^\ominus}{R}\left(\dfrac{1}{1200} - \dfrac{1}{1000}\right)$，解得 $\Delta_r H_m^\ominus = 135.8$ kJ·mol^{-1}

(2) 根据 $\ln \dfrac{K_2^\ominus}{K_1^\ominus} = -\dfrac{\Delta_r H_m^\ominus}{R}\left(\dfrac{1}{T_2} - \dfrac{1}{T_1}\right)$，且 $T_1 = 1000$ K，$T_2 = 1100$ K，则

$\ln \dfrac{K^\ominus(1100\text{K})}{2.472} = -\dfrac{135.8 \times 10^3}{8.314}\left(\dfrac{1}{1100} - \dfrac{1}{1000}\right)$

解得 $K^\ominus(1100\text{K}) = 10.91$

例6 抽空密闭容器中发生如下分解反应：$N_2O_4(g) \longrightarrow 2NO_2(g)$，50 ℃ 时分解反应的平衡常数 $K^\ominus = 0.985$。已知 25 ℃ 时 $N_2O_4(g)$ 和 $NO_2(g)$ 的 $\Delta_f H_m^\ominus$ 分别为 9.16 kJ·mol^{-1} 和 33.18 kJ·mol^{-1}。计算 100 ℃ 时反应的 $K^\ominus$。（设反应的 $\Delta_r C_{p,m}^\ominus \approx 0$）

解：25 ℃ 时，$\Delta_r H_m^\ominus = 2\Delta_f H_m^\ominus(NO_2) - \Delta_f H_m^\ominus(N_2O_4)$
$= (2 \times 33.18 - 9.16)$ kJ·mol^{-1} $= 57.2$ kJ·mol^{-1}

因反应的 $\Delta_r C_{p,m}^\ominus \approx 0$，则 $\Delta_r H_m^\ominus$ 可认为是常数。

根据范特霍夫等压方程的定积分式：$\ln \dfrac{K_2^\ominus}{K_1^\ominus} = -\dfrac{\Delta_r H_m^\ominus}{R}\left(\dfrac{1}{T_2} - \dfrac{1}{T_1}\right)$，则

$\ln \dfrac{K^\ominus(373.15\text{K})}{K^\ominus(323.15\text{K})} = -\dfrac{57.2 \times 10^3}{8.314}\left(\dfrac{1}{373.15} - \dfrac{1}{323.15}\right)$，解得 $K^\ominus(373.15 \text{ K}) = 17.08$

例7 某反应的标准平衡常数与温度的关系为 $\ln K^\ominus = -\dfrac{2059}{T/\text{K}} + 4.814$，试计算该反应在 25 ℃ 时的 $\Delta_r H_m^\ominus$、$\Delta_r G_m^\ominus$ 和 $\Delta_r S_m^\ominus$。

解：将不定积分式 $\ln K^\ominus = -\dfrac{\Delta_r H_m^\ominus}{R} \times \dfrac{1}{T} + C$ 与 $\ln K^\ominus = -\dfrac{2059}{T/\text{K}} + 4.814$ 对比可知

$-\dfrac{\Delta_r H_m^\ominus}{R} = -2059$，所以 $\Delta_r H_m^\ominus = 8.314 \times 2059$ J·mol^{-1} $= 17.12$ kJ·mol^{-1}

25 ℃ 时，$\ln K^\ominus = -\dfrac{2059}{T/\text{K}} + 4.814$，$\Delta_r G_m^\ominus = -RT\ln K^\ominus$

$\Delta_r G_m^\ominus = -8.314 \times 10^{-3}$ kJ·K^{-1}·mol^{-1} $\times 298.15$ K $\left(-\dfrac{2059 \text{ K}}{298.15 \text{ K}} + 4.814\right) = 5.185$ kJ·mol^{-1}

因 $\Delta_r G_m^{\ominus} = \Delta_r H_m^{\ominus} - T\Delta_r S_m^{\ominus}$

则 $\Delta_r S_m^{\ominus} = \dfrac{\Delta_r H_m^{\ominus} - \Delta_r G_m^{\ominus}}{T} = \dfrac{17.12 - 5.185}{298.15} \times 10^3 \text{ J·K}^{-1}\text{·mol}^{-1} = 40.0 \text{ J·K}^{-1}\text{·mol}^{-1}$

例8 反应 $2\text{HgO(s)} \longrightarrow 2\text{Hg(g)} + \text{O}_2\text{(g)}$ 在 420 ℃ 及 450 ℃ 下达平衡时，系统总压力分别为 51.6 kPa 和 108.0 kPa，求该反应在 420 ℃ 时的 $\Delta_r H_m^{\ominus}$ [忽略温度对 $\Delta_r H_m^{\ominus}$ 的影响；设反应的 $\sum \nu_B C_{p,m}(B) = 0$]

解: 　　　　　　　　　$2\text{HgO(s)} \longrightarrow 2\text{Hg(g)} + \text{O}_2\text{(g)}$

平衡时　　　　　　　　　　　　　　　$p(\text{Hg})$　$p(\text{O}_2)$

因 $p(\text{Hg}) = 2p(\text{O}_2)$ 且 $p(\text{总}) = p(\text{Hg}) + p(\text{O}_2)$，故 $p(\text{O}_2) = p(\text{总})/3$，$p(\text{Hg}) = 2p(\text{总})/3$

$K^{\ominus} = \left[\dfrac{p(\text{Hg})}{p^{\ominus}}\right]^2 \left[\dfrac{p(\text{O}_2)}{p^{\ominus}}\right] = \left[\dfrac{2p(\text{总})}{3p^{\ominus}}\right]^2 \left[\dfrac{p(\text{总})}{3p^{\ominus}}\right] = \dfrac{4}{27}\left[\dfrac{p(\text{总})}{p^{\ominus}}\right]^3$

则 420 ℃ 时 $K_1^{\ominus} = \dfrac{4}{27} \times \left(\dfrac{51.6}{100}\right)^3 = 0.0204$；450 ℃ $K_2^{\ominus} = \dfrac{4}{27} \times \left(\dfrac{108.0}{100}\right)^3 = 0.187$

因 $\ln \dfrac{K_2^{\ominus}}{K_1^{\ominus}} = -\dfrac{\Delta_r H_m^{\ominus}}{R}\left(\dfrac{1}{T_2} - \dfrac{1}{T_1}\right)$，即

$\ln \dfrac{0.187}{0.0204} = -\dfrac{\Delta_r H_m^{\ominus} \times 10^3}{8.314}\left(\dfrac{1}{723.15} - \dfrac{1}{693.15}\right)$，解得 $\Delta_r H_m^{\ominus} = 307.77 \text{ kJ·mol}^{-1}$

例9 100 ℃ 时反应 $\text{COCl}_2\text{(g)} \longrightarrow \text{CO(g)} + \text{Cl}_2\text{(g)}$ 的 $K^{\ominus} = 8.1 \times 10^{-9}$，$\Delta_r S_m^{\ominus} = 125.6 \text{ J·mol}^{-1}\text{·K}^{-1}$。计算：(1) 100 ℃，总压力为 200 kPa 时 COCl_2 的解离度；(2) 100 ℃ 下上述反应的 $\Delta_r H_m^{\ominus}$。(3) 总压力为 200 kPa，COCl_2 解离度为 0.1% 时的温度。[设 $\Delta_r C_{p,m}^{\ominus} = 0$]

解: (1) 设 COCl_2 解离度为 α

　　　　　　　　　　　$\text{COCl}_2\text{(g)} \longrightarrow \text{CO(g)} + \text{Cl}_2\text{(g)}$

起始 n_B/mol 　　　　　　1 　　　　　　0 　　　　　0

平衡 n/mol 　　　　　$1-\alpha$ 　　　　α 　　　　α 　　$\sum n_B = 1 + \alpha$，且 $\sum \nu_B = 1$

$K^{\ominus} = \left(\dfrac{p}{p^{\ominus}}\right)^{\sum \nu_B} \prod_B (y_B)^{\nu_B} = 2 \times \dfrac{\alpha}{1+\alpha} \times \dfrac{\alpha}{1+\alpha} \times \dfrac{1+\alpha}{1-\alpha} = 2 \times \dfrac{\alpha^2}{1-\alpha^2} = 8.1 \times 10^{-9}$

解得 $\alpha = 6.36 \times 10^{-5}$

(2) $\Delta_r G_m^{\ominus} = -RT\ln K^{\ominus} = -8.314 \times 373.15 \times \ln(8.1 \times 10^{-9}) = 57.801 \text{ kJ·mol}^{-1}$

又因为 $\Delta_r G_m^{\ominus} = \Delta_r H_m^{\ominus} - T\Delta_r S_m^{\ominus}$

推出 $\Delta_r H_m^{\ominus} = \Delta_r G_m^{\ominus} + T\Delta_r S_m^{\ominus} = 57.801 + 373.15 \times 125.6 \times 10^{-3} = 104.67 \text{ kJ·mol}^{-1}$

(3) 因 $K^{\ominus} = \left(\dfrac{p}{p^{\ominus}}\right)^{\sum \nu_B} \prod_B (y_B)^{\nu_B} = 2 \times \dfrac{\alpha^2}{1-\alpha^2}$

则 $\alpha = 0.1\%$ 时，$K^{\ominus} = 2 \times \dfrac{(0.1\%)^2}{1-(0.1\%)^2} = 2.0 \times 10^{-6}$

$\Delta_r G_m^{\ominus} = -RT\ln K^{\ominus} = -8.314 \times 10^{-3} \times T \times \ln(2.0 \times 10^{-6}) = 0.109T$

又因 $\Delta_r C_{p,m}^{\ominus} \approx 0$，所以 $\Delta_r H_m^{\ominus}$ 和 $\Delta_r S_m^{\ominus}$ 均不随温度变化而改变。

由 $\Delta_r G_m^{\ominus} = \Delta_r H_m^{\ominus} - T\Delta_r S_m^{\ominus}$，得

$0.109T = 104.67 - 125.6 \times 10^{-3}T$，解得 $T = 445.97 \text{ K}$

例 10 一定条件下，Ag 与 H_2S 可能发生下列反应：$2Ag(s)+H_2S(g) \longrightarrow Ag_2S(s)+H_2(g)$。25 ℃、100 kPa 下，将 Ag 置于体积比为 10∶1 的 $H_2(g)$ 和 $H_2S(g)$ 混合气体中。(1) Ag 是否会发生腐蚀而生成 Ag_2S？(2) 混合气体中 H_2S 气体的体积分数为多少时，Ag 不会腐蚀生成 Ag_2S？已知 25 ℃时，$H_2S(g)$ 和 $Ag_2S(s)$ 的标准生成吉布斯函数 $\Delta_f G_m^{\ominus}$ 分别为 -33.56 kJ·mol^{-1} 和 -40.26 kJ·mol^{-1}。

解：(1) $\Delta_r G_m^{\ominus} = \Delta_f G_m^{\ominus}(Ag_2S, s) - \Delta_f G_m^{\ominus}(H_2S, g)$
$$= [-40.26 - (-33.56)] \text{kJ·mol}^{-1} = -6.70 \text{ kJ·mol}^{-1}$$

$$\Delta_r G_m = \Delta_r G_m^{\ominus} + RT\ln J_p = \Delta_r G_m^{\ominus} + RT\ln \frac{p(H_2)/p^{\ominus}}{p(H_2S)/p^{\ominus}}$$

$$= -6.70 + 8.314 \times 10^{-3} \times 298.15 \times \ln\left(\frac{10/11}{1/11}\right) = -0.9923 \text{ kJ·mol}^{-1}$$

因 $\Delta_r G_m < 0$，故能发生腐蚀。

(2) 当 $\Delta_r G_m \geqslant 0$ 时，腐蚀不会发生，则

$$\Delta_r G_m = \Delta_r G_m^{\ominus} + RT\ln\frac{p(H_2)/p^{\ominus}}{p(H_2S)/p^{\ominus}}$$

$$= -6.70 + 8.314 \times 10^{-3} \times 298.15 \ln\frac{p(H_2)}{p(H_2S)} \geqslant 0, \text{求得}：\frac{p(H_2)}{p(H_2S)} \geqslant 14.92$$

则 H_2S 的体积分数 $y(H_2S) = \frac{p(H_2S)}{p(H_2S) + p(H_2)} \leqslant \frac{1}{1+14.92} = 0.0628$

即 H_2S 的摩尔分数低于 0.0628 才不致使银发生腐蚀。

例 11 已知各物质在 298.15 K 时的热力学函数数据如下：

物质	$C_2H_5OH(g)$	$C_2H_4(g)$	$H_2O(g)$
$\Delta_f H_m^{\ominus}$/kJ·mol^{-1}	-235.30	52.283	-241.80
$S_m^{\ominus}$/J·mol^{-1}·K^{-1}	282.0	219.45	188.74

对下列反应：$C_2H_5OH(g) \longrightarrow C_2H_4(g) + H_2O(g)$，(1) 求 25 ℃ 时的 $\Delta_r G_m^{\ominus}(298.15 \text{ K})$ 及 $K^{\ominus}(298.15 \text{ K})$；(2) 试估算 400 K 时的 $K^{\ominus}(400 \text{ K})$（假定 $\Delta_r H_m^{\ominus}$ 为常数）。

解：(1) $\Delta_r H_m^{\ominus}(298.15 \text{ K}) = \sum \nu_B \Delta_f H_m^{\ominus}(298.15 \text{ K})$
$$= [52.283 + (-241.80) - (-235.30)] \text{kJ·mol}^{-1}$$
$$= 45.783 \text{ kJ·mol}^{-1}$$

$\Delta_r S_m^{\ominus}(298.15 \text{ K}) = \sum \nu_B \Delta_f S_m^{\ominus}(298.15 \text{ K})$
$$= (219.45 + 188.74 - 282.0) \text{J·mol}^{-1}·\text{K}^{-1}$$
$$= 126.19 \text{ J·mol}^{-1}·\text{K}^{-1}$$

$\Delta_r G_m^{\ominus}(298.15 \text{ K}) = \Delta_r H_m^{\ominus}(298.15 \text{ K}) - T\Delta_r S_m^{\ominus}(298.15 \text{ K})$
$$= (45.783 \times 10^3 - 298.15 \times 126.19) \text{J·mol}^{-1}$$
$$= 8159.45 \text{ J·mol}^{-1}$$

$K^{\ominus}(298.15 \text{ K}) = \exp[-8159.45/(8.314 \times 298.15 \text{ K})] = 3.704 \times 10^{-2}$

(2) $\ln\frac{K^{\ominus}(T_2)}{K^{\ominus}(T_1)} = -\frac{\Delta_r H_m^{\ominus}}{R}\left(\frac{1}{T_2} - \frac{1}{T_1}\right)$

$$\ln \frac{K^{\ominus}(400\text{ K})}{3.704\times 10^{-2}} = -\frac{45.783\times 10^3}{8.314}\left(\frac{1}{400}-\frac{1}{298.15}\right),\ \text{解得}\ K^{\ominus}(400\text{ K}) = 4.084$$

（二）提高篇例题

例1 在一抽空的容器中放入很多的$NH_4Cl(s)$，当加热到340 ℃时，容器中仍有过量的$NH_4Cl(s)$存在，此时系统的平衡压力为18.864 kPa。在同样的情况下，若放入的是$NH_4I(s)$，则测得系统的平衡压力为18.864 kPa。试求$NH_4Cl(s)$和$NH_4I(s)$同时存在时，反应系统在340 ℃下达到平衡时的总压力。设HI(g)不分解，且此两种盐类不形成固溶体。

解： 首先根据题给条件下两固体单独存在时分解压力，求出两个分解反应的$K^{\ominus}$。当两个反应同时存在时，系统的总压$p \neq p_1 + p_2$，两个反应皆有$NH_3(g)$产生，由平衡移动原理可知，反应必然向消耗$NH_3(g)$的方向移动，其结果必然存在$p < p_1 + p_2$。

在340 ℃，$NH_4Cl(s)$及$NH_4I(s)$单独存在时
$$NH_4Cl(s) \rightleftharpoons NH_3(g) + HCl(g)$$

平衡时　　　　　　　过量　　　　$p(NH_3) = p(HCl) = \dfrac{p_1}{2}$

$$K_1^{\ominus} = \left[\frac{p(NH_3)}{p^{\ominus}}\right]\left[\frac{p(HCl)}{p^{\ominus}}\right] = \left(\frac{p_1}{2p^{\ominus}}\right)^2 = \left(\frac{104.67}{2\times 100}\right)^2 = 0.2739$$

同理　　　　$NH_4I(s) \rightleftharpoons NH_3(g) + HI(g)$

平衡时　　　　　　　过量　　　　$p(NH_3) = p(HI) = \dfrac{p_2}{2}$

$$K_2^{\ominus} = \left(\frac{p_2}{2p^{\ominus}}\right)^2 = \left(\frac{18.864}{2\times 100}\right)^2 = 8.896\times 10^{-3}$$

当两反应同时存在，系统中的$NH_3(g)$应同时满足两个平衡，即

$$K_1^{\ominus} = \left[\frac{p(NH_3)}{p^{\ominus}}\right]\left[\frac{p(HCl)}{p^{\ominus}}\right] = \left(\frac{p_1}{2p^{\ominus}}\right)^2 = 0.2739 \quad (1)$$

$$K_2^{\ominus} = \left[\frac{p(NH_3)}{p^{\ominus}}\right]\left[\frac{p(HI)}{p^{\ominus}}\right] = \left(\frac{p_2}{2p^{\ominus}}\right)^2 = 8.896\times 10^{-3} \quad (2)$$

由（1）除以（2）可得：　　$p(HCl) = 30.79 p(HI)$ 　　　　　　　　　　（3）

$p(NH_3) = p(HCl) + p(HI) = 30.79 p(HI) + p(HI) = 31.79 p(HI)$

将上式代入式（2）可得：$31.79 p^2(HI) = K_2^{\ominus}(p^{\ominus})^2 = 8.896\times 10^{-3}(100\text{kPa})^2$

所以　　$p(HI) = 1.673\text{ kPa},\ p(HCl) = 30.79 p(HI) = 51.51\text{ kPa}$

$$p(NH_3) = 31.79 p(HI) = 53.18\text{ kPa}$$

系统的总压：　　$p = p(NH_3) + p(HCl) + p(HI) = 106.4\text{ kPa}$

例2 工业上用乙苯脱氢制苯乙烯$C_6H_5C_2H_5(g) \longrightarrow C_6H_5C_2H_3(g) + H_2(g)$；如反应在900 K下进行，其$K^{\ominus} = 1.51$。试计算在下述情况下，乙苯的平衡转化率。（1）反应压力为100 kPa；（2）反应压力为10 kPa；（3）反应压力为100 kPa，且加入水蒸气使原料气中水与乙苯蒸气的物质的量之比为10∶1。

解： （1）求反应压力为100 kPa的平衡转化率α_1

$$C_6H_5C_2H_5(g) \longrightarrow C_6H_5C_2H_3(g) + H_2(g)$$

开始 n_B/mol	1	0	0
平衡时 $n_{B,e}$/mol	$1-\alpha_1$	α_1	α_1 $\sum n_{B,e}=1+\alpha_1$
平衡时分压 $p_{B,e}$/kPa	$\dfrac{1-\alpha_1}{1+\alpha_1}p$	$\dfrac{\alpha_1}{1+\alpha_1}p$	$\dfrac{\alpha_1}{1+\alpha_1}p$

$$K^{\ominus} = \dfrac{\left(\dfrac{\alpha_1}{1+\alpha_1} \times \dfrac{p}{p^{\ominus}}\right)^2}{\dfrac{1-\alpha_1}{1+\alpha_1} \times \dfrac{p}{p^{\ominus}}} = \dfrac{\alpha_1^2}{1-\alpha_1^2} \times \dfrac{p}{p^{\ominus}} = 1.51$$

则 $\quad \alpha_1 = \sqrt{\dfrac{1.51}{\dfrac{p}{p^{\ominus}}+1.51}} = \sqrt{\dfrac{1.51}{\dfrac{100 \text{ kPa}}{100 \text{ kPa}}+1.51}} = 77.6\%$

(2) 求反应压力为 10 kPa 的平衡转化率 α_2

同上处理：$\alpha_2 = \sqrt{\dfrac{1.51}{\dfrac{p}{p^{\ominus}}+1.51}} = \sqrt{\dfrac{1.51}{\dfrac{10 \text{ kPa}}{100 \text{ kPa}}+1.51}} = 96.8\%$

(3) 求平衡转化率 α_3：$C_6H_5C_2H_5(g) \longrightarrow C_6H_5C_2H_3(g) + H_2(g)$ 惰性气体 $H_2O(g)$

开始 n_B/mol	1	0	0	10
平衡时 $n_{B,e}$/mol	$1-\alpha_3$	α_3	α_3	10 $\sum n_{B,e}=11+\alpha_3$
平衡时分压 $p_{B,e}$/kPa	$\dfrac{1-\alpha_3}{11+\alpha_3}p$	$\dfrac{\alpha_3}{11+\alpha_3}p$	$\dfrac{\alpha_3}{11+\alpha_3}p$	

$$K^{\ominus} = \dfrac{\left(\dfrac{\alpha_3}{11+\alpha_3} \times \dfrac{p}{p^{\ominus}}\right)^2}{\left(\dfrac{1-\alpha_3}{11+\alpha_3} \times \dfrac{p}{p^{\ominus}}\right)} = \dfrac{\alpha_3^2}{(1-\alpha_3)(11+\alpha_3)} \times \dfrac{p}{p^{\ominus}} = 1.51$$

$$2.51\alpha_3^2 + 15.1\alpha_3 - 16.61 = 0$$

则 $\quad \alpha_3 = \dfrac{-15.1 + \sqrt{15.1^2 + 4 \times 2.51 \times 16.61}}{2 \times 2.51} = 95.0\%$

由计算结果可见，在温度、压力一定时，降低总压和添加惰性组分对平衡影响是一致的。

例 3 已知 298.15 K 时，$CO(g)$ 和 $CH_3OH(g)$ 的标准摩尔生成焓 $\Delta_f H_m^{\ominus}$ 分别为 -110.525 kJ·mol^{-1} 及 -200.66 kJ·mol^{-1}。$CO(g)$、$H_2(g)$、$CH_3OH(l)$ 的 $S_m^{\ominus}$ 分别为 197.674 J·mol^{-1}·K^{-1}、130.684 J·mol^{-1}·K^{-1} 及 126.8 J·mol^{-1}·K^{-1}。又知 298.15 K 时甲醇的饱和蒸气压为 16.59 kPa，摩尔蒸发焓 $\Delta_{vap}H_m = 38.0$ kJ·mol^{-1}，蒸气可视为理想气体。求 298.15 K 时，反应 $CO(g) + H_2(g) \longrightarrow CH_3OH(g)$ 的 $\Delta_r G_m^{\ominus}$ 及 $K^{\ominus}$。

解：通过下列过程，首先求出 298.15 K 时 $S_m^{\ominus}(CH_3OH, g)$

$$CH_3OH(l) \xrightarrow{(1)} CH_3OH(l) \xrightarrow{(2)} CH_3OH(g) \xrightarrow{(3)} CH_3OH(g)$$

$\quad p_1 = 100 \text{ kPa} \quad p_2 = 16.59 \text{ kPa} \quad p_3 = 16.59 \text{ kPa} \quad p_4 = 100 \text{ kPa}$

过程(1)压力变化不大，对液态物质的影响可忽略不计，$\Delta S_1 = 0$

过程(2)为 $dT=0$、$dp=0$ 可逆相变过程

$$\Delta S_2 = \dfrac{\Delta_{vap}H_m}{T} = \left(\dfrac{38.0 \times 10^3}{298.15}\right) \text{J·mol}^{-1}\cdot\text{K}^{-1} = 127.45 \text{ J·mol}^{-1}\cdot\text{K}^{-1}$$

过程（3）为理想气体恒温压缩过程：

$$\Delta S_3 = nR\ln\left(\frac{p_3}{p_4}\right) = \left[8.314 \times \ln\left(\frac{16.59}{100}\right)\right] \text{J}\cdot\text{mol}^{-1}\cdot\text{K}^{-1} = -14.94 \text{ J}\cdot\text{mol}^{-1}\cdot\text{K}^{-1}$$

$$S_m^{\ominus}(\text{CH}_3\text{OH},g) = S_m^{\ominus}(\text{CH}_3\text{OH},l) + \Delta S_1 + \Delta S_2 + \Delta S_3$$
$$= (126.8 + 127.45 - 14.94) \text{ J}\cdot\text{mol}^{-1}\cdot\text{K}^{-1} = 239.31 \text{ J}\cdot\text{mol}^{-1}\cdot\text{K}^{-1}$$

298.15 K 时，CO(g) + H$_2$(g) $\longrightarrow$ CH$_3$OH(g) 的

$$\Delta_r H_m^{\ominus} = \Delta_f H_m^{\ominus}(\text{CH}_3\text{OH},g) - \Delta_f H_m^{\ominus}(\text{CO})$$
$$= [-200.66 - (-110.525)] \text{ kJ}\cdot\text{mol}^{-1} = -90.135 \text{ kJ}\cdot\text{mol}^{-1}$$

$$\Delta_r S_m^{\ominus} = S_m^{\ominus}(\text{CH}_3\text{OH},g) - S_m^{\ominus}(\text{CO}) - 2S_m^{\ominus}(\text{H}_2)$$
$$= (239.31 - 197.674 - 2 \times 130.684) \text{ J}\cdot\text{mol}^{-1}\cdot\text{K}^{-1} = -219.732 \text{ J}\cdot\text{mol}^{-1}\cdot\text{K}^{-1}$$

$$\Delta_r G_m^{\ominus} = \Delta_r H_m^{\ominus} - T\Delta_r S_m^{\ominus}$$
$$= [-90.135 - 298.15 \times (-219.732 \times 10^{-3})] \text{ kJ}\cdot\text{mol}^{-1} = -24.62 \text{ kJ}\cdot\text{mol}^{-1}$$

$$\ln K^{\ominus} = -\frac{\Delta_r G_m^{\ominus}}{RT} = \frac{24.62 \times 10^3}{8.314 \times 298.15} = 9.933，解得 K^{\ominus} = 2.06 \times 10^4$$

五、概念练习题

（一）填空题

1. 化学反应等温方程式为_____，其中可用来判断反应方向的物理量是_____，用来判断反应进行限度的物理量是_____。

2. 在 1000 K 时，反应 C(s) + 2H$_2$(g) $\longrightarrow$ CH$_4$(g) 的 $\Delta_r G_m^{\ominus} = 19.288$ kJ·mol^{-1}。当气相压力为 101.325 kPa，组成分别为 $y(\text{H}_2)=0.8$、$y(\text{CH}_4)=0.1$、$y(\text{N}_2)=0.1$ 时，该反应的 $\Delta_r G_m$ 为_____ kJ·mol^{-1}，反应将_____自发进行（填正向或逆向）。

3. 在有纯凝聚相参加的理想气体反应中，$K^{\ominus}$ 的表达式中_____液体或固体的分压；$\Delta_r G_m^{\ominus}$ _____液体或固体处于标准态时的化学势（填包含或不包含）。

4. 在相同条件下，对于两个反应 (1) A + B $\longrightarrow$ 2C，$K_1^{\ominus}$，$\Delta_r G_{m,1}^{\ominus}$；(2) 1/2A + 1/2B $\longrightarrow$ C，$K_2^{\ominus}$，$\Delta_r G_{m,2}^{\ominus}$。则 $\Delta_r G_{m,1}^{\ominus}$ 与 $\Delta_r G_{m,2}^{\ominus}$ 的关系为_____；$K_1^{\ominus}$ 与 $K_2^{\ominus}$ 的关系为_____。

5. 已知在某温度下，反应：(1) C(s) + O$_2$(g) $\longrightarrow$ CO$_2$(g)；$K_1^{\ominus}$，$\Delta_r G_{m,1}^{\ominus}$；(2) CO(g) + 1/2O$_2$(g) $\longrightarrow$ CO$_2$(g)；$K_2^{\ominus}$，$\Delta_r G_{m,2}^{\ominus}$；(3) 2C(s) + O$_2$(g) $\longrightarrow$ 2CO(g)；$K_3^{\ominus}$，$\Delta_r G_{m,3}^{\ominus}$。则 $\Delta_r G_{m,3}^{\ominus}$ 与 $\Delta_r G_{m,1}^{\ominus}$、$\Delta_r G_{m,2}^{\ominus}$ 的关系为 $\Delta_r G_{m,3}^{\ominus} = $_____，$K_3^{\ominus}$ 与 $K_1^{\ominus}$、$K_2^{\ominus}$ 的关系为 $K_3^{\ominus} = $_____。

6. 理想气体反应 $K^{\ominus} = K_p = K_c$ 成立的条件为_____。

7. 反应 CaCO$_3$(s) $\longrightarrow$ CaO(s) + CO$_2$(g) 在常温下分解压不为零，古代大理石建筑能够留存至今而不瓦解倒塌的原因是空气中 CO$_2$(g) 的分压_____CaCO$_3$(s) 的平衡分解压。

8. 范特霍夫等压方程微分式为_____，则对于任一放热反应，升高温度，$K^{\ominus}$ 将_____（填增大或减小），平衡向_____方向移动（填反应物或生成物）。

9. 一反应 $\left(\dfrac{\partial \ln K^{\ominus}}{\partial T}\right) > 0$，意味着该反应的 $\Delta_r H_m^{\ominus}$ ____ 0。

10. 理想气体反应达化学平衡 A(g)+B(g)⟶3C(g)，在等温下维持系统总压不变，向系统中加入惰性气体，平衡向_____ 移动（填左或右）。

（二）选择题

1. 反应 $H_2(g)+\dfrac{1}{2}O_2(g)⟶H_2O(l)$，当 O_2 消耗了 0.2 mol 时，反应进度 ξ 为____。

   A. 0.1 mol   B. 0.2 mol   C. 0.4 mol   D. 0.5 mol

2. 在恒温恒压下，某化学反应的 $\Delta_r G_m$ 所代表的意义为_____。
   A. 表示该反应达到平衡时生成物与反应物的吉布斯函数之差
   B. 表示反应系统处于标准状态时的反应趋势
   C. 表示系统在该温度、压力下且组成恒定时，$\xi=1$ mol 时引起的吉布斯函数的变化
   D. 表示反应系统中反应后和反应前吉布斯函数之差

3. 理想气体反应 A + 3B ⟶ 2C 在一定温度 T 下进行，当____时可以用 $\Delta_r G_m^{\ominus}(T)$ 直接判断反应的方向。
   A. 任意压力和组成   B. 总压 300 kPa，$x_A = x_B = x_C = 1/3$
   C. 总压 100 kPa，$x_A = x_B = x_C = 1/3$ D. 总压 400 kPa，$x_A = x_B = 1/4$，$x_C = 1/2$

4. 在恒温恒压的条件下，反应 $H_2(g)+\dfrac{1}{2}O_2(g)⟶H_2O(g)$ 达到化学平衡的条件是____。

   A. $\mu_{H_2,g} = \mu_{O_2,g} = \mu_{H_2O,g}$ B. $\mu_{H_2,g} = \dfrac{1}{2}\mu_{O_2,g} = \mu_{H_2O,g}$

   C. $\mu_{H_2,g} + \mu_{O_2,g} = \mu_{H_2O,g}$ D. $\mu_{H_2,g} + \dfrac{1}{2}\mu_{O_2,g} = \mu_{H_2O,g}$

5. 在 T、p 恒定下，化学反应达到平衡，____不一定成立。
   A. $\Delta_r G_m^{\ominus} = 0$ B. $\Delta_r G_m = 0$ C. $\sum \nu_B \mu_B = 0$ D. $\Delta_r G_m^{\ominus} = -RT\ln K^{\ominus}$

6. 影响化学反应标准平衡常数数值的因素有____。
   A. 温度   B. 压力   C. 反应物配比   D. 惰性气体

7. 真实气体的标准平衡常数 $K_f^{\ominus}$ 与____无关。
   A. 温度   B. 压力   C. 标准态   D. 平衡组成

8. 分解反应 A(s)⟶B(g)+2C(g) 的平衡常数 K_p 与分解压 p 的关系为____。
   A. $K_p = 4p^3$ B. $K_p = p^2$ C. $K_p = 4p^3/27$ D. $K_p = 3p$

9. 已知反应 $2NH_3 ⟶ N_2 + 3H_2$，在等温条件下，标准平衡常数为 0.25，那么，在此条件下，氨的合成反应 $1/2 N_2 + 3/2 H_2 ⟶ NH_3$ 的标准平衡常数为____。
   A. 4   B. 2   C. 1   D. 0.5

10. 反应 $2NO + O_2 ⟶ 2NO_2$ 的 $\Delta_r H_m^{\ominus} < 0$，当此反应达平衡后，若要使平衡向生成物方向移动，可以____。
    A. 升温升压   B. 升温降压   C. 降温升压   D. 降温降压

11. 在总压和温度不变时，在下列已达平衡的反应系统中加入惰性气体，能使平衡转化率增大的是____。

(1) $NH_4HCO_3(s) \longrightarrow NH_3(g) + H_2O(g) + CO_2(g)$
(2) $CO(g) + H_2O(g) \longrightarrow CO_2(g) + H_2(g)$
(3) $3H_2(g) + N_2(g) \longrightarrow 2NH_3(g)$
(4) $C(s) + H_2O(g) \longrightarrow H_2(g) + CO(g)$

A. (1)　　　　B. (3)　　　　C. (2), (4)　　　　D. (1), (4)

(三) 填空题答案

1. $\Delta_r G_m = \Delta_r G_m^\ominus + RT\ln J_p$，$\Delta_r G_m$，$\Delta_r G_m^\ominus$；2. 3.855，逆向；3. 不包含，包含；4. $\Delta_r G_{m,1}^\ominus = 2\Delta_r G_{m,2}^\ominus$，$K_{(1)}^\ominus = [K_{(2)}^\ominus]^2$；5. $2(\Delta_r G_{m,1}^\ominus - \Delta_r G_{m,2}^\ominus)$，$(K_1^\ominus/K_2^\ominus)^2$；6. $\sum \nu_B = 0$；7. >；8. $\dfrac{d\ln K^\ominus}{dT} = \dfrac{\Delta_r H_m^\ominus}{RT^2}$，减小，反应物；9. >；10. 右。

(四) 选择题答案

1. C；2. C；3. B；4. D；5. A；6. A；7. B；8. C；9. B；10. C；11. D。

第六章 相平衡

一、基本要求

1. 熟练掌握相律及自由度的定义；相律的数学表达式，S、R、P 的确定。
2. 熟练掌握各类二组分系统相图的分析及相图中点线面的含义。
3. 熟练掌握凝聚系统相图的步冷曲线的画法及含义。
4. 熟练掌握杠杆规则在两相区的应用及计算。
5. 掌握单组分的相图，了解精馏原理。

二、核心内容

（一）相律

$$F = C - P + 2$$

F 表示自由度数，表示在保持系统相数不变的情况下，可以独立改变的变量（如温度、压力、组成等）的数目。也可理解为，确定一个平衡系统的状态必须指定的独立变量数。

C 表示独立组分数，$C = S - R - R'$。

S 表示物种数。

R 表示独立的化学反应式数，独立即指若干化学反应式之间不能有相加或相减的关系。

R' 表示在同一相中，几种物质浓度之间的某种限制条件。如：分解反应中的产物浓度的比例关系；电离平衡中的正、负离子浓度的比例关系。

对于同一系统而言，物种数 S 往往随人们考虑问题的角度不同而异，而组分数 C 却与这些人为因素无关。例如，烧杯中的水，可以认为 $S=1$。但也可以考虑，水中必存在少量 H^+ 和 OH^-，因而 $S=3$。由于 H^+、OH^- 和 H_2O 之间存在化学反应，$H_2O \rightleftharpoons H^+ + OH^-$，故 $R=1$。且 $x_{H^+} = x_{OH^-}$，$R'=1$。所以 $C = 3 - 1 - 1 = 1$，因此，同是一杯水，随考虑问题的角度不同，S 可以是 1 也可以是 3，但组分数 C 必等于 1，即水是单组分系统。

P 表示相数，气相无论有多少种物质，相数均为 1；多组分液体视其互溶程度可以是一相或多相共存；固体物质除形成固溶体之外，有几种物质就有几个纯固相。

"2" 表示对于平衡系统，只考虑 T、p 两个强度因素的影响。当 T、p 中有一个条件一定时,"2"变为"1"。

(二) 相图

相图是描述平衡系统的相态与 T、p、x(组成) 的关系图,通常是将有关的相变点联结而成。

1. 单组分系统相图

单组分系统相律分析:$C=1$,$F=C-P+2=3-P$。因为 $F \geqslant 0$,所以 $P \leqslant 3$。即单组分系统最多只能有 3 个相平衡共存。相数取最小值,即 $P=1$ 时,自由度数 $F=2$,最大。因此,可以用平面图,一般用压力-温度(p-T)相图来描述相平衡状态。常见的单组分系统相图如图 6-1 所示。

整个相图被三条平衡线分为 3 个单相区,各区内 $F=2$,p 和 T 都可以在有限范围内独立改变而不引起旧相消失和新相生成。三条平衡线上,$F=1$,p 和 T 中只有一个可以独立改变,另一个只能随之改变。这三条线的斜率可根据克拉佩龙方程计算。三相线的交点为三相共存点。在三相点处,$F=0$,改变系统温度和压力中的任意一个,都会导致相态发生变化。

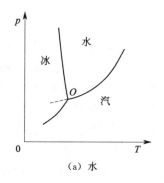
(a) 水

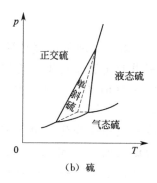
(b) 硫

图 6-1 单组分系统相图

2. 二组分系统相图

二组分系统相律分析:二组分系统在恒温或恒压下,$F=C-P+1=2-P+1=3-P$。单相区:$P=1$,$F=2$;两相区:$P=2$,$F=1$;三相线:$P=3$,$F=0$。

二组分系统相图类型:根据变量不同,分为恒压下的 T-x(y) 相图和恒温下的 p-x(y) 相图。根据相态不同,分为气-液相图、液-液相图和液-固相图。

(1) 理想液态混合物的气-液相图

压力-组成图的纵坐标为压力 p,横坐标是组成;最左端代表 $x_A=1$,$x_B=0$,即纯 A;最右端代表 $x_A=0$,$x_B=1$,即纯 B。

对于理想液态混合物,组分 A 和 B 在全浓度范围都服从拉乌尔定律,$p_A=p_A^* x_A$,$p_B=p_B^* x_B$,故总压 $p=p_A^*+(p_B^*-p_A^*)x_B$。可见,总压 p 与 x_B 成直线,连接 p_A^* 和 p_B^* 的直线即为液相线。

若要全面了解气-液平衡系统的情况,不仅需要知道液相组成 x_B,还需知道溶液上方气相的组成。气相组成常用 y_B 来表示,以与液相组成相区别。在全浓度范围内,代表气相组成的点构成的线称为气相线。共存的气、液两相对应于同一个压力,因为易挥发组分更容易进入到气相中去，所以，在 $p\text{-}x$ 图中，气相线是位于液相线下边的一条曲线。

在相图中，代表系统总组成的点叫作系统点（或物系点），代表某一相组成的点叫作相点。图 6-2 中的横坐标既是液相组成，也是气相组成和系统总组成。系统点只告诉我们系统在相图中的位置，相点才告诉我们此时系统各相的具体情况。在单相区，系统点和相点重合。在两相区，系统点和相点不重合。在气-液相图中，通过系统点做水平线与液相线和气相线的交点分别为液相点和气相点。

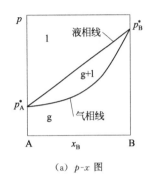　　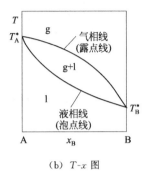

(a) $p\text{-}x$ 图　　　　　　　　　　　　　(b) $T\text{-}x$ 图

图 6-2　理想液态混合物的相图

在生产实践中，通常最容易满足的条件是 $p=101325\ \text{Pa}$，即常压状态。例如工厂里或实验室里的化学反应和分离过程，大多数在常压条件下进行，因而 $T\text{-}x$ 相图最为有用。在图 6-2(b)（$T\text{-}x$ 图）中，气相线在上，液相线在下，气相线以上区域为气相区，液相线以下区域为液相区。当平衡温度改变时，系统的液相组成和气相组成分别沿着液相线和气相线变化。由于液态系统在升温时，第一个气泡总是在系统点达到液相线的对应温度时开始出现，因此液相线也被称为"泡点线"。由于气态系统在降温时，第一滴液体总是在系统点到达气相线的对应温度时开始出现，因此气相线也被称为"露点线"。对液态系统进行加热时，需明确：产生第一个气泡的温度及第一个气泡的组成；系统中只剩下最后一滴液体的温度及最后一滴液体的组成。将气态系统降温时，需明确：产生第一滴液体的温度及第一滴液体的组成；系统中只剩下最后一个气泡的温度及最后一个气泡的组成。

(2) 完全互溶的非理想液态混合物的气-液相图

① 一般正偏差系统的气-液相图

② 一般负偏差系统的气-液相图

当非理想液态混合物对理想溶液的偏差不大时，其气液相图如图 6-3 和图 6-4 所示。图中 $p\text{-}x$ 图中的虚线是理想溶液的蒸气压线。这类系统的总蒸气压仍在两个纯组分蒸气压 p_A^* 和 p_B^* 之间。$T\text{-}x$ 图与理想溶液的相图在形状上相仿。

③ 最大正偏差系统的气-液相图

当非理想液态混合物对理想溶液的偏差很大时，溶液的蒸气压不再介于 p_A^* 和 p_B^* 之间。最大正偏差系统的 $p\text{-}x$ 图上出现最高点，如图 6-5(a)。最大负偏差系统其 $p\text{-}x$ 图出现最低点，如图 6-6(a)。$p\text{-}x$ 图中的虚线为理想情况。

当 p 有最大值时，在 $T\text{-}x$ 图上出现最低点 O，称为最低恒沸点。当 p 有最小值时，$T\text{-}x$ 图上出现最高点 O'，称为最高恒沸点。具有恒沸点组成的溶液称为恒沸混合物。在一定

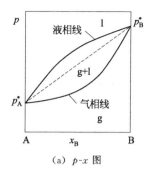 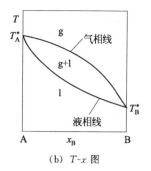

(a) p-x 图   (b) T-x 图

图 6-3 非理想液态混合物一般正偏差系统的相图

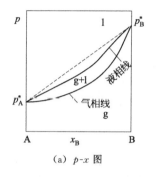 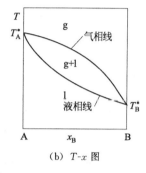

(a) p-x 图   (b) T-x 图

图 6-4 非理想液态混合物一般负偏差系统的相图

压力下，恒沸混合物的组成为定值。恒沸混合物具有以下特点：i. 恒沸混合物上方的气相组成与液相组成相同；ii. 虽然气相组成与液相组成相同，但是恒沸混合物不可理解为 A 和 B 形成的化合物。恒沸混合物的组成随压力的不同而发生变化，甚至可能消失。T-x 图（一般压力条件下）中，恒沸混合物的组成不同于 p-x 图上最高点（或最低点）的组成，即 $x_1 \neq x_2$，$x_3 \neq x_4$。

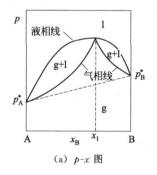 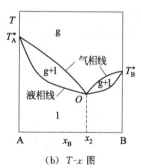

(a) p-x 图   (b) T-x 图

图 6-5 非理想液态混合物最大正偏差系统的相图

④ 最大负偏差系统的气-液相图

(3) 液态部分互溶系统相图

① 液态部分互溶系统的液-液相图（T-x 图）

有些非理想溶液，在温度低时两个组分不能以任意比例互溶，比如水-异丁醇系统，在 406 K 以下时，就不能以任意比例互溶，其相图形状与图 6-7(a) 类似。图中 MC 是 B 在 A 中的溶解度曲线，CN 是 A 在 B 中的溶解度曲线，所以部分互溶双液系的液-液相图也称溶解度图。图中 C 点对应的温度称为最高会溶温度。当温度 $T > T_C$ 时，二组分完全互溶，在此温度之下为部分互溶。

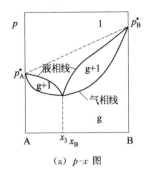 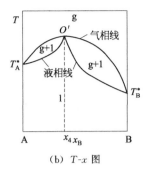

(a) p-x 图 　　　　　　　　　　　　　　(b) T-x 图

图 6-6　非理想溶液最大负偏差系统的相图

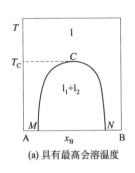 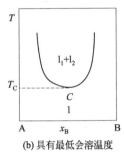 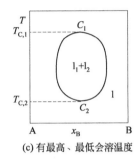 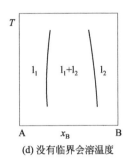

(a) 具有最高会溶温度　　(b) 具有最低会溶温度　　(c) 有最高、最低会溶温度　　(d) 没有临界会溶温度

图 6-7　液态部分互溶系统的液-液相图

有的部分互溶的双液系具有最低会溶温度，这类系统的液-液相图，如图 6-7(b) 所示。当温度低于 T_C 时完全互溶，高于 T_C 时出现部分互溶现象；有的同时具有最高和最低会溶温度，相图如图 6-7(c)，在 $T_{C,1}$ 和 $T_{C,2}$ 之间为部分互溶。有的系统没有临界会溶温度，如图 6-7(d)，温度在液体的凝固点和沸点之间变化时，两个液体一直表现为部分互溶。但是，(b)(c)(d) 这三种部分互溶情况较少见，不做重点讨论。

② 液态部分互溶系统的气-液相图（T-x 图）

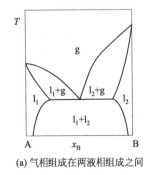 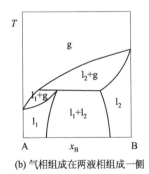

(a) 气相组成在两液相组成之间　　　　　(b) 气相组成在两液相组成一侧

图 6-8　二组分液态部分互溶系统的气-液相图

在图 6-8 中的水平线上，系统表现为 $l_1 + l_2 + g_{(A+B)}$ 三相平衡，这条水平线称为三相线。

(4) 液态完全不互溶系统的气-液相图

两种液体完全不互溶，则在定温下，系统的总蒸气压等于各纯液体的蒸气压之和，其沸腾温度低于其中任一组分的沸点，这便是水蒸气蒸馏原理。图 6-9 中水平线 MN（端点除外），系统表现为 $l_A+l_B+g_{(A+B)}$ 三相平衡。无论混合液体组成如何，只要混合液体中同时含有 A 和 B（$0<x_B<1$），系统的沸点就是三相线所在温度，即其沸点为 A、B 二组分系统最低沸点的温度。

（5）二组分液-固系统的温度-组成（T-x）图

二组分液-固系统属于凝聚系统，通常可忽略压力的影响，只讨论 T-x 图。

① 固相完全不互溶的液-固相图

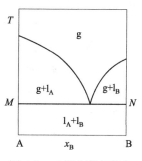

图 6-9 二组分液态完全不互溶系统的 T-x 图

简单的典型液-固相图在形状上与 A 和 B 在液相完全不互溶的气-液相图相同，见图 6-10(a)。图中 ME 为 A 的凝固点降低曲线，表示析出固体 A 的温度（凝固点）与液相组成的关系。图中 QE 为 B 的凝固点降低曲线，表示析出固体 B 的温度（凝固点）与液相组成的关系。对二组分液态系统进行降温，当系统不发生相变化时，步冷曲线为连续下降的平滑曲线；当系统点位于纯物质的熔点、凝固点及三相线上时，步冷曲线会出现平台（表示散热时温度不变），且平台前点为析出新固相，后点为液相消失；当系统点到达两相线时，步冷曲线会出现拐点（在该点前后散热速率不同），且每一个拐点都表示有新的相变化，拐点时发生的相变化情况，可通过拐点前后的相来判断。在此相图上，2 个纯组分（A、B）、1 个低共熔点混合物（E）的步冷曲线均表现为 1 个平台。

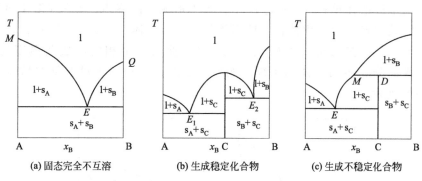

(a) 固态完全不互溶　　(b) 生成稳定化合物　　(c) 生成不稳定化合物

图 6-10 二组分固态完全不互溶的液-固相图

较为复杂的典型液固相图有两种。一种是有稳定固体化合物生成的液-固相图，见图 6-10(b)。图中 C 为 AB 生成的化合物。稳定化合物熔化时固相和液相组成相同，其相图相当于两个二组分系统 A-C 和 C-B 相图的组合。在此相图上，2 个纯组分（A、B）、2 个低共熔点混合物（E_1、E_2）和 1 个稳定固体化合物 C 的步冷曲线均表现为 1 个平台。

另一种是有不稳定化合物生成的液-固相图，见图 6-10(c)。不稳定化合物加热到一定温度后分解成一种固体和溶液，溶液组成与化合物组成不同。如图中所示，当系统被加热到 D 点所对应的温度时，固体化合物 C 因不稳定，分解生成固体 B 和 M 点对应组成的熔融液；反之，若系统被降温达到 M 点对应温度时，则发生上述过程的逆过程。由 6-10(c) 可知，若要由熔融液冷却得到固体 C，应调节系统组成落入 M 点和 E 点之间。否则，当系统组成在 M 点和 D 点之间，由于实际降温过程一般不是足够长，致使得到的固体 C 中会混有固体 B。

② 形成完全互溶固溶体的固-液相图

两个纯组分在液相、固相中完全互溶，且不论二组分的相对含量如何，固相均为均相。其 $T\text{-}x$ 图与前面讲过的气-液相图相似，见图 6-11。形成完全互溶固溶体的相图，有的具有最高熔点或最低熔点，如图 6-11(b) 和图 6-11(c)。属于图 6-11(c) 类型的二组分系统较为少见。

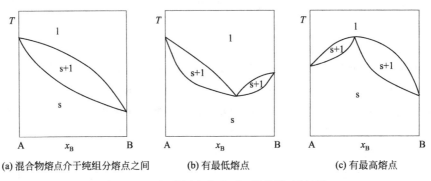

(a) 混合物熔点介于纯组分熔点之间　　(b) 有最低熔点　　(c) 有最高熔点

图 6-11　二组分固态完全不互溶的液-固相图

③ 形成部分互溶固溶体的固-液相图

两个纯组分在液相中完全互溶而固相中部分互溶，则固-液相图与前面所讲的情况不同。其中许多系统的 $T\text{-}x$ 图有一个低共熔点，其形状如图 6-12 所示。其特点是，在图的两侧是两个固溶体单相区，α 是 B 溶于 A 中形成的固溶体，β 是 A 溶于 B 中形成的固溶体。在低共熔点时为三相共存，即固溶体 α、固溶体 β、液体三相共存，三个相点分别为 M、E、N。在三相线 MEN 上，$F=0$，此时三个相的组成及温度均不可变。还有一些形成部分互溶固溶体的系统，例如 Hg-Cd，其相图中没有低共熔点，其形状如图 6-12(b) 所示。

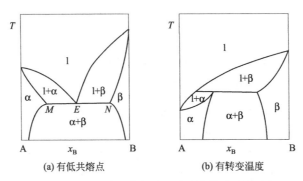

(a) 有低共熔点　　(b) 有转变温度

图 6-12　二组分固态部分互溶系统的液-固相图

(6) 杠杆规则

相图上任意两相的相对量可依据杠杆规则加以计算。

以 A-B 二组分理想液体混合物在一定压力下的温度-组成图为例：M 为系统点，G 为气相点，L 为液相点。n_M、n_G、n_L 分别为系统总物质的量、气相的物质的量、液相的物质的量，x_M、x_G、x_L 分别为系统点、气相点及液相点时对应的 B 的物质的量的分数，即分别为系统的总组成、气相组成及液相组成。

杠杆规则表达式：$n_G \overline{GM} = n_L \overline{ML}$，即 $n_G(x_M - x_G) = n_L(x_L - x_M)$

注意：① 若横坐标为质量分数 w_B，如图 6-13(b)，则杠杆规则表示为：$m_G(w_M - w_G) = m_L(w_L - w_M)$；② 利用杠杆规则，再加上式子：$n_G + n_L = n_M$ 或 $m_G + m_L = m_M$，即可计算出平衡时两个相态的物质的量（或质量）；③ 杠杆规则不仅适用于气-液两相平衡区，也适用于固-液、固-固两相平衡区。

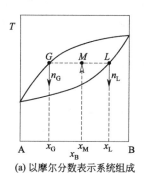
(a) 以摩尔分数表示系统组成

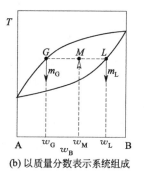
(b) 以质量分数表示系统组成

图 6-13　杠杆规则示意图

（三）识别二组分相图的基本原理和规则

1. 相区分布规则

相邻两个相区的相数差为 ±1，即相邻两相不可能都是单相区，也不可能都是两相区。两个单相区所夹的那块面积就是该两个单相区共存的两相区。

2. 线段识别规则

(1) 垂直线：即化合物的固相线。
(2) 水平线：一定呈三相平衡，即三相平衡线。
(3) 凡是围成单相区的周边线段均不包含三相水平线，即以点与三相线相连的区域为单相区。
(4) 以线段与三相线相连的区域为两相区。

3. 复杂二组分相图识别方法

(1) 首先看图中有没有垂线，如有伞形"⊤"垂线为稳定化合物，如有"T"形垂线为不稳定化合物。
(2) 寻找复杂相图中的单相区，其特征就是围成这些单相区的线段不包含三相线。
(3) 鉴别出单相区后，剩下的均是由两个单相区所夹的面积，就是该两个单相区所共存的两相区。
(4) 图中水平线的识别方法：若有"⋎"形状的水平线为低共熔线；若有"T"形或"⊼"形状的水平线为转熔线；若是单一水平线为转晶线。

三、基本概念辨析

1. 如何确定相和相数？

答：相是物理性质和化学性质完全均匀的那一部分。此处的"均匀"是指若从中任意选取两个等量的体积元，则它们的性质完全相同。一杯水中，各处的性质（如温度、密度等）相同，因此是一相。只含有一个相的系统也称为均相系统，例如，NaCl 溶液是均相系统。如果系统中包含两个或两个以上的相，则称为多相系统或复相系统。例如，过量的 NaCl(s) 与其饱和水溶液构成的是多相系统。

在多相系统中，相与相之间存在界面，称为相界面。越过相界面，有些性质发生突变（即不连续变化），比如水不同相态的 $C_{p,m}(H_2O,g)$、$C_{p,m}(H_2O,l)$、$C_{p,m}(H_2O,s)$ 数据是不连续的。当相数和各相形态都不变时，系统处在确定的相态。对于指定的系统，不能凭直观感觉确定相数。一个中间有挡板的容器，两侧分别装有 298.15 K，101325 Pa 的液体水，此系统的相数为 1 而不等于 2。因为容器中的水性质完全均匀，此处的挡板并非相界面。同样，一堆小冰块也是一相。一杯牛奶，看上去是均相系统，但却是多相，因为在显微镜下，牛奶中的油相和水相是截然不同的。同样，白糖和面粉即使混合均匀，也是两相不是一相。对于含有多种组分的系统，只有当这些物质以分子程度相互混合（如溶液）时，才是均相系统。

2. 什么是单组分系统的沸点？什么是多组分液体的沸点？

答：在一定外压时，单组分液体的蒸气压等于外压时的温度，称为单组分系统的沸点；多组分液体中各组分的蒸气压之和与外压相等时的温度，称为多组分液体的沸点。在一定外压下，多组分液体的沸点随组分的浓度改变而变化。

3. 相图中的点都是代表系统状态的点，这种说法对吗？

答：不对。在单相区，系统点确实能够表示系统的状态，为实点。但在两相区，系统点为虚点，组成为系统总组成的物质并不是真实存在的。过系统点画一条水平线，分别与两相平衡线相交得到的两个相点，才是真实存在、代表系统状态的点。

4. 请说明固-液平衡系统中，稳定化合物、不稳定化合物与固溶体三者的区别，它们的相图各有什么特征？

答：稳定化合物：有固定的组成和固定的熔点。存在于固相，液相中亦可能存在。当温度低于其熔点时不会发生分解，因此在相图上有最高点，称为相合熔点。在该温度时，形成的液相与其固相组成相同，如图 6-10(b)。

不稳定化合物：有固定的组成。对固体不稳定化合物加热时，在其熔点之前会分解成液相和另一种固体，因此在相图上没有最高点，而是出现"T"字形。其水平线所代表的温度为转熔温度，称为不相合熔点，如图 6-10(c)。

固溶体即固体溶液，是混合物，没有固定的组成，其组成可在一定范围内变化，因此在相图上固溶体可以占据一个区域，如图 6-12 中 α 相和 β 相所在区域。

5. 请说明低共熔过程与转熔过程有何异同？低共熔物与固溶体有何区别？

答：低共熔过程与转熔过程的相同之处在于，都是两个固相与一个液相平衡共存，自由度数为零；不同之处在于：①低共熔过程的液相成分介于两固相之间，转熔过程的固相成分介于液相和另一固相之间；②转熔过程是化学过程，低共熔过程没有物质的生成和消失，不是化学过程；③低共熔点是液相能够存在的最低温度，转熔温度则是不稳定化合物能够存在的最高温度。低共熔物与固溶体的区别：固溶体是一组分溶解于另一组分内形成的固体溶液，为单相；而低共熔物是两种固体的混合物，是复相。

四、例题

（一）基础篇例题

说明：例题内所有虚线均不是相图的相线，只是辅助线。

例1 试求下述两种情况下，系统的组分数 C 和自由度数 F。

(1) 仅由 $NH_4Cl(s)$ 部分分解，建立如下反应平衡：
$$NH_4Cl(s) = NH_3(g) + HCl(g)$$

(2) 由任意量的 $NH_4Cl(s)$、$NH_3(g)$、$HCl(g)$，建立如下反应平衡：
$$NH_4Cl(s) = NH_3(g) + HCl(g)$$

解：应用相律计算自由度数 F 时，关键是确定系统的组分数 C。而 $C = S - R - R'$，其中难点是如何判断平衡系统的同种相态中，各组分间存在的独立关系式的个数 R'。

(1) 因平衡系统中存在 $NH_4Cl(s)$、$NH_3(g)$、$HCl(g)$ 三种物质，则物种数 $S=3$；

因三种物质间存在一个独立的平衡关系：$NH_4Cl(s) = NH_3(g) + HCl(g)$，则 $R=1$；

因平衡系统中的 $NH_3(g)$ 和 HCl 仅由 $NH_4Cl(s)$ 分解而来，$n_{NH_3(g)} = n_{HCl(g)}$，则浓度限制条件数 $R'=1$，故

组分数：$C = S - R - R' = 3 - 1 - 1 = 1$

该系统包括 $NH_4Cl(s)$ 纯固体和 $NH_3(g)$、$HCl(g)$ 的混合气相，$P=2$。故

自由度数：$F = C - P + 2 = 1 - 2 + 2 = 1$

(2) 物种数 S、独立的化学反应数 R 同 (1)，因 $NH_4Cl(s)$、$NH_3(g)$、$HCl(g)$ 三种物质为任意量，则 $R'=0$，故

组分数：$C = S - R - R' = 3 - 1 - 0 = 2$

自由度数：$F = C - P + 2 = 2 - 2 + 2 = 2$

例2 试求下述两种情况下，系统的组分数 C 和自由度数 F。

(1) 仅由 $CaCO_3(s)$ 部分分解，建立如下反应平衡：
$$CaCO_3(s) = CaO(s) + CO_2(g)$$

(2) 由任意量的 $CaCO_3(s)$、$CaO(s)$、$CO_2(g)$ 建立如下平衡：
$$CaCO_3(s) = CaO(s) + CO_2(g)$$

解：(1) 物种数 $S=3$，$R=1$。$CaO(s)$ 与 $CO_2(g)$ 的物质的量保持相等关系，但因两者处于不同相，不存在浓度限制条件，$R'=0$。

组分数：$C = S - R - R' = 3 - 1 - 0 = 2$

自由度数：$F = C - P + 2 = 2 - 3 + 2 = 1$

(2) 物种数 $S=3$，$R=1$，$R'=0$。

组分数：$C = S - R - R' = 3 - 1 - 0 = 2$

自由度数：$F = C - P + 2 = 2 - 3 + 2 = 1$

例3 在一定大气压下，$FeCl_3(s)$ 与 $H_2O(l)$ 可以生成四种水合物：$FeCl_3 \cdot 2H_2O(s)$、$FeCl_3 \cdot 5H_2O(s)$、$FeCl_3 \cdot 6H_2O(s)$ 和 $FeCl_3 \cdot 7H_2O(s)$。试求该平衡系统的独立组分数 C 和能够平衡共存的最大相数 P。

思路：对物种数 S，如果考虑 $FeCl_3(s)$ 与 $H_2O(l)$ 生成的水合物，则物种数增加的同

时,独立的化学平衡数也增加。因此,水合物种类多少对组分数 C 没有影响,故只考虑 $FeCl_3(s)$ 与 $H_2O(l)$ 两种物质。

解:组分数 $C=2$。

在压力一定时,相律的表达式为 $F=C-P+1=2-P+1=3-P$。

当自由度 F 有最小值时,相数 P 有最大值。故 $F_{min}=0$ 时,$P_{max}=3$。

例 4 已知纯 CCl_4(A)及纯 $SnCl_4$(B)在 100 ℃时的饱和蒸气压分别为 $1.933×10^5$ Pa 及 $0.666×10^5$ Pa,这两种液体可组成理想液态混合物。假定以某种配比混合成的这种液态混合物,在外压 $1.013×10^5$ Pa 的条件下,加热到 100 ℃时开始沸腾。计算:

(1) 该液态混合物的组成;

(2) 该液态混合物开始沸腾时第一个气泡的组成。

思路:理想液态混合物中任一组分在全浓度范围内符合拉乌尔定律,因此,各个组分的分压均可以通过拉乌尔定律计算得到。当 A、B 的分压之和与外压相等时,混合物开始沸腾。如果建立总压 p(或外压)与 x_B 的关系式,即可求出 x_B。

解:(1) $p=p_A^*(1-x_B)+p_B^* x_B = p_A^* + (p_B^* - p_A^*)x_B$

$$x_B = \frac{p - p_A^*}{p_B^* - p_A^*} = \frac{(1.013×10^5 - 1.933×10^5)\text{Pa}}{(0.666×10^5 - 1.933×10^5)\text{Pa}} = 0.726$$

(2) 求开始沸腾时第一个气泡的组成,也就是求气液两相平衡时的气相组成 y_B:

由 $y_B p = p_B = p_B^* x_B$,得

$$y_B = \frac{x_B p_B^*}{p} = \frac{0.726 × 0.666×10^5 \text{Pa}}{1.013×10^5 \text{Pa}} = 0.477$$

则 $y_A = 1 - y_B = 1 - 0.477 = 0.523$

例 5 已知甲苯、苯在 90 ℃下纯液体的饱和蒸气压分别为 $p_A^* = 54.22$ kPa 和 $p_B^* = 136.12$ kPa,两者可形成理想液态混合物。取 200.0 g 甲苯和 200.0 g 苯置于带活塞的导热容器中,始态为一定压力下 90 ℃的液态混合物。在恒温 90 ℃下逐渐降低压力,问:

(1) 压力降到多少时,开始产生气相?此气相的组成如何?

(2) 压力降到多少时,液相开始消失?最后一滴液相的组成如何?

(3) 压力为 92.00 kPa 时,系统内气-液两相平衡,两相的组成如何?两相的物质的量各为多少?

解:因甲苯和苯形成理想液态混合物,其压力-组成示意图如图 6-14 所示。以 A 代表甲苯、B 代表苯,$M_A = 92.14$ g·mol^{-1}、$M_B = 78.11$ g·mol^{-1},两者蒸气分压力 p_A、p_B 均可用拉乌尔定律进行计算。

系统总的物质的量:$n_{总} = \dfrac{m_A}{M_A} + \dfrac{m_B}{M_B}$

$$= \frac{200.0 \text{ g}}{92.14 \text{ g·mol}^{-1}} + \frac{200.0 \text{ g}}{78.11 \text{ g·mol}^{-1}}$$

$$= 4.7311 \text{ mol}$$

系统总组成（原始溶液的组成）：

$$x_{B,0}=\frac{m_B/M_B}{n_{总}}=\frac{200.0 \text{ g}/78.11 \text{ g·mol}^{-1}}{4.7311 \text{ mol}}=0.5412$$

故系统点应落在 a 线（$x_{B,0}=0.5412$）上。

(1) 系统始态为液体混合物，因此系统点应落在液相区的 a 线上，比如 M 点。恒温 90 ℃下，逐渐降低压力，系统总组成不变，故系统点 M 沿着 a 线向下移动，至 a 线与压力-液相组成线相交时（即系统点 M 与 L_1 点重合），开始产生气相。气相的量极微小，可认为液相组成与系统的总组成相等，即 $x_B=0.5412$。

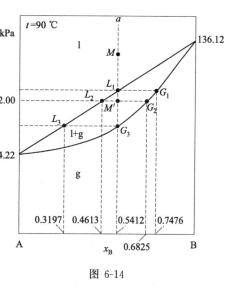

图 6-14

$$p_{总}=p_A+p_B=p_A^* x_A+p_B^* x_B$$
$$=p_A^*(1-x_B)+p_B^* x_B。$$

整理得 $p_{总}=p_A^*+(p_B^*-p_A^*)x_B$
$$=54.22 \text{ kPa}+(136.12-54.22)\text{kPa}\times 0.5412$$
$$=98.544 \text{ kPa}$$

气相组成：$y_A=p_A/p_{总}=p_A^* x_A/p_{总}=54.22 \text{ kPa}\times(1-0.5412)/98.544 \text{ kPa}=0.2524$

$y_B=1-y_A=0.7476$（图中的 G_1 点，气相组成点）

(2) 当压力持续减小，液体会不断气化。根据物质守恒，系统的总组成不变，因此系统点 M 沿 a 线继续向下移动。但是减压过程中，相的组成会发生改变，气相组成和液相组成分别沿 p-y_B 线和 p-x_B 线变化。当压力降至某一数值时，系统只剩最后一滴液体，此时可认为平衡气相组成与系统总组成相等（系统点 M 与图中的 G_3 点重合），即 $y'_B=0.5412$。

组分 B 的分压为：$p_B=p_{总}y'_B=[p_A^*+(p_B^*-p_A^*)x'_B]y'_B$

根据拉乌尔定律，B 的分压也可表示为：$p_B=p_B^* x'_B$

将上两式相比，得 $x'_B=\dfrac{y'_B p_A^*}{[p_B^*-(p_B^*-p_A^*)y'_B]}$

$$=\frac{0.5412\times 54.22 \text{ kPa}}{136.12 \text{ kPa}-(136.12-54.22)\text{ kPa}\times 0.5412}$$

$=0.3197$（图中的 L_3 点，液相组成点）

对应总压 $p_{总}=p_A^*+(p_B^*-p_A^*)x'_B=54.22 \text{ kPa}+(136.12-54.22)\text{kPa}\times 0.3197$
$$=80.40 \text{ kPa}$$

(3) 依题意，当系统压力降至 92.00 kPa 时，系统内气-液两相平衡。此时 M 点应落在气-液两相平衡区内的 a 线上，如图中 M' 点所示。

根据 $p_{总}=p_A^*+(p_B^*-p_A^*)x_B$，则

$$92.00 \text{ kPa}=54.22 \text{ kPa}+(136.12-54.22)\text{kPa·}x_B$$

解得 $x_B=0.4613$（图中 L_2 点，液相组成点）

$y_B = p_B^* x_B/p_{总} = 136.12 \times 0.4613/92.00 = 0.6825$（图中 G_2 点，气相组成点）

根据杠杆规则，可计算平衡时两相的物质的量。

$$L_2(x_B=0.4613) \quad M'(x_{B,0}=0.5412) \quad G_2(y_B=0.6825)$$
$$n_l \qquad\qquad\qquad n_{总} \qquad\qquad\qquad n_g$$

$n_l \overline{L_2 M'} = n_g \overline{M' G_2}$，即 $n_l(0.5412-0.4613) = n_g(0.6825-0.5412)$

又 $n_g + n_l = 4.7311$ mol，解得

$$n_l = 3.0221 \text{ mol}, n_g = 1.709 \text{ mol}$$

例 6 A 和 B 两种物质的混合物在 101325 Pa 下沸点-组成图如图 6-15(a) 所示，若将 1 mol A 和 4 mol B 混合，在 101325 Pa 下先后加热到 $t_1 = 200$ ℃，$t_2 = 400$ ℃，$t_3 = 600$ ℃，根据沸点-组成图回答下列问题：

(1) 图中 E 点对应的温度 t_E 称为什么温度，此点对应的气液组成有何关系？
(2) 曲线①和②各称为什么线？
(3) 上述系统在哪个温度（t_1、t_2、t_3）下是两相平衡？哪两相平衡？各平衡相的组成是多少？各相的量是多少摩尔？
(4) 上述三个温度中，在什么温度下平衡系统是单相？是什么相？

解：(1) E 点对应的温度 t_E 称为恒沸温度，此点对应的气、液相组成相等。
(2) 曲线①称为露点线或气相线，曲线②称为泡点线或液相线。
(3) 由 1 mol A 和 4 mol B 组成的混合物，系统的总组成为 $x_B = 4/(4+1) = 0.8$。此时系统点落在图 6-15(b) 中 a 线上。

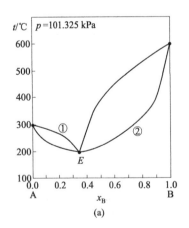
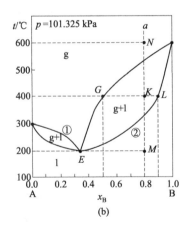

图 6-15

$t_2 = 400$ ℃时，系统点位于 a 线上 K 点，处于气-液两相平衡状态，且气相点为图中 G 点，液相点为 L 点。由图可知，气相组成 $y_B = 0.50$，液相组成 $x_B = 0.90$。

根据杠杆规则 $n_g \overline{GK} = n_l \overline{KL}$，即 $n_g(0.80-0.50) = n_l(0.90-0.80)$，又 $n_l + n_g = 5$ mol，解得

$$n_l = 3.75 \text{mol}, \ n_g = 1.25 \text{mol}$$

(4) $t_1=200$ ℃时，系统点位于 a 线上 M 点，系统以液相形式存在。$t_3=600$ ℃时，系统点位于 a 线上 N 点，系统以气相形式存在。

例7 已知水-苯酚系统在 30 ℃液-液平衡时共轭溶液的组成 w（苯酚）为：l_1（苯酚溶于水），8.75%；l_2（水溶于苯酚），69.9%。问：（1）在 30 ℃，100 g 苯酚和 200 g 水形成的系统达液-液平衡时，两液相的质量各为多少？（2）30 ℃时向上述系统中再加 100 g 苯酚，又达到相平衡时，两液相的质量各变到多少？

解： 假设水用 A 表示，苯酚用 B 表示。水和苯酚部分互溶，且具有最高会溶温度，可画出相图示意图，如图 6-16 所示。

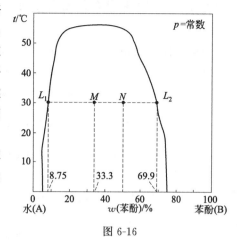

图 6-16

（1）30 ℃平衡时，系统组成 $w_{B,0}=\dfrac{100}{100+200}\times 100\%=33.3\%$，此时系统点位于图中 M 点。由题意，30 ℃两个平衡液相的组成分别为 $w_{B,l_1}=8.75\%$ 和 $w_{B,l_2}=69.9\%$，两个相点分别为图中的 L_1 和 L_2 点。

根据杠杆规则 $m_{l_1}\overline{L_1M}=m_{l_2}\overline{ML_2}$，$m_{l_1}(33.3-8.75)=m_{l_2}(69.9-33.3)$，又 $m_{l_1}+m_{l_2}=300$ g，解得

$m_{l_1}=179.6$ g，$m_{l_2}=120.4$ g

（2）再加 100 g 苯酚时，系统组成变为 $w_{B,0}=\dfrac{200}{200+200}\times 100\%=50\%$。系统点从 M 点右移至 N 点。

由于温度不变，所以共轭组成不变。类似于（1），有 $m_{l_1}\overline{L_1N}=m_{l_2}\overline{NL_2}$

即 $m_{l_1}(50-8.75)=m_{l_2}(69.9-50)$，又 $m_{l_1}+m_{l_2}=400$ g，解得

$m_{l_1}=130.2$ g，$m_{l_2}=269.8$ g

例8 丙三醇(A)-间甲苯胺(B)可部分互溶，B 在丙三醇 A 中形成的饱和溶液为 l_1 相，A 在 B 中形成的饱和溶液为 l_2 相，其 T-x 图如图 6-17(a) 所示。根据相图，请回答或计算如下问题：

（1）指出丙三醇-间甲苯胺二组分系统的最高会溶温度为多少？

（2）M 点条件自由度 F 为多少？

（3）将 30 g 丙三醇和 70 g 间甲苯胺在 60 ℃时混合，系统的相态如何？说明各相的组成并计算各相的含量。

（4）将此系统温度继续升至 100 ℃，哪一相消失？并说明剩余一相的组成。

（5）60 ℃时，将 40 g 丙三醇和 60 g 间甲苯胺混合，系统出现浑浊，应再加入多少克间甲苯胺可使系统变澄清？

解：（1）如图 6-17(b) 所示，最高会溶点为图中 N 点，查图可知，最高会溶温度为 110 ℃。

（2）M 点位于两相平衡区域，$C=2$，$P=2$，$F=C-P+1=2-2+1=1$。

(3) 将 30 g 丙三醇和 70 g 间甲苯胺在 60 ℃时混合，$w_B = \dfrac{70}{70+30} \times 100\% = 70\%$，系统点为 E 点，此时平衡共存的相点分别为 D 点和 F 点，l_1 相组成为 $w_B = 0.2$，l_2 相组成为 $w_B = 0.75$。

根据杠杆规则 $m_{l_1} \overline{DE} = m_{l_2} \overline{EF}$，即 $m_{l_1}(0.7-0.2) = m_{l_2}(0.75-0.7)$

已知总质量为 $m_{l_1} + m_{l_2} = 100$ g，解得 $m_{l_1} = 9.1$ g，$m_{l_2} = 90.9$ g。

(4) 系统升温至 100 ℃时，l_1 相消失，l_2 相中 B 组分的含量为 $w_B = 0.7$。

(5) 60 ℃时，将 40 g 丙三醇和 60 g 间甲苯胺混合，系统总组成 $w_B' = \dfrac{60}{60+40} \times 100\% = 60\%$。此时系统点为 Q 点，系统处于两液相平衡状态，两液相组成与（3）相同。

向系统中加入间甲苯胺，系统总组成变大。温度不变时，系统点 Q 将水平向右移动，当移动至离开 F 点时，系统变澄清。由图可知 F 点处，$w_B = 0.75$。

设加入 x g 间甲苯胺，当 $\dfrac{x+60}{60+40+x} = 0.75$ 时，解得 $x = 60$ g。

即再向溶液中加入 60 g 间甲苯胺，可使系统变澄清。

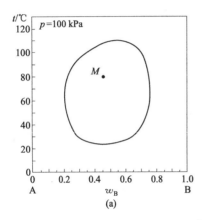 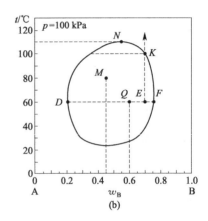

图 6-17

例 9 A 和 B 液态时部分互溶，在 100 kPa 压力下，其 T-x 图如图 6-18(a) 所示。根据相图，请回答或计算如下问题：

(1) 100 kPa 时，纯 A 的沸点为多少？

(2) 图中①②③这三条线哪条为气相线？

(3) 室温时，将 4 mol A 与 6 mol B 混合，对上述混合物进行加热，当加热至 323 K 时，系统的相态如何？条件自由度 F 为多少？

(4) 在 100 kPa 和 343 K 时，上述系统的相态如何？说明各相的组成并计算各相中 A 和 B 的含量。

(5) 当加热至温度为多少时，系统能够全部气化？说明最后一滴液体的组成。

思路：这是一道考察多个知识点的综合题。可将本题相图看作由部分互溶的液-液相图和气-液相图组合起来的复杂相图。在 T-x 图中，高温区一定是气相区，低温区为液相区，本题中的"帽子形"区域为部分互溶的液-液系统。因此图中①为气相线（露点线），②为液相线（泡点线）。①和②之间的梭形区域是气-液两相区。

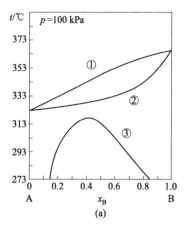
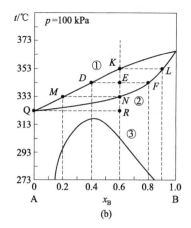

图 6-18

纯物质 A 的沸点就是在 $x_A=1$（即 $x_B=0$）时，气相线和液相线交点对应温度。图 6-18 中，Q 点对应的温度即为 A 的沸点。

要想知道系统的相态，就要明确系统在相图中所处的位置（即系统点）。首先要确定系统的总组成，在组成点做垂线，然后根据题目所给温度做水平结线，垂线与水平结线的交点即系统点。根据系统点落在什么区域，确定系统的相态。明确各相的组成只需要看气相和液相的点所对应的横坐标，要计算各相中 A 和 B 的含量，则需要先使用杠杆规则，再根据系统的总物质的量（或总质量），求出各相的量。再结合相点的组成，就可以计算出 A 和 B 的物质的量（或质量）。

解：（1）A 的沸点为 323 K。

（2）①为气相线。

（3）$x_B=\dfrac{6\text{mol}}{(4+6)\text{mol}}=0.60$，当温度为 323 K 时，系统点处于完全互溶的液相区（图中 R 点），因此相态为 l_{A+B}，$F=C-P+1=2-1+1=2$。

（4）4 mol A 和 6 mol B 的混合物中，B 的摩尔分数 $x_B=0.6$。加热至 343 K 时，系统点处于气液两相平衡区的 E 点，见图 6-18(b)，气相组成由 D 点表示，气相当中 $x_B=0.4$，液相组成由 F 点表示，液相中 $x_B=0.8$。

根据杠杆规则：$n_g\overline{DE}=n_l\overline{EF}$，即 $n_g(0.6-0.4)=n_l(0.8-0.6)$

已知总物质的量 $n_g+n_l=10$ mol，解得 $n_g=5$ mol，$n_l=5$ mol

气相中 A 的含量 $n_{A,g}=n_g y_A=5$ mol$\times(1-y_B)=5$ mol$\times(1-0.4)=3$ mol

气相中 B 的含量 $n_{B,g}=n_g y_B=5$ mol$\times 0.4=2$ mol 或 $n_{B,g}=n_g-n_{A,g}=2$ mol

同理液相中 A 的含量 $n_{A,l}=n_l x_A=5$ mol$\times(1-x_B)=5$ mol$\times(1-0.8)=1$ mol

液相中 B 的含量 $n_{B,l}=n_l x_B=5$ mol$\times 0.8=4$ mol 或 $n_{B,g}=n_g-n_{A,g}=4$ mol

（5）当加热至温度为 353 K 时，全部气化。液相组成由 L 点表示，液相中 $x_B=0.9$。

例 10 A-B 二组分液态部分互溶系统的气-液平衡相图如图 6-19(a)：

（1）标明各区域中的稳定相；

（2）将 14.4 kg 纯 A 液体和 9.6 kg 纯 B 液体混合后加热，当温度 t 无限接近 t_1（$t=t_1-\mathrm{d}t$）时，有哪几个相平衡共存？各相的质量是多少？

(3) 当温度 t 刚刚离开 t_1 ($t=t_1+dt$) 时有哪几个相平衡共存？各相的质量各是多少？

解：(1) 各区域中的稳定相如图 6-19(b) 所示。

(2) 系统总组成 $w_B = \dfrac{9.6}{9.6+14.4} = 0.40$

当 $t=t_1-dt$ 时，两液相 l_1 和 l_2 平衡共存。l_1 和 l_2 两相的组成分别为 M 点和 N 点横坐标。

根据杠杆规则：$m_{l_1}\overline{MS} = m_{l_2}\overline{SN}$，即 $m_{l_1}(0.40-0.20) = m_{l_2}(0.80-0.40)$

又 $m_{l_1}+m_{l_2}=24$ kg，解得 $m_{l_1}=16$ kg，$m_{l_2}=8$ kg

(3) 当 $t=t_1+dt$ 时，液相 l_1 和气相 g_E 共存。此两相的组成分别为 M 点和 E 点横坐标。

根据杠杆规则：$m_{l_1}\overline{MS} = m_{l_2}\overline{SE}$，即 $m_{l_1}(0.40-0.20) = m_{l_2}(0.60-0.40)$

又 $m_{l_1}+m_{l_2}=24$ kg，解得 $m_{l_1}=12$ kg，$m_{l_2}=12$ kg

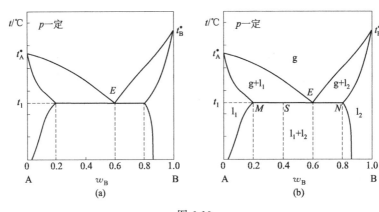

图 6-19

例 11 水-异丁醇系统液相部分互溶。在 101.325 kPa 下，系统的共沸点为 89.7 ℃。气（G）、液（L_1）、液（L_2）三相平衡的组成 $w_{异丁醇}$ 依次为：70.0%、8.7%、85.0%。今由 350 g 水和 150 g 异丁醇形成的系统在 101.325 kPa 下由室温加热，问：

(1) 温度刚要达到共沸点时 ($t=89.7-dt$)，系统处于相平衡时存在哪些相？其质量各为多少？

(2) 当温度由共沸点刚有上升趋势时，系统处于相平衡时存在哪些相？其质量各为多少？

解： 根据题意，绘制相图示意图，如图 6-20 所示，系统总组成为：

$$w_{异丁醇} = \dfrac{m_{异丁醇}}{m_{异丁醇}+m_{水}} \times 100\% = \dfrac{150 \text{ g}}{150 \text{ g}+350 \text{ g}} \times 100\% = 30\%$$

故系统点落于 a 线上。

(1) 当温度刚要达到共沸点时，系统中无气体存在，只存在两共轭液相，即水相 l_1（含异丁醇 8.7%）和异丁醇相 l_2（含异丁醇 85.0%）。两相组成与图中相点 L_1、L_2 的组成近似相等。

根据杠杆规则，$m_{l_1}\overline{ML_1} = m_{l_2}\overline{ML_2}$，即 $m_{l_1}(30-8.7) = m_{l_2}(85-30)$，又 $m_{l_1}+m_{l_2}=500$ g，

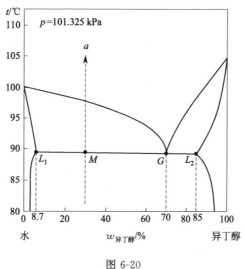

图 6-20

解得 $m_{l_1}=360.4$ g,$m_{l_2}=139.6$ g。

(2) 当温度由共沸点刚有上升趋势时,系统为水相 l_1(含异丁醇 8.7 %)和气相 g(含异丁醇 70.0 %)两相平衡共存。可近似用 L_1、G 点横坐标表示两相组成。

根据杠杆规则,$m_{l_1}\overline{ML_1}=m_g\overline{MG}$,即 $m_{l_1}(30-8.7)=m_g(70-30)$,又 $m_{l_1}+m_g=500$ g,解得 $m_{l_1}=326.27$ g,$m_g=173.73$ g。

例 12 A 和 B 固态时完全不互溶,101325 Pa 时 A(s) 的熔点为 30 ℃,B(s) 的熔点为 50 ℃,A 和 B 在 10 ℃ 具有最低共熔点,其组成为 $x_B=0.4$。

(1) 画出该系统的温度-组成图(t-x_B 图);

(2) 根据画出的 t-x_B 图,试列表回答由 2 mol A 和 8 mol B 组成的该系统,在 5 ℃、30 ℃、50 ℃ 时的相数、相态及成分、各相的物质的量及系统所在相区的自由度。

思路:首先画出坐标轴,纵坐标为 t,横坐标为 x_B,x_B 自左向右变大。在图中标出 A 与 B 的熔点。图中 D 点($x_B=0$,$t=30$ ℃)为 A 的熔点。图中 K 点($x_B=1$,$t=50$ ℃)为 B 的熔点。图中 E 点($x_B=0.4$,$t=30$ ℃)为 A 和 B 的低共熔点。因为 A 和 B 固态时完全不互溶,所以过 E 点画一条水平线段 QF,Q 点 $x_B=0$,F 点 $x_B=1$。将 D、E、K 这几个特殊点连接,得到温度-组成图(t-x_B 图),如图 6-21 所示。

解:(1) 如图 6-21。

(2) 系统组成 $x_B=\dfrac{8}{2+8}=0.8$

5 ℃ 时,系统点在 O_1 点处,处在两相区,两相点分别为 M_1、N_1 点,相态及成分分别为 s(A)、s(B)。

根据杠杆规则,$n_s(A)\overline{M_1O_1}=n_s(B)\overline{O_1N_1}$,即 $n_s(A)(0.8-0)=n_s(B)(1.0-0.8)$,整理得 $4n_s(A)=n_s(B)$;又 $n_s(A)+n_s(B)=10$ mol

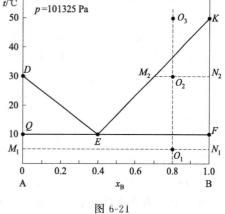

图 6-21

根据以上两式，可得 $n_s(A)=2$ mol，$n_s(B)=8$ mol
$$F=C-P+1=2-2+1=1$$

30 ℃时，系统点在 O_2 点处，处在两相区，两相点分别为 M_2、N_2 点，相态及成分分别为 s(B)、l(A+B)。

根据杠杆规则 $n_l(A+B)\overline{M_2O_2}=n_s(B)\overline{O_2N_2}$，

即 $n_l(A+B)(0.8-0.7)=n_s(B)(1.0-0.8)$，整理得 $n_l(A+B)=2n_s(B)$；又 $n_l(A+B)+n_s(B)=10$ mol

根据以上两式，可得 $n_l(A+B)=6.67$ mol，$n_s(B)=3.33$ mol。
$$F=C-P+1=2-2+1=1$$

50 ℃时，系统点在 O_3 点处，处在单相区，相态及成分为 l(A+B)。
$$F=C-P+1=2-1+1=2$$

结果列表如下：

t/℃	P	相态及成分	各相的量	F
5	2	s(A),s(B)	$n_s(A)=2$ mol，$n_s(B)=8$ mol	1
30	2	s(B),l(A+B)	$n_l(A+B)=6.67$ mol，$n_s(B)=3.33$ mol	1
50	1	l(A+B)	$n_l(A+B)=10$ mol	2

例 13 如图 6-22 所示，在 101325 Pa 下，A-B 二组分液态完全互溶、固态完全不互溶，其低共熔混合物中含 B 的质量分数为 60%。今有含 B 的质量分数为 40% 的液体混合物 180 g，试计算：(1) 冷却时最多可得到纯 A(s) 多少克？(2) 三相平衡时，若低共熔混合物的质量为 60 g，与其平衡的 A(s)、B(s) 各多少克？

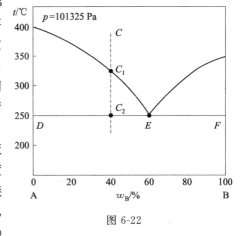

图 6-22

解：(1) 因为含 B 的质量分数为 40% 的混合液冷却至 C_1 点时，开始析出纯 A(s)，以后随着温度的降低，析出 A(s) 的量不断增加，当冷却至无限接近于三相线的温度时，即在纯 B(s) 还未析出之前，得到的纯 A(s) 的量最多。根据杠杆规则 $m_s(A)\overline{DC_2}=m_l(A+B)\overline{C_2E}$，即 $m_s(A)(0.4-0)=m_l(A+B)(0.6-0.4)$，又 $m_s(A)+m_l(A+B)=180$ g，解得 $m_s(A)=60$ g。即冷却含 B 的质量分数为 40% 的混合液最多可得纯 A(s) 60 g。

(2) 三相平衡时，低共熔混合液的质量为 60 g，这意味着 180 g 液态混合物中，已析出 120 g 固体，其中接近三相线即纯 B(s) 未析出时，就已析出 60 g 纯 A(s)，另外 60 g 固体就是到达三相线时析出的 A(s) 和 B(s) 混合物，设这 60 g 固体混合物中含 A(s) 和 B(s) 的质量分别为 $m'_s(A)$ 和 $m'_s(B)$，则根据杠杆规则有 $m'_s(A)(0.6-0)=m'_s(B)(1-0.6)$，又 $m'_s(A)+m'_s(B)=60$ g，

解得 $m'_s(A)=24$ g，$m'_s(B)=36$ g。

因此三相共存时，$m_s(A)=m'_s(A)+60=84$ g；$m_s(B)=36$ g。

例 14 在一定压力下，固体 A、B 的熔点分别为 700 ℃、1000 ℃，A、B 在固态时完全不互溶，且二者不生成化合物。在 500 ℃时，有 $w_A=0.20$ 和 $w_A=0.50$ 溶液分别与固相成平衡，粗略地画出此系统的相图，并在相图右边相应位置画出 $w_B=0.20$ 时温度由 800 ℃

冷却至液相完全消失后的步冷曲线。

思路：以 w_B 为横坐标，t 为纵坐标，画 A-B 二组分系统的温度-组成图，如图 6-23 所示。将纯 A 熔点、纯 B 熔点，500 ℃时组成为 $w_A=0.50$（即 $w_B=0.50$）和 $w_A=0.20$（即 $w_B=0.80$）的相点描出，并用依次用字母 J、K、M、N 标注。分别用平滑曲线将 J、M 点连接并延长，K、N 点连接并延长。两条延长线交于 O 点。因为 A、B 在固态时完全不互溶，且二者不生成化合物，所以过 O 点画一条水平线 DE。

解：(1) 相图示意图见图 6-23(a)。

(2) $w_B=0.20$ 的系统自 800 ℃降温冷却至液相消失的过程，步冷曲线见图 6-23(b)，其形状为 1 个拐点，1 个平台。

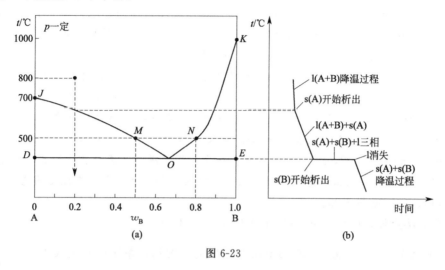

图 6-23

例 15 如图 6-24(a) 为定压的 As-Pb 凝聚系统相图，试根据相图：(1) 绘制 w_{Pb} 为 0、0.60 和 0.98 的熔融物的步冷曲线，并标出 $w_{Pb}=0.60$ 的熔融物在冷却过程中相的变化；

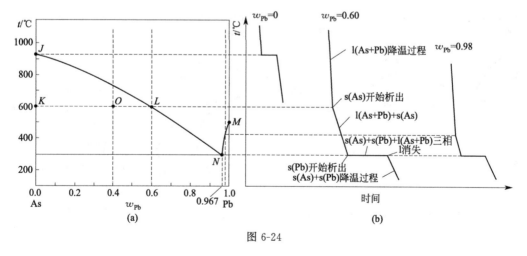

图 6-24

(2) 从图 6-24(a) 上找出由 100 g 固态砷与 200 g $w_{Pb}=0.60$ 的液相平衡共存系统的系统点，并说明系统的组成。

解：(1) 详见图 6-24(b)；

(2) 由 $w_{Pb}=0.60$ 可知，两相平衡时，液相点为图 6-24(a) 中 L 点。由图可知，固液两相平衡时,平衡温度为 600 ℃,固相点为图中 K 点。液相中含有 Pb 的质量为 $m_{Pb}=200$ g $\times 0.6=120$ g。

系统的总组成 $w_{Pb}=\dfrac{m_{Pb}}{m_1+m_s}=\dfrac{120}{200+100}=0.4$

在图 6-24(a) 中以字母 $O(w_{Pb}=0.40, t=600 ℃)$ 表示系统点。

例 16 A 的熔点为 770 ℃。B 的熔点为 726 ℃。A 和 B 可以生成分子比为 1∶1 的化合物 AB,其熔点为 758 ℃,化合物 AB 在熔化时液相组成与固相组成相同。A、B 两种物质与化合物 AB 均在固态时完全不互溶,且可形成两种低共熔混合物。低共熔混合物的组成分别为 $x_B=0.2$ 和 $x_B=0.8$,此两个低共熔物的熔点均为 700 ℃。(1) 绘出 A-B 二组分系统液-固相图;(2) 标明图中各区的相态;(3) 应用相律说明该体系在低共熔点的条件自由度;(4) 800 ℃时,由 2 mol A 和 18 mol B 组成的熔融物由 M 点冷却至无限接近 700 ℃时,系统是哪几相平衡?各相的组成是什么?各相物质的量是多少?

思路: 以 T 为纵坐标、摩尔分数 x_B 为横坐标,画 T-x 图,x_B 自左至右增大,分别标出 A 和 B 的熔点。找到化合物 AB 在横坐标的位置 ($x_B=0.5$),向上做垂线,止于其熔点温度 758 ℃。因为化合物 AB 分别与 A、B 形成两个低共熔物,低共熔点均为 700 ℃。所以在 700 ℃处做水平线,左边与代表 A 的垂线相交,右边与代表 B 的垂线相交。标出 $x_B=0.2, t=700 ℃$ 和 $x_B=0.8, t=700 ℃$ 的低共熔点,用平滑曲线连接相应的点,就可以绘出相图,如图 6-25 所示。指出相态就是说明该区有哪几个相,注明是液态还是固态。

解: (1)、(2) 见图 6-25。

(3) 低共熔点处,$P=3, F=C-P+1=2-3+1=0$

(4) 800 ℃时,由 2 mol A 和 18 mol B 组成的熔融物,系统的总组成为 $x_B=\dfrac{18}{18+2}=0.9$。此时系统点为图 6-25 中 M 点。熔融物降温至无限接近 700 ℃时,系统为液-固两相平衡,液相组成为 $x_B=0.8$。

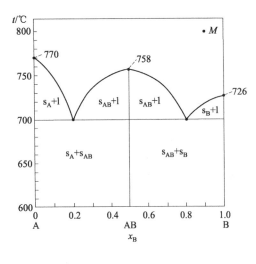

图 6-25

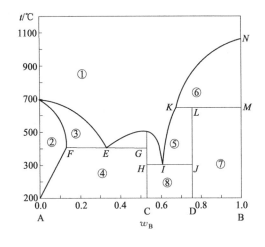

图 6-26

根据杠杆规则,$n_{s_B}+n_l=20$ mol;$\dfrac{n_{s_B}}{n_l}=\dfrac{0.9-0.8}{1-0.9}=1$

解上述方程组得：$n_{s_B}=10$ mol；$n_l=10$ mol。

例 17 A-B 二组分凝聚系统相图如图 6-26 所示：
(1) 标出①~⑧各区的稳定相态；
(2) 写出各三相线上的相平衡关系。

分析： 相图的形状多种多样，有的是真实存在的，有的是虚构的，是由各种简单图形组合起来的。认识相图要抓住特征。例如，有稳定化合物生成时，T-x 图中必有一条垂线，在升温过程中组成不变直到熔化，与液相组成线的交点就是稳定化合物的熔点。若延长这条垂线，可以把相图一分为二。如果生成的是不稳定化合物，则垂线还未达到溶液区，就终止于某一温度下的一条水平三相线，这水平线对应的温度就是不稳定化合物的分解温度，或称其为不相合熔点。到这个温度，不稳定化合物分解成与其本身组成不同的一个液相和另一个固相，而且液相组成点不在三相线的中间，而是处于三相线靠近液相的一端。在本题中，C 是稳定化合物，D 是不稳定化合物。

对于复杂相图，读图时先将其分解成基本类型的相图，把每个基本相图读懂，则整个相图就可以读懂了。本相图可以分解成 2 个基本类型的相图：左侧为 A、C（或 A、B）二组分在固态时部分互溶系统的相图，右侧为 C、B（或者 A、B）二组分固态完全不互溶，生成不相合熔点化合物 D 的相图。

解： (1) 各区域稳定相态为 ①$l_{(A+B)}$；②$s_{(A+B)}$；③$l_{(A+B)}+s_{(A+B)}$；④$s_{(A+B)}+s_C$；⑤$s_D+l_{(A+B)}$；⑥$s_B+l_{(A+B)}$；⑦s_B+s_D；⑧s_C+s_D；

(2) FEG 线：$s_{(A+B)}+s_C \rightleftharpoons l_{E,(A+B)}$；
HIJ 线：$s_C+s_D \rightleftharpoons l_{I,(A+B)}$；
KLM 线：$s_B+l_{K,(A+B)} \rightleftharpoons s_D$。

例 18 A、B 二组分凝聚系统相图如图 6-27(a) 所示，图中 C、D 为 A、B 所形成的化合物，组成 w_B 分别为 0.52 及 0.69，A、B 的摩尔质量分别为 108 g·mol^{-1} 和 119 g·mol^{-1}。

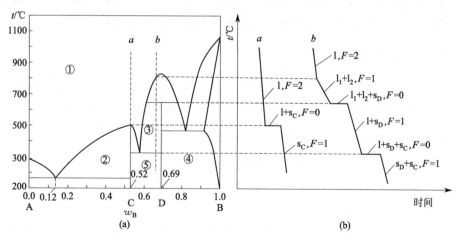

图 6-27

(1) 标出①~⑤各区的相态及成分；
(2) 确定在 C、D 点形成化合物的分子式；
(3) 作 a、b 组成点的步冷曲线并标出自由度数及相变化；

(4) 将 1 kg $w_B=0.40$ 的熔融体冷却，可得何种纯固体物质？计算最大值，指明反应控制在什么温度？

解：(1) 如图 6-27(a) 所示：①$l_{(A+B)}$；②$l_{(A+B)}+s_C$；③$l_{(A+B)}+s_D$；④$s_{(A+B)}+s_D$；⑤s_D+s_C。

(2) 设化合物 C 的分子式为 A_xB_y，根据题意，有

$$w_B=\frac{yM_B}{xM_A+yM_B}=\frac{y\times 119 \text{ g·mol}^{-1}}{[x\times 108+y\times 119]\text{ g·mol}^{-1}}=0.52$$

解得 x 和 y 的最简整数比为 1∶1，因此化合物 C 的分子式为 AB。

同理可得化合物 D 的分子式为 AB_2。

(3) 解答如图 6-27(b) 所示。

(4) 将 1 kg $w_B=0.40$ 的熔融体冷却，可得纯 C 固体，且温度降至趋近 200 ℃时所得固体量最大。根据杠杆规则，可得 $m_{s_C}(0.52-0.40)=m_l(0.40-0.12)$，又 $m_{s_C}+m_l=1$ kg，解得

$$m_{s_C}=0.7 \text{ kg}$$

（二）提高篇例题

例 1 A、B 二组分在液态完全互溶，已知组分 A、B 在 101.325 kPa 下的沸点分别为 90 ℃和 80 ℃。在该压力下，若将 8 mol A 和 2 mol B 混合液加热到 60 ℃时产生第一个气泡，其组成为 $y_B=0.40$，继续加热到 70 ℃时剩下最后一滴液体，其组成为 $x_B=0.10$；若将 3 mol A 和 7 mol B 混合气体冷却到 65 ℃时产生第一滴液体，其组成为 $x_B=0.90$，继续冷却到 52 ℃时剩下最后一个气泡，其组成为 $y_B=0.54$。（1）试绘出此二组分系统在 101.325 kPa 下的沸点-组成图，并标出各相区稳定相；（2）求 8 mol B 和 2 mol A 的混合物，在 65 ℃，101.325 kPa 下，平衡气相的物质的量；（3）此混合物能否用简单精馏的方法分离为纯 A 组分与纯 B 组分？

解：首先根据题意，确定两系统组成 x_1 和 x_2，并确定两系统在不同温度下的相点，再分别连接所有气相点和液相点，即可绘出气相线及液相线，从而得到相图。

(1) 系统 1：系统总组成 $x_1=\dfrac{2}{2+8}=0.20$

60 ℃时，液相组成 $x_B=0.20$（相点 L_1），气相组成 $y_B=0.40$（相点 G_1）。

70 ℃时，液相组成 $x_B=0.10$（相点 L_2），气相组成 $y_B=0.20$（相点 G_2）。

系统 2：组成 $x_2=\dfrac{7}{3+7}=0.7$

65 ℃时，液相组成 $x_B=0.90$（相点 L_3），气相组成 $y_B=0.70$（相点 G_3）。

52 ℃时，液相组成 $x_B=0.70$（相点 L_4），气相组成 $y_B=0.54$（相点 G_4）。

A 的沸点为图 6-28 中的 D 点，B 的沸点为 E 点。

将 A、B 沸点及所有气相点 G 连接得到气相线。将 A、B 沸点及所有液相点 L 连接得到液相线。对于总组成 $x_B=0.20$ 的系统 1，$x_B<y_B$；对于总组成 $x_B=0.70$ 的系统 2，$x_B>y_B$。由此，可推测 A、B 二组分系统气-液相图与理想情况偏差很大，存在最低恒沸点，且最低恒沸点温度应低于 52 ℃。以字母 O 表示最低恒沸点，在 O 点处气、液组成相等，绘制沸点-组成图，并标出相态，如图 6-28 所示。

(2) 8 mol B 和 2 mol A 形成的混合物，系统总组成为 $x_B=8/(8+2)=0.8$

65 ℃、101.325 kPa 时，系统点为图中 M 点，系统为气-液两相平衡状态。平衡共存的两个相点分别是 G_3 和 L_3。

根据杠杆规则，$n_g \overline{G_3 M} = n_l \overline{ML_3}$，整理得 $\dfrac{n_g}{n_l} = \dfrac{0.9-0.8}{0.8-0.7} = 1$

又 $n_g + n_l = 10$ mol，解得 $n_g = n_l = 5$ mol

(3) 因系统存在恒沸点（O 点），用简单精馏方法只能分离为纯 A 与恒沸混合物或纯 B 与恒沸混合物，不能分离为纯 A 组分与纯 B 组分。

例 2 二组分 A 和 B 在液态部分互溶。在 100 kPa 下，其气-液平衡相图如图 6-29 所示，已知 A 和 B 沸点分别为 120 ℃和 100 ℃，且 C、E、D 三个相点的组成分别为 $x_{B,C}=0.05$，$y_{B,E}=0.60$，$x_{B,D}=0.97$。试求解下列问题：(1) 说明图 6-29 中各相区及 CED 线所代表的相区的相数、聚集态及成分，条件自由度 F；(2) 计算 3 mol B 与 7 mol A 的混合物，在 100 kPa、80 ℃达成平衡时气、液两相的物质的量各为多少摩尔？(3) 假定平衡相点 C 和 D 所代表的两个溶液均可视为理想稀溶液。试计算 60 ℃时纯 A(l) 及 B(l) 的饱和蒸气压及该两溶液中溶质的亨利系数（浓度以摩尔分数表示）。

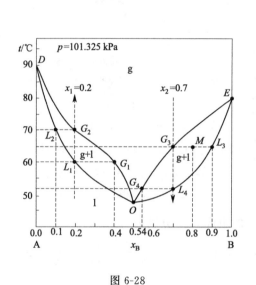

图 6-28

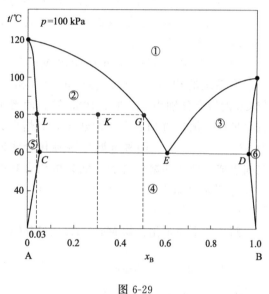

图 6-29

解：

(1) 结合相图，说明如下：

类型	区号	相数 P	聚集态及成分	F
单相区	①	1	$g_{(A+B)}$	2
	⑤		$l_{1(A+B)}$	
	⑥		$l_{2(A+B)}$	
两相区	②	2	$l_{1(A+B)} + g_{(A+B)}$	1
	③		$g_{(A+B)} + l_{2(A+B)}$	
	④		$l_{1(A+B)} + l_{2(A+B)}$	
三相线	CED	3	$l_C + g_E + l_D$	0

(2) 系统总组成 $x_B = \dfrac{3}{3+7} = 0.3$

因此，在 100 kPa、80 ℃下，系统点为图 6-29 中 K 点，液相点为 L 点，气相点为 G

点，根据杠杆规则，$n_{l_1}\overline{LK} = n_g\overline{KG}$，整理得 $\dfrac{n_g}{n_{l_1}} = \dfrac{0.5-0.3}{0.3-0.03} = 0.74$

又 $n_g + n_{l_1} = 10$ mol，解得 $n_g = 5.7$ mol；$n_{l_1} = 4.3$ mol

（3）对于溶液 C：

溶剂 A 的分压 $p_A = p_A^* x_A = p y_{A,E}$，即 $p_A^* \times 0.95 = 100$ kPa $\times 0.4$，则 $p_A^* = 42.1$ kPa；

溶质 B 的分压 $p_B^* = k_{x,B} x_B = p y_{B,E}$，即 $k_{x,B} \times 0.05 = 100$ kPa $\times 0.6$，则 $k_{x,B} = 1200$ kPa。

对于溶液 D：

溶剂 B 的分压 $p_B^* = p_B^* x_B = p y_{B,E}$，即 $p_B^* \times 0.97 = 100$ kPa $\times 0.6$，则 $p_B^* = 61.9$ kPa；

溶质 A 的分压 $p_A^* = k_{x,A} x_A = p y_{A,E}$，即 $k_{x,B} \times (1-0.97) = 100$ kPa $\times 0.4$，则 $k_{x,A} = 1333$ kPa。

说明：(3) 为结合多组分系统热力学与相图两章的综合型试题，通过该题的求解，利于更透彻地理解多组分系统的性质。

例 3 利用下列数据，粗略绘出 Mg-Cu 二组分凝聚系统的相图，并标出各区的稳定相。Mg 与 Cu 的熔点分别为 648 ℃、1085 ℃。两者可形成两种稳定化合物 Mg_2Cu、$MgCu_2$，其熔点分别为 580 ℃、800 ℃。两种金属与两种化合物四者之间形成三种低共熔化合物。低共熔化合物的组成 w_{Cu} 及低共熔点对应为 35%，380 ℃；66%，560 ℃；90.6%，680 ℃。

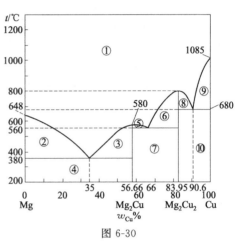

图 6-30

①区：l；②区：$s_{Mg}+l$；③区：$l+s_{Mg_2Cu}$；
④区：$s_{Mg}+s_{Mg_2Cu}$；⑤区：$l+s_{Mg_2Cu}$；⑥区：$l+s_{MgCu_2}$；
⑦区：$s_{MgCu_2}+s_{Mg_2Cu}$；⑧区：$l+s_{MgCu_2}$；
⑨区：$l+s_{Cu}$；⑩区：$s_{MgCu_2}+s_{Cu}$。

解：两个稳定化合物 Mg_2Cu(1)、$MgCu_2$(2) 的组成 w_{Cu} 分别为

$$w_{Cu,1} = \dfrac{63.546}{2\times 24.305 + 63.546} \times 100\% = 56.66\%; \quad w_{Cu,2} = \dfrac{2\times 63.546}{24.305 + 2\times 63.546} \times 100 = 83.95\%,$$ 所绘相图如图 6-30。

五、概念练习题

（一）填空题

1. 只受环境温度和压力影响的二组分平衡系统，可能出现的最多相数为_____，最大自由度为_____。

2. 在恒压下，酚与水混合形成相互饱和的两个液层，该平衡系统的独立组分数 $C=$_____，相数 $P=$_____，自由度数 $F=$_____。

3. 把 $NaHCO_3$ 放在一抽空的容器中，加热分解并达到平衡：
$$2NaHCO_3(s) \rightleftharpoons Na_2CO_3(s) + CO_2(g) + H_2O(g)$$
该系统的独立组分数为_____，相数为_____，自由度数为_____。

4. $FeCl_3$ 和 H_2O 形成四种水合物：$FeCl_3 \cdot 6H_2O$、$2FeCl_3 \cdot 3H_2O$、$FeCl_3 \cdot 5H_2O$、$FeCl_3 \cdot$

$2H_2O$,该系统的独立组分数为_____,在恒压下,最多能有_____相共存。

5. 单组分相图中,每一条线表示两相平衡时系统的_____和_____之间的关系,这种关系遵守克拉佩龙方程。

6. 如下所示水的相图中,_____线是水的蒸发曲线;_____线是冰的融化曲线,_____线是冰的升华曲线,O 点是水的_____点。

7. 已知水的平均汽化热为 $40.67 kJ \cdot mol^{-1}$,若压力锅允许的最高温度为 423 K,此时压力锅内的压力为_____kPa。

8. 在三相点附近的温度范围内,$TaBr_3$ 固体和液体的蒸气压方程为 $\lg \dfrac{p}{Pa} = 14.691 - \dfrac{5650}{T/K}$ 和 $\lg \dfrac{p}{Pa} = 10.291 - \dfrac{3265}{T/K}$,则 $TaBr_3$ 三相点的温度为_____。

9. 二组分理想液态混合物的恒温 p-$x_B(y_B)$ 相图,最显著的特征是液相线为_____。

10. 完全互溶的二组分液体混合物,在 T-x 相图中出现最高点,即最高恒沸点,此点组成的混合物称为_____。则该混合物对拉乌尔定律有较大的_____(填正或负)偏差,最高点的自由度 $F=$_____。

(二) 选择题

1. $AlCl_3$ 加入水中形成的系统,其独立组分数 C 是_____。
A. 2   B. 3   C. 4   D. 5

2. 在 $N_2(g)$、$O_2(g)$ 系统中加入固体催化剂,生成几种气态氮的氧化物,系统的自由度数 $F=$_____。
A. 1   B. 2   C. 3   D. 随生成氧化物数目而变

3. 水煤气发生炉中,共有 $C(s)$、$H_2O(g)$、$CO(g)$、$CO_2(g)$ 和 $H_2(g)$ 五种物质,它们之间发生以下反应:
$$CO_2(g) + C(s) \Longleftrightarrow 2CO(g); H_2O(g) + C(s) \Longleftrightarrow H_2(g) + CO(g)$$
$$CO_2(g) + H_2(g) \Longleftrightarrow CO(g) + H_2O(g)$$
则此系统的组分数和自由度数分别为_____。
A. 5 和 3   B. 4 和 3   C. 3 和 3   D. 3 和 2

4. 碳酸钠与水可形成三种水合物:$Na_2CO_3 \cdot H_2O$、$Na_2CO_3 \cdot 7H_2O$ 和 $Na_2CO_3 \cdot 10H_2O$,则在 101.325 kPa 下,能与碳酸钠水溶液、冰共存的含水盐最多可以有_____种。
A. 0   B. 1   C. 2   D. 3

5. 关于相律的适用条件，下列说法较准确的是_____。

A. 封闭系统　　　B. 敞开系统　　　C. 多相平衡系统　　D. 平衡系统

6. 相图与相律的关系是_____。

A. 相图由相律推导得出　　　　　　B. 相图由实验结果绘制，与相律无关

C. 相图决定相律　　　　　　　　　D. 相图由实验结果绘制，相图不能违背相律

7. 组分物质的熔点温度_____。

A. 是常数　　　　　　　　　　　　B. 仅是压力的函数

C. 同时是压力和温度的函数　　　　D. 是压力和其他因素的函数

8. 有关水的相图，下列叙述中错误的是_____。

A. 三相点的温度是 273.15 K，压力是 0.610 kPa

B. 三相点的温度和压力仅由系统决定，不能任意改变

C. 水的冰点的温度是 273.15 K，压力是 101.325 kPa

D. 三相点的自由度数 $F=0$，而冰点的 $F=1$

9. 对于恒沸混合物，下列说法中错误的是_____。

A. 不具有确定组成　　　　　　　　B. 平衡时气相组成和液相组成相同

C. 其沸点随外界的变化而变化　　　D. 与化合物一样具有确定组成

10. A(l) 和 B(l) 可形成理想液态混合物，若在一定温度 T 下，纯 A 和纯 B 的饱和蒸气压分别为 $p_A^* > p_B^*$，则在该二组分的蒸气压-组成图上的气、液两相平衡区，呈平衡的气、液两相的组成为_____。

A. $y_B > x_B$　　　B. $y_B < x_B$　　　C. $y_B = x_B$　　　D. 无关系

11. 某 4 种固体形成的均匀固溶体应是_____相。

A. 1　　　　　　　B. 2　　　　　　　C. 3　　　　　　　D. 4

12. 二组分合金处于低共熔温度时系统的条件自由度数是_____。

A. 0　　　　　　　B. 1　　　　　　　C. 2　　　　　　　D. 3

13. 组分 A 和 B 能形成以下 4 种稳定化合物：$A_2B(s)$、$AB(s)$、$AB_2(s)$、$AB_3(s)$。设所有这些化合物都有相合熔点，则此 A-B 凝聚系统的低共熔点最多有_____个。

A. 3　　　　　　　B. 4　　　　　　　C. 5　　　　　　　D. 6

（三）填空题答案

1. 4；3；2. 2；2；1；3. 2；3；1；4. 2；3；5. 温度；压力；6. OC；OA；OB；三相；7. 473.4；8. 542.05 K；9. 直线；10. 恒沸混合物；负；0。

（四）选择题答案

1. A；2. C；3. C；4. B；5. D；6. D；7. B；8. A；9. D；10. B；11. A；12. A；13. C。

第七章 电化学

一、基本要求

1. 正确理解法拉第定律，正确理解离子迁移数。
2. 熟练掌握电解质溶液的电导、电导率、摩尔电导率的定义、物理意义、单位及相互之间的关系，熟练掌握电导的测定、计算和应用，掌握离子独立运动定律及其计算。
3. 掌握电解质溶液的平均离子活度、平均离子活度因子及平均质量摩尔浓度的概念及计算；掌握离子强度的概念及计算，掌握德拜-休克尔极限公式及计算。
4. 熟练掌握可逆电极反应和可逆电池反应方程式的书写方法，熟练掌握可逆电池电动势、温度系数与原电池热力学函数 $\Delta_r G_m$、$\Delta_r S_m$、$\Delta_r H_m$ 和 $Q_{r,m}$ 之间的计算，熟练掌握能斯特方程计算原电池电动势及应用。
5. 了解电极的种类和原电池的设计。

二、核心内容

（一）电解质溶液

1. 法拉第定律

电解时电极上发生化学反应的物质的量与通过电解池的电荷量成正比，即 $Q = n_电 F$。式中，Q 表示通过电解池的电荷量；$n_电$ 表示电极反应得失电子的物质的量；F 为法拉第常数，一般计算时 $F = 96485$ C·mol^{-1} 或 $F \approx 96500$ C·mol^{-1}。如果电极反应的通式可写为：νM(氧化态) $+ ze^- \longrightarrow \nu$M(还原态) 或 νM(还原态) $\longrightarrow \nu$M(氧化态) $+ ze^-$，则法拉第定律可表示为 $Q = zF\xi$。式中，ξ 为电极反应的反应进度。

2. 离子的迁移数 (t)

某种离子的迁移数定义为该离子所运载的电流占总电流的分数。若溶液中只有一种阳离子和一种阴离子，则有

$$t_+ = \frac{I_+}{I}, \quad t_- = \frac{I_-}{I}, \quad 并有 \ t_+ + t_- = 1$$

在同一电池中，由于通电时间相同，电场强度相同，离子迁移数可表示为下式：

$$t_+ = \frac{Q_+}{Q} = \frac{\nu_+}{\nu_+ + \nu_-} = \frac{u_+}{u_+ + u_-}$$

t_- 也有相应的表达式。在只有一种电解质的溶液中，因为 $t_+ + t_- = 1$，所以计算出一种离子的迁移数，也就知道了另一种离子的迁移数。

3. 电导、电导率和摩尔电导率

（1）电导 G：$G = \dfrac{1}{R}$，式中，R 为电阻，单位是 Ω。G 是表征导体导电能力的物理量，单位是西门子，用 S 或 Ω^{-1} 表示。

（2）电导率 κ：$\kappa = G\dfrac{l}{A}$ （$S \cdot m^{-1}$），κ 为电导率，单位是 $S \cdot m^{-1}$，l 为导体的长度，单位是 m；A 为导体的截面积，单位是 m^2。电导率的含义是长 1 m、截面积为 1 m^2 的导体的电导，相当于边长为 1 m 的立方体的电导。

（3）电导池常数 K_{cell}：$K_{cell} = \dfrac{l}{A} = \kappa R$。

（4）摩尔电导率 Λ_m：$\Lambda_m = \dfrac{\kappa}{c}$，是把含有 1 mol 电解质的溶液置于相距为单位距离（1 m）的两个平行电极的电导池之中，这时所具有的电导。Λ_m 的单位是 $S \cdot m^2 \cdot mol^{-1}$，$c$ 为电解质溶液的浓度，单位是 $mol \cdot m^{-3}$，不是 $mol \cdot dm^{-3}$。在电导率定义中规定了电解质溶液导体的体积，但没有规定电解质的量，而摩尔电导率的定义正好相反。在表示电解质的摩尔电导率时，要注明物质的基本单元。

对于强电解质溶液，当浓度极稀时，摩尔电导率与浓度的平方根几乎呈线性关系，通常当浓度在 0.001 $mol \cdot dm^{-3}$ 以下时，摩尔电导率与浓度有如下关系：$\Lambda_m = \Lambda_m^\infty - A\sqrt{c}$，式中，$\Lambda_m^\infty$ 是溶液无限稀释时的摩尔电导率（极限摩尔电导率）。

（5）柯尔劳施离子独立运动定律

在无限稀释溶液中，离子彼此独立运动，互不影响，无限稀释电解质的摩尔电导率等于无限稀释时阴、阳离子的摩尔电导率之和。

如电解质为 $C_{\nu_+}A_{\nu_-}$ 类型，$\Lambda_m^\infty = \nu_+ \Lambda_{m,+}^\infty + \nu_- \Lambda_{m,-}^\infty$。式中，$\Lambda_{m,+}^\infty$、$\Lambda_{m,-}^\infty$ 分别为阳、阴离子的极限摩尔电导率；ν_+、ν_- 分别为阳、阴离子的化学计量数。

（6）电导测定的应用

① 计算弱电解质的解离度及解离平衡常数：对于 AB 型（1-1 型）弱电解质，若起始浓度为 c，则

$$\alpha = \dfrac{\Lambda_m}{\Lambda_m^\infty}, \quad K^\ominus = \dfrac{\alpha^2}{(1-\alpha)} \times \dfrac{c}{c^\ominus}$$

② 计算难溶盐的溶解度：一般难溶盐的溶解度都很小，其水溶液的电导率与纯水的电导率处在同一数量级，因此水的电导率不能忽略。另外，难溶盐水溶液的摩尔电导率 Λ_m 可以看作是无限稀释溶液的摩尔电导率 Λ_m^∞，即 $\Lambda_m \approx \Lambda_m^\infty$。

4. 离子平均活度 $a_\pm$ 与离子活度因子 $\gamma_\pm$

电解质溶液是非理想溶液，且以离子状态存在，所以在电化学的热力学计算中要用到离子的活度。然而，在溶液中，电解质的阴、阳离子不能单独存在，因而阴、阳离子不能分开研究。考虑到电解质溶液的性质是阴、阳离子共同作用的结果。因此，可以通过定义阴、阳

离子的平均活度来代替离子活度。

对于强电解质 $C_{\nu_+}A_{\nu_-}$，设在水中全部解离：$C_{\nu_+}A_{\nu_-} \longrightarrow \nu_+ C^{z+} + \nu_- A^{z-}$，

整体电解质活度 a_B：$a_B = a_+^{\nu_+} \cdot a_-^{\nu_-}$

平均离子活度 $a_\pm$、平均离子活度因子 $\gamma_\pm$、平均离子质量摩尔浓度 $b_\pm$ 的定义式分别如下：$a_\pm = (a_+^{\nu_+} \cdot a_-^{\nu_-})^{1/\nu}$；$\gamma_\pm = (\gamma_+^{\nu_+} \cdot \gamma_-^{\nu_-})^{1/\nu}$；$b_\pm = (b_+^{\nu_+} \cdot b_-^{\nu_-})^{1/\nu}$；其中 $\nu = \nu_+ + \nu_-$，则

$$a_B = a_+^{\nu_+} \cdot a_-^{\nu_-} = a_\pm^\nu, \quad 且 \ a_\pm = \gamma_\pm \times \frac{b_\pm}{b^\ominus}。$$

5. 离子强度与德拜-休克尔极限公式

（1）离子强度 I：溶液中每种离子的质量摩尔浓度 b_B 乘以该离子电荷数 z_B 的平方，所得诸项之和的一半称为离子强度。

$$I = \frac{1}{2} \sum b_B z_B^2$$

离子强度这个物理量能够综合表明在稀溶液范围内影响 $\gamma_\pm$ 大小的两个主要因素：浓度和价型。

（2）德拜-休克尔极限公式：$\lg \gamma_\pm = -A z_+ |z_-| \sqrt{I}$；式中，$z_+$、$z_-$ 分别是阴、阳离子的价数，25 ℃水溶液中 $A = 0.509 (\text{kg} \cdot \text{mol}^{-1})^{1/2}$，适用于强电解质稀溶液（$I \leqslant 0.01 \ \text{mol} \cdot \text{kg}^{-1}$）。

（二）原电池

1. 可逆电池

原电池利用两个电极的电极反应来产生电流。可逆电池的电动势与电池内发生的化学反应的热力学函数改变量有关。

根据热力学可逆过程的定义，电池进行可逆过程，必须具备以下条件：

（1）两个电极在充电时的电极反应必须是放电时的逆反应；

（2）电池必须在电流趋于无限小，即 $I \rightarrow 0$ 的状态下工作；

（3）电池内没有由液体接界电势等因素引起的真实过程的不可逆性。

同时满足以上条件的电池即为可逆电池。

2. 原电池图式

IUPAC 规定，用图式法表示电池时（如下所示），

$$\underbrace{\text{Pt} \mid \text{Cl}_2(p^\ominus) \mid \text{Cl}^-(a=0.1)}_{阳极} \| \underbrace{\text{Cl}^-(a'=0.001) \mid \text{Cl}_2(p^\ominus) \mid \text{Pt}}_{阴极}$$

应注意：

（1）要将原电池中发生氧化反应的阳极写在左边，发生还原反应的阴极写在右边。

（2）用实垂线"$|$"表示相界面，两液体之间的接界用单虚垂线"$\vdots$"表示，盐桥用"$\|$"表示（可以是实线，也可以是虚线），同一相中的物质用逗号隔开。

（3）电池电动势 E 等于电流趋近于零的极限情况下，图式表示中右侧的电极电势 $E_{右}$ 与左侧的电极电势 $E_{左}$ 的差值，即 $E = E_{右} - E_{左}$。

（4）各物质应注明其状态，溶液应注明浓度。

（5）应注明温度、压力，如不注明，一般指 298.15 K 和标准压力 $p^\ominus$。

3. 原电池热力学

(1) 可逆电动势与电池反应的吉布斯函数变：$\Delta_r G_m = -zFE$。

式中，E 为电池的电动势，单位是 V；z 为每摩尔电池反应得失电子的物质的量；F 的单位是 $C \cdot mol^{-1}$，$\Delta_r G_m$ 的单位是 $J \cdot mol^{-1}$。

(2) 原电池电动势的温度系数与摩尔电池反应的熵变之间的关系

$$\Delta_r S_m = -\left(\frac{\partial \Delta_r G_m}{\partial T}\right)_p = zF\left(\frac{\partial E}{\partial T}\right)_p$$

恒压下原电池电动势随温度的变化率 $(\partial E/\partial T)_p$，称为原电池电动势的温度系数。

(3) 由原电池电动势及电动势的温度系数计算电池反应的摩尔焓变

$$\Delta_r H_m = -zFE + zFT\left(\frac{\partial E}{\partial T}\right)_p$$

(4) 摩尔电池反应的可逆热：$Q_{r,m} = T\Delta_r S_m = zFT\left(\frac{\partial E}{\partial T}\right)_p$。

(5) 电池反应的能斯特方程：$cC + dD \longrightarrow gG + hH$，$E = E^{\ominus} - \frac{RT}{zF}\ln\frac{a_G^g a_H^h}{a_C^c a_D^d}$

能斯特方程表示一定温度下可逆电池的电动势与参与电池反应各组分的活度或逸度对电池电动势的影响。

(6) 标准电动势和平衡常数的关系：$E^{\ominus} = \frac{RT}{zF}\ln K^{\ominus}$。

4. 电极电势

(1) 标准氢电极：$Pt|H_2(g, 100\ kPa)|H^+[a(H^+)=1]$

其标准电势规定为零，即 $E^{\ominus}[H^+|H_2(g)] = 0$（任意温度下）。

(2) 任意电极的还原电极电势

对 $Pt|H_2(g, 100\ kPa)|H^+[a(H^+)=1]\|$待定电极，该电池的电动势为待定电极的电极电势，用 E(电极) 表示。这样定义的电极电势为还原电极电势。根据这个规定，如果电极上进行还原反应，E(电极) 为正值；若电极上进行氧化反应，E(电极) 为负值。

对于任意电极，以符号 O 表示氧化态、R 表示还原态，其电极反应为 $\nu_O O + ze^- \longrightarrow \nu_R R$，则

$$E(电极) = E^{\ominus}(电极) - \frac{RT}{zF}\ln\frac{[a(R)]^{\nu_R}}{[a(O)]^{\nu_O}}$$

式中，$E^{\ominus}$(电极) 为电极的标准电极电势；$a(O)$ 和 $a(R)$ 分别为指定电极反应氧化态物质及还原态物质的活度。

(3) 原电池电动势与电极电势的关系：$E = E_{右} - E_{左}$ 或 $E^{\ominus} = E_{右}^{\ominus} - E_{左}^{\ominus}$；式中，$E_{右}$、$E_{右}^{\ominus}$ 分别为阴极的电极电势及其标准电极电势；$E_{左}^{\ominus}$ 分别为阳极的电极电势及其标准电极电势。

三、基本概念辨析

1. 电子导体（金属）和离子导体（电解质溶液）的导电本质有何不同？电解质溶液导

电的特点是什么？

答：电子导体导电的本质是导体中自由电子的定向移动，电解质溶液导电的本质是溶液中离子的定向移动。电解质溶液导电的特点是：① 在电场作用下正、负离子向相反方向移动而导电，导电总量分别由正、负离子分担；② 在导电过程中电极上发生化学反应；③ 温度升高，溶液电阻下降，导电能力增大。

2. 为什么要提出离子迁移数概念？

答：某种离子的迁移数表示该种离子所传递的电量占通过溶液总电量的分数，此数值对研究电解过程、减少电化学测量中的液接电势等很有意义，因为由迁移数的大小可以判断正负离子所输送的电量、电极附近浓度发生变化的情况等。另外，离子迁移数是可以测量的，因为某种离子迁移数也可看成该种离子的导电能力占电解质总导电能力的百分数，所以根据测得的迁移数，可以求出离子的极限摩尔电导率。

3. 为什么正离子中的氢离子和负离子中的氢氧根离子的电迁移率的数值最大？

答：因为氢离子和氢氧根离子传递电荷的方式与其他离子不同，它们传导电荷时离子本身并没有迁移，而是依靠氢键断裂与生成以及水分子的翻转，像接力赛跑那样来传导电荷，所以特别快。不过若在非水溶液中，氢离子和氢氧根离子就没有这个优势了。

4. 电解质溶液的导电能力与哪些因素有关？在表示溶液的导电能力方面，已经有了电导的概念，为什么还要引入摩尔电导率的概念？

答：电解质溶液的导电能力与温度、电解质溶液中的离子数目、单个离子荷电多少、离子迁移速率等因素有关。电导率可看成是 $1\ m^3$ 溶液的电导。电导率不能客观地比较不同电解质溶液导电能力的大小，因为 $1\ m^3$ 电解质溶液含有的离子数可能不同。为了更合理地比较不同电解质溶液的导电能力，引入了摩尔电导率。摩尔电导率是在相距为 $1\ m$ 的两个平行电极之间，放置含有 $1\ mol$ 电解质的溶液的电导，即 $1\ mol$ 溶质的电导率。

5. 既然有了离子活度和活度系数，什么要定义离子平均活度和平均活度因子？

答：由于不可能制备出只含正离子或负离子的电解质溶液，电解质溶液中正、负离子总是共同存在的，因此实验上不可能单独测定正离子或负离子的活度和活度系数，而只能测定它们的平均值，所以要定义离子平均活度和平均活度因子（都是几何平均数）。

6. 把化学反应能转变成电能的条件是什么？

答：把化学反应能转变成电能的条件是：(1) 该化学反应是氧化还原反应，或者是可以通过氧化还原的步骤来完成的反应，该化学反应在常温常压下能自发进行；(2) 要有两个电极等装置，使该化学反应能够分别通过正、负电极来完成；(3) 要有与两个电子电极（导体）建立电化学平衡的电解质溶液；(4) 要有其他必要的附属设备，组成一个完整的电路。

7. 氧化还原反应在电池中进行与在普通反应器中进行有什么不同之处？

答：不同之处有几点：(1) 从反应方式看，氧化还原反应在普通反应器中进行时，电子得失通过反应物直接接触进行，在电池中进行，电子得失通过电极和外电路间接进行；(2) 从能量转换看，氧化还原反应在普通反应器中自发进行时，化学能转换成热能，而在电池中进行时，化学能转换成电能；(3) 从热力学看，在电池中充电，环境做电功可使 $\Delta_r G_m > 0$ 的氧化还原反应进行，而在普通反应器中却不能；(4) 从动力学看，在电池中反应时，可以通过调节输出电压或外加电压大小来改变电池中氧化还原反应的速率或方向，而在普通反应器中却不能。

8. 为什么说单个电极的电极电势绝对值无法测量？而在处理电化学问题时只需要知道相对电极电势？标准氢电极的电极电势确实为零吗？

答：单个电极的电势绝对值就是其金属与电解质溶液界面的电势差的绝对值
以丹尼尔电池为例：

$$(-)\mathrm{Cu(s)|Zn(s)|ZnSO_4}(a_1)|\mathrm{CuSO_4}(a_2)|\mathrm{Cu(s)}(+)$$

$$\varphi_{接触} \quad \varphi_- \qquad\quad \varphi_{扩散} \qquad \varphi_+$$

$$E = \varphi_{接触} + \varphi_- + \varphi_{扩散} + \varphi_+$$

式中，φ_+ 表示金属铜与硫酸铜溶液之间的电势差，简称正极电势差；φ_- 表示金属锌与硫酸锌溶液之间的电势差，简称负极电势差；$\varphi_{接触}$ 是金属 Cu 导线与金属 Zn 的接触电势差；$\varphi_{扩散}$ 是硫酸铜溶液与硫酸锌溶液的液接电势差。这些都是它们的电极电势的绝对值，目前实验只能测量 $E = \varphi_{接触} + \varphi_- + \varphi_{扩散} + \varphi_+$，对单个电极的绝对电极电势无法测量。但这不影响电化学中用电极电势计算电池的电动势，由于绝对值不知道，可以用相对数值方法，像物质的标准生成焓、标准熵值那样，选定一个参考点，确定电极电势的相对值，有了电极电势的相对值，就可以计算电池电动势，所以说处理电化学问题时只需要知道相对电极电势就可以了。

标准氢电极的电极电势不是确实为零，以它作为参考点，是人为规定为零。

9. 什么叫液体接界电势？它产生的原因是什么？为何要消除它？

答：两种不同电解质，或者两种相同电解质但浓度不同，在它们液体接界面上出现双电层结构，产生电势差，这种电势差称液体接界电势，产生的原因是在液体接界面处，离子的迁移速率不同，两边离子扩散速率就不同，造成两边同种离子数量不等，电荷密度不同，电势不同，从而造成在界面两边存在电势差。

由于液体接界电势是离子扩散造成的，而扩散是不可逆过程，属于热力学不可逆范畴，要保持电池可逆性必须尽量设法消除它。用盐桥可降低液体接界电势，但并不能完全消除，一般能降至 1~2 mV，可忽略不计。

10. 根据同一个化学反应能否设计出不同的电池？若两个不同的可逆电池中发生同一个化学反应，试问（1）两个电池所做的电功是否相同？（2）两个电池的电池电动势是否相同？（3）两个电池放的电量是否一定相同？

答：同一个化学反应可以设计出不同的电池。例如 $H^+ + OH^- \Longrightarrow H_2O(l)$ 就可以设计成两个不同的可逆电池，$2Cu^+ \Longrightarrow Cu^{2+} + Cu(s)$ 可以设计成三个可逆电池。以反应 $2Cu^+ \Longrightarrow Cu^{2+} + Cu(s)$ 为例，可设计如下两个可逆电池，电池(1)：$Pt \mid Cu^+, Cu^{2+} \parallel Cu^+ \mid Cu$，阳极反应为 $Cu^+ - e^- \longrightarrow Cu^{2+}$，阴极反应为 $Cu^+ + e^- \longrightarrow Cu$；电池(2)：$Cu \mid Cu^{2+} \parallel Cu^+ \mid Cu$，阳极反应为 $Cu - 2e^- \longrightarrow Cu^{2+}$，阴极反应为 $2Cu^+ + 2e^- \longrightarrow 2Cu$。

(1) 两个电池所做的电功是相同的，因为反应的 $\Delta_r G_m$ 是一定的，$\Delta_r G_m = W(电)$。

(2) 两个电池的电池电动势不一定相同，例如上面的两个电池，电池(1) 的得失电子数 $z = 1$，电池(2) 的得失电子数 $z = 2$，依据公式 $\Delta_r G_m = -zFE$，两个电池的 z 不同，电池的电动势不同。

(3) 两个电池放的电量不一定相同，例如上面的两个电池，分别放电 $1F$ 和 $2F$。

四、例题

(一) 基础篇例题

例 1 25 ℃时，在某电导池中充以 0.01 mol·dm^{-3} 的 KCl 水溶液，测得其电阻为 112.3 Ω，若改充以同样浓度的溶液 x，测得其电阻为 2184 Ω。已知 25 ℃时 0.01 mol·dm^{-3} KCl

水溶液的电导率为 0.14114 S·m^{-1}，计算：(1) 电导池常数 K_{cell}；(2) 溶液 x 的电导率；(3) 溶液 x 的摩尔电导率（水的电导率可以忽略不计）。

解：(1) 电导池常数 $\quad K_{cell} = \kappa R = (0.14114 \times 112.3)$ m^{-1} = 15.85 m^{-1}

(2) 溶液 x 的电导率 $\quad \kappa = \dfrac{K_{cell}}{R} = \dfrac{15.85 \text{ m}^{-1}}{2184 \text{ }\Omega} = 7.257 \times 10^{-3}$ S·m^{-1}

(3) 溶液 x 的摩尔电导率 $\Lambda_m = \dfrac{\kappa}{c} = \dfrac{7.257 \times 10^{-3} \text{ S·m}^{-1}}{0.01 \times 10^3 \text{ mol·m}^{-3}} = 7.257 \times 10^{-4}$ S·m^2·mol^{-1}

例 2 某电导池先后充以浓度均为 0.001 mol·dm^{-3} 的 HCl、NaCl、NaNO$_3$ 三种溶液，分别测得电阻为 468 Ω、1580 Ω 和 1650 Ω。已知 NaNO$_3$ 溶液的摩尔电导率为 121×10^{-4} S·m^2·mol^{-1}，如不考虑摩尔电导率随浓度的变化，试计算：(1) 1 mol·m^{-3} NaNO$_3$ 溶液的电导率；(2) 电导池常数；(3) 此电导池充以 1 mol·m^{-3} HNO$_3$ 溶液时的电阻 R 及 HNO$_3$ 溶液的摩尔电导率。

解：(1) $\kappa(\text{NaNO}_3) = \Lambda_m(\text{NaNO}_3) c(\text{NaNO}_3)$
$\qquad\qquad\qquad = 0.0121 \text{ S·m}^2\text{·mol}^{-1} \times 1 \text{ mol·m}^{-3} = 0.0121$ S·m^{-1}

(2) $K_{Cell} = \kappa R = \Lambda_m c R = 0.0121 \times 1 \times 1650 = 19.96$ m^{-1}

(3) $\kappa(\text{HCl}) = \dfrac{K_{cell}}{R(\text{HCl})} = \left(\dfrac{19.965}{468}\right)$ S·m^{-1} = 0.04266 S·m^{-1}

$\quad \kappa(\text{NaCl}) = \dfrac{K_{cell}}{R(\text{NaCl})} = \left(\dfrac{19.965}{1580}\right)$ S·m^{-1} = 0.01264 S·m^{-1}

$\quad \kappa(\text{HNO}_3) = \kappa(\text{HCl}) + \kappa(\text{NaNO}_3) - \kappa(\text{NaCl}) = 0.0421$ S·m^{-1}

$\quad R(\text{HNO}_3) = K_{cell}/\kappa(\text{HNO}_3) = (19.96/0.0421) \Omega = 474$ Ω

$\quad \Lambda_m(\text{HNO}_3) = \kappa(\text{HNO}_3)/c = (0.0421/1)$ S·m^2·mol^{-1} = 0.0421 S·m^2·mol^{-1}

例 3 298 K 时，测得高度纯化的蒸馏水的电导率 $\kappa = 5.5 \times 10^{-6}$ S·m^{-1}，已知 $\Lambda_m^{\infty}(\text{H}^+) = 3.498 \times 10^{-2}$ S·m^2·mol^{-1}，$\Lambda_m^{\infty}(\text{OH}^-) = 1.980 \times 10^{-2}$ S·m^2·mol^{-1}。求 298 K 下高度纯化的蒸馏水的离子积常数？

解：高纯蒸馏水的 $\Lambda_m^{\infty} = \Lambda_m^{\infty}(\text{H}^+) + \Lambda_m^{\infty}(\text{OH}^-) = 5.478 \times 10^{-2}$ S·m^2·mol^{-1}，

由于水的解离度很小，在高纯蒸馏水中可以认为产生的 H$^+$ 和 OH$^-$ 处于无限稀释的状态。

$$c(\text{H}^+) = c(\text{OH}^-) = \dfrac{\kappa}{\Lambda_m^{\infty}} = \dfrac{5.5 \times 10^{-6}}{5.478 \times 10^{-2}} = 1.00 \times 10^{-4} \text{ mol·m}^{-3}$$

$$K_w = \left[\dfrac{c(\text{H}^+)}{c^{\ominus}}\right] \times \left[\dfrac{c(\text{OH}^-)}{c^{\ominus}}\right] = \left(\dfrac{c}{c^{\ominus}}\right)^2 = (1.00 \times 10^{-4})^2 \text{ mol}^2\text{·m}^{-6}$$
$$= 1.00 \times 10^{-8} \text{ mol}^2\text{·m}^{-6} = 1.00 \times 10^{-14} \text{ mol}^2\text{·dm}^{-6}$$

例 4 25 ℃将电导率为 0.141 S·m^{-1} 溶液装入一电导池中，测得其电阻为 525 Ω。在同一电导池中装入 0.1 mol·dm^{-3} 氨水，测得电阻为 2030 Ω。计算氨水的解离度 α 及解离常数 K。已知 $\Lambda_m^{\infty}(\text{NH}_4^+) = 73.5 \times 10^{-4}$ S·m^2·mol^{-1}，$\Lambda_m^{\infty}(\text{OH}^-) = 198 \times 10^{-4}$ S·m^2·mol^{-1}。

解：$K_{cell} = \kappa R_x = (0.141 \times 525)$ m^{-1} = 74.025 m^{-1}

$\quad \kappa(\text{NH}_3\cdot\text{H}_2\text{O}) = \dfrac{K_{cell}}{R_x} = \dfrac{74.025 \text{ m}^{-1}}{2030 \text{ }\Omega} = 3.65 \times 10^{-2}$ S·m^{-1}

$$\Lambda_m(NH_3 \cdot H_2O) = \frac{\kappa(NH_3 \cdot H_2O)}{c(NH_3 \cdot H_2O)} = \frac{3.65 \times 10^{-2}\ S \cdot m^{-1}}{100\ mol \cdot m^{-3}} = 3.65 \times 10^{-4}\ S \cdot m^2 \cdot mol^{-1}$$

$$\Lambda_m^\infty(NH_3 \cdot H_2O) = \Lambda_m^\infty(NH_4^+) + \Lambda_m^\infty(OH^-) = (73.5 + 198) \times 10^{-4}\ S \cdot m^2 \cdot mol^{-1}$$
$$= 271.5 \times 10^{-4}\ S \cdot m^2 \cdot mol^{-1}$$

$$\alpha = \frac{\Lambda_m}{\Lambda_m^\infty} = \frac{3.65 \times 10^{-4}\ S \cdot m^2 \cdot mol^{-1}}{271.5 \times 10^{-4}\ S \cdot m^2 \cdot mol^{-1}} = 0.01344$$

$$NH_3 \cdot H_2O \rightleftharpoons NH_4^+ + OH^-$$

起始 c 0   0

平衡 $c(1-\alpha)$ $c\alpha$ $c\alpha$

$$K^\ominus = \frac{c\alpha^2}{(1-\alpha)c^\ominus} = \frac{0.1 \times 0.01344^2}{1-0.01344} = 1.823 \times 10^{-5}$$

例 5 已知 25 ℃时，$PbSO_4(s)$ 的溶度积 $K_{sp}^\ominus = 1.60 \times 10^{-8}$，$1/2\ Pb^{2+}$ 和 $1/2\ SO_4^{2-}$ 无限稀释摩尔电导率分别为 $70 \times 10^{-4}\ S \cdot m^2 \cdot mol^{-1}$ 和 $79.8 \times 10^{-4}\ S \cdot m^2 \cdot mol^{-1}$，配制此溶液所用水的电导率为 $1.60 \times 10^{-4}\ S \cdot m^{-1}$。试计算 25 ℃ $PbSO_4$ 饱和溶液的电导率。

思路：以难溶盐的 $K_{sp}^\ominus$ 可以计算难溶盐水溶液的浓度 c，然后由难溶盐电导率和摩尔电导率、浓度之间的关系式 $\kappa(PbSO_4) = \Lambda_m^\infty(PbSO_4) \cdot c$，可得难溶盐的电导率。由于 $PbSO_4$ 的溶解度很小，因此水对盐溶液电导率的贡献不能忽略。即 $\kappa(溶液) = \kappa(PbSO_4) + \kappa(H_2O)$。

解：以 $PbSO_4(s)$ 为单位，$PbSO_4(s)$ 的摩尔电导率为

$$\Lambda_m^\infty(PbSO_4) = 2\Lambda_m^\infty(1/2\ Pb^{2+}) + 2\Lambda_m^\infty(1/2\ SO_4^{2-})$$
$$= (2 \times 70 + 2 \times 79.8) \times 10^{-4}\ S \cdot m^2 \cdot mol^{-1} = 299.6 \times 10^{-4}\ S \cdot m^2 \cdot mol^{-1}$$

$$K_{sp}^\ominus(PbSO_4) = \frac{c(Pb^{2+})}{c^\ominus} \times \frac{c(SO_4^{2-})}{c^\ominus}$$

求得 $PbSO_4$ 的溶解度 $c(Pb^{2+}) = c(SO_4^{2-}) = \sqrt{K_{sp}^\ominus c^\ominus} = 1.26 \times 10^{-4}\ mol \cdot dm^{-3}$

$$\kappa(PbSO_4) = \Lambda_m^\infty(PbSO_4) \cdot c = (299.6 \times 10^{-4} \times 1.26 \times 10^{-4} \times 10^3)\ S \cdot m^{-1}$$
$$= 37.70 \times 10^{-4}\ S \cdot m^{-1}$$

$$\kappa(溶液) = \kappa(PbSO_4) + \kappa(H_2O) = (37.7 + 1.6) \times 10^{-4}\ S \cdot m^{-1} = 39.3 \times 10^{-4}\ S \cdot m^{-1}$$

例 6 已知 25 ℃时，$0.05\ mol \cdot dm^{-3}\ CH_3COOH$ 溶液的电导率为 $3.68 \times 10^{-2}\ S \cdot m^{-1}$，计算 CH_3COOH 的解离度 α 及解离常数 $K^\ominus$，已知无限稀释离子摩尔电导率：$\Lambda_m^\infty(H^+) = 349 \times 10^{-4}\ S \cdot m^2 \cdot mol^{-1}$；$\Lambda_m^\infty(CH_3COO^-) = 40.9 \times 10^{-4}\ S \cdot m^2 \cdot mol^{-1}$。

解：
$$CH_3COOH \rightleftharpoons CH_3COO^- + H^+$$

平衡时 $c(1-\alpha)$ $c\alpha$ $c\alpha$

$$\Lambda_m = \frac{\kappa}{c} = \frac{3.68 \times 10^{-2}\ S \cdot m^{-1}}{0.05 \times 10^3\ mol \cdot m^{-3}} = 7.36 \times 10^{-4}\ S \cdot m^2 \cdot mol^{-1}$$

由已知条件 $\Lambda_m^\infty(H^+) = 349 \times 10^{-4}\ S \cdot m^2 \cdot mol^{-1}$，$\Lambda_m^\infty(CH_3COO^-) = 40.9 \times 10^{-4}\ S \cdot m^2 \cdot mol^{-1}$，得

$$\Lambda_m^\infty(CH_3COOH) = 349 \times 10^{-4} + 40.9 \times 10^{-4} = 389.9 \times 10^{-4}\ S \cdot m^2 \cdot mol^{-1}$$

$$\alpha = \frac{\Lambda_m^\infty}{\Lambda_m^\infty} = \frac{7.36 \times 10^{-4}}{389.9 \times 10^{-4}} = 0.01888$$

取 $c^\ominus = 1\ \mathrm{mol \cdot dm^{-3}}$，则 $K^\ominus = \dfrac{\alpha^2 \cdot c/c^\ominus}{1-\alpha} = \dfrac{(0.01888)^2 \times 0.05}{1-0.01888} = 1.801 \times 10^{-5}$

例 7 利用德拜-休克尔公式计算 $0.001\ \mathrm{mol \cdot kg^{-1}}\ \mathrm{La(NO_3)_3}$ 水溶液在 25 ℃时的离子平均活度因子 $\gamma_\pm$。

解： $I = \dfrac{1}{2}\sum b_\mathrm{B} z_\mathrm{B}^2 = \dfrac{1}{2} \times [0.001 \times 3^2 + (3 \times 0.001) \times (1)^2]\ \mathrm{mol \cdot kg^{-1}} = 0.006\ \mathrm{mol \cdot kg^{-1}}$

$\lg \gamma_\pm = -A z_+ |z_-| \sqrt{I} = -0.509\ \mathrm{mol^{-1/2} \cdot kg^{1/2}} \times 3 \times 1 \times \sqrt{0.006\ \mathrm{mol \cdot kg^{-1}}} = -0.1183$

$\gamma_\pm = 0.762$

例 8 用德拜-休克尔极限公式计算含 $0.025\ \mathrm{mol \cdot kg^{-1}}\ \mathrm{LaCl_3}$ 和 $0.025\ \mathrm{mol \cdot kg^{-1}}\ \mathrm{NaCl}$ 水溶液中 $\mathrm{LaCl_3}$ 的离子平均活度因子 $\gamma_\pm$。

解： $b(\mathrm{La^{3+}}) = 0.025\ \mathrm{mol \cdot kg^{-1}}$

$b(\mathrm{Cl^-}) = (0.025 \times 3 + 0.025)\ \mathrm{mol \cdot kg^{-1}} = 0.100\ \mathrm{mol \cdot kg^{-1}}$

$b(\mathrm{Na^+}) = 0.025\ \mathrm{mol \cdot kg^{-1}}$

$I = \dfrac{1}{2}\sum b_\mathrm{B} z_\mathrm{B}^2 = \dfrac{1}{2} \times [0.025 \times 3^2 + 0.1 \times (-1)^2 + 0.025 \times 1^2]\ \mathrm{mol \cdot kg^{-1}}$

$= 0.175\ \mathrm{mol \cdot kg^{-1}}$

$\lg \gamma_\pm (\mathrm{LaCl_3}) = -0.509\ \mathrm{mol^{-1/2} \cdot kg^{1/2}} \times 3 \times 1 \times \sqrt{I} = -0.639$

$\gamma_\pm (\mathrm{LaCl_3}) = 0.230$

例 9 利用德拜-休克尔极限公式，计算 298 K 时，含有 $0.002\ \mathrm{mol \cdot kg^{-1}}\ \mathrm{NaCl}$ 和 $0.001\ \mathrm{mol \cdot kg^{-1}}\ \mathrm{La(NO_3)_3}$ 的水溶液中 $\mathrm{Na^+}$ 和 $\mathrm{La^{3+}}$ 的活度系数。

解： $b(\mathrm{Na^+}) = 0.002\ \mathrm{mol \cdot kg^{-1}}$；$b(\mathrm{Cl^-}) = 0.002\ \mathrm{mol \cdot kg^{-1}}$

$b(\mathrm{La^{3+}}) = 0.001\ \mathrm{mol \cdot kg^{-1}}$；$b(\mathrm{NO_3^-}) = 0.003\ \mathrm{mol \cdot kg^{-1}}$

$I = \dfrac{1}{2}\sum b_\mathrm{B} z_\mathrm{B}^2$

$= \dfrac{1}{2} \times [0.002 \times 1^2 + 0.002 \times (-1)^2 + 0.001 \times 3^2 + 0.003 \times (-1)^2]\ \mathrm{mol \cdot kg^{-1}}$

$= 0.008\ \mathrm{mol \cdot kg^{-1}}$

$\lg \gamma(\mathrm{Na^+}) = -A z_+^2 \sqrt{I} = -0.509\ \mathrm{mol^{-1/2} \cdot kg^{1/2}} \times 1^2 \times \sqrt{I}$，得 $\gamma(\mathrm{Na^+}) = 0.900$

$\lg \gamma(\mathrm{La^{3+}}) = -A z_+^2 \sqrt{I} = -0.509\ \mathrm{mol^{-1/2} \cdot kg^{1/2}} \times 3^2 \times \sqrt{I}$，得 $\gamma(\mathrm{La^{3+}}) = 0.389$

例 10 已知 $0.1\ \mathrm{mol \cdot kg^{-1}}\ \mathrm{HCl}$ 溶液的离子平均活度系数 $\gamma_\pm = 0.795$，试计算此溶液中 HCl 的活度及离子平均活度。

解： $\mathrm{HCl} \rightleftharpoons \mathrm{H^+ + Cl^-}$

$b_\pm = (b_+^{\nu_+} b_-^{\nu_-})^{\frac{1}{\nu}} = (0.1 \times 0.1)^{\frac{1}{2}}\ \mathrm{mol \cdot kg^{-1}} = 0.1\ \mathrm{mol \cdot kg^{-1}}$

$a_\pm = \gamma_\pm \times \dfrac{b_\pm}{b^\ominus} = 0.795 \times 0.1 = 0.0795$

$a_\mathrm{B} = a_\pm^\nu = a_\pm^2 = 0.0795^2 = 6.32 \times 10^{-3}$

例 11 25 ℃时，质量摩尔浓度 $b = 0.20\ \mathrm{mol \cdot kg^{-1}}$ 的 $\mathrm{K_4[Fe(CN)_6]}$ 水溶液正、负离子

的平均活度系数 $\gamma_\pm = 0.099$,试求此溶液中正、负离子的平均活度 $a_\pm$ 及 $K_4[Fe(CN)_6]$ 的电解质活度 a_B。

解：
$$K_4[Fe(CN)_6] = 4K^+ + [Fe(CN)_6]^{4-}$$

$$b_\pm = (b_+^{\nu_+} b_-^{\nu_-})^{\frac{1}{\nu}} = [(4 \times 0.20)^4 \times (0.20)]^{\frac{1}{5}} \text{ mol} \cdot \text{kg}^{-1} = 0.606 \text{ mol} \cdot \text{kg}^{-1}$$

$$a_\pm = \gamma_\pm \times \frac{b_\pm}{b^\ominus} = 0.099 \times 0.606 = 0.06$$

$$a_B = a_\pm^5 = 0.06^5 = 7.79 \times 10^{-7}$$

例 12 25 ℃时,电池 $Cd|CdCl_2 \cdot 5/2H_2O(\text{饱和溶液})|AgCl(s)|Ag$ 的 $E = 0.67533$ V,$\left(\frac{\partial E}{\partial T}\right)_p = -6.5 \times 10^{-4} \text{ V} \cdot \text{K}^{-1}$,求该温度下反应的 $\Delta_r G_m$、$\Delta_r S_m$、$\Delta_r H_m$ 和 $Q_{r,m}$。

解： 解电池电动势的题,一般先写出电极反应和电池反应,然后再进行计算。

$$\text{阳极反应：} Cd + \frac{5}{2}H_2O + 2Cl^-(a) \longrightarrow CdCl_2 \cdot \frac{5}{2}H_2O + 2e^-$$

$$\text{阴极反应：} 2AgCl + 2e^- \longrightarrow 2Ag + 2Cl^-$$

$$\text{电池反应：} Cd + \frac{5}{2}H_2O + 2AgCl = CdCl_2 \cdot \frac{5}{2}H_2O + 2Ag$$

$$\Delta_r G_m = -zFE = -2 \times 96485 \text{ C} \cdot \text{mol}^{-1} \times 0.67533 \text{ V} = -130.32 \text{ kJ} \cdot \text{mol}^{-1}$$

$$\Delta_r S_m = zF\left(\frac{\partial E}{\partial T}\right)_p = 2 \times 96485 \text{ C} \cdot \text{mol}^{-1} \times (-6.5 \times 10^{-4} \text{ V} \cdot \text{K}^{-1}) = -125.4 \text{ J} \cdot \text{K}^{-1}$$

$$\Delta_r H_m = -zFE + zFT\left(\frac{\partial E}{\partial T}\right)_p$$
$$= (-130.32 \text{ kJ} \cdot \text{mol}^{-1} - 125.4 \times 298.15 \times 10^{-3}) \text{ kJ} \cdot \text{mol}^{-1} = -167.8 \text{ kJ} \cdot \text{mol}^{-1}$$

$$Q_{r,m} = T\Delta_r S_m = zFT\left(\frac{\partial E}{\partial T}\right)_p = -37.397 \text{ kJ} \cdot \text{mol}^{-1}$$

$\Delta_r H_m = -167.8 \text{ kJ} \cdot \text{mol}^{-1}$ 与反应途径中是否有非体积功无关,它在数值上等于反应在一般容器中进行时系统与环境间交换的热量 $Q_{p,m}$。

$Q_{r,m} = -37.397 \text{ kJ} \cdot \text{mol}^{-1}$ 是反应在电池中可逆地进行时系统与环境间交换的热量。

$Q_{p,m}$ 与 $Q_{r,m}$ 之差为电功：

$$W'_r = [-167.8 - (-37.397)] \text{ kJ} \cdot \text{mol}^{-1} = -130.40 \text{ kJ} \cdot \text{mol}^{-1}$$

$\Delta_r G_m$、$\Delta_r S_m$、$\Delta_r H_m$ 和 $Q_{r,m}$ 均与电池反应计量方程写法有关。若上述电池反应写为下式,则 $z=1$,$\Delta_r G_m$、$\Delta_r S_m$、$\Delta_r H_m$ 和 $Q_{r,m}$ 的数值都要减半。

$$\frac{1}{2}Cd + \frac{5}{4}H_2O + AgCl = \frac{1}{2}CdCl_2 \cdot \frac{5}{2}H_2O + Ag$$

例 13 原电池 $Ag|AgAc(s)|Cu(Ac)_2(b=0.1 \text{ mol} \cdot \text{kg}^{-1})|Cu$ 的电动势为 $E(298 \text{ K}) = -0.372$ V,$E(308\text{K}) = -0.374$ V。在 290～310 K 温度范围内电动势的温度系数为常数(注：Ac^- 为醋酸根)。(1)写出电池的电极反应式及电池反应式;(2)试计算该电池反应在 298K 时的 $\Delta_r G_m$、$\Delta_r S_m$ 和 $\Delta_r H_m$。

解：(1) 阳极反应：$2Ag + 2Ac^-(0.2 \text{ mol} \cdot \text{kg}^{-1}) \longrightarrow 2AgAc(s) + 2e^-$
阴极反应：$Cu^{2+}(0.1 \text{ mol} \cdot \text{kg}^{-1}) + 2e^- \longrightarrow Cu$
电池反应：$2Ag + Cu(Ac)_2(b=0.1 \text{ mol} \cdot \text{kg}^{-1}) = 2AgAc(s) + Cu$

(2) $\Delta_r G_m = -zFE = [-2 \times 96485 \times (-0.372)]$ J·mol^{-1} = 71.785 kJ·mol^{-1}

$\left(\dfrac{\partial E}{\partial T}\right)_p = \left(\dfrac{-0.372-(-0.374)}{298-308}\right)$ V·K^{-1} = -2.0×10^{-4} V·K^{-1}

$\Delta_r S_m = zF\left(\dfrac{\partial E}{\partial T}\right)_p = [2 \times 96485 \times (-2.0 \times 10^{-4})]$ J·K^{-1}·mol^{-1} = -38.594 J·K^{-1}·mol^{-1}

$\Delta_r H_m = [71785 + 298 \times (-38.594)]$ J·mol^{-1} = 60.284 kJ·mol^{-1}

例 14 电池 Pt|H$_2$(101.325 kPa)|HCl(0.1 mol·kg^{-1})|Hg$_2$Cl$_2$(s)|Hg 电动势 E 与温度 T 的关系为 $E/V = 0.0694 + 1.881 \times 10^{-3}(T/K) - 2.9 \times 10^{-6}(T/K)^2$；(1) 写出电极反应和电池反应；(2) 计算 25 ℃ 时，该反应的吉布斯函数变 $\Delta_r G_m$、熵变 $\Delta_r S_m$、焓变 $\Delta_r H_m$ 以及电池恒温可逆放电时该反应过程的热 $Q_{r,m}$；(3) 若反应在电池外在同样温度下恒压进行，计算系统与环境交换的热。

解：(1) 阳极反应：$\dfrac{1}{2}$H$_2$(101.325 kPa) $\longrightarrow$ H$^+$(b) + e$^-$

阴极反应：$\dfrac{1}{2}$Hg$_2$Cl$_2$(s) + e$^-$ $\longrightarrow$ Cl$^-$(b) + Hg(l)

电池反应：$\dfrac{1}{2}$H$_2$(101.325 kPa) + $\dfrac{1}{2}$Hg$_2$Cl$_2$(s) $=\!=\!=$ Hg(l) + HCl(b)

(2) 25 ℃ 时，计算电池的吉布斯函数变 $\Delta_r G_m$、熵变 $\Delta_r S_m$、焓变 $\Delta_r H_m$ 以及 $Q_{r,m}$，需要知道此温度下电池的电动势 E 及其温度系数 $\left(\dfrac{\partial E}{\partial T}\right)_p$。

由题给状态下的电池可知：

$E = [0.0694 + 1.881 \times 10^{-3} \times 298.15 - 2.9 \times 10^{-6} \times (298.15)^2] = 0.3724$ V

$\left(\dfrac{\partial E}{\partial T}\right)_p = (1.881 \times 10^{-3} - 2 \times 2.9 \times 10^{-6} T)$ V·K^{-1} = 1.5173×10^{-4} V·K^{-1}

$\Delta_r G_m = -zFE = -(1 \times 96485 \times 0.3724)$ J·mol^{-1} = -35.93 kJ·mol^{-1}

$\Delta_r S_m = zF\left(\dfrac{\partial E}{\partial T}\right)_p = (1 \times 96485 \times 1.5173 \times 10^{-4})$ J·mol^{-1}·K^{-1} = 14.64 J·K^{-1}·mol^{-1}

$\Delta_r H_m = T\Delta_r S_m + \Delta_r G_m = (298.15 \times 14.64 \times 10^{-3} - 35.93)$ kJ·mol^{-1} = -31.57 kJ·mol^{-1}

$Q_{r,m} = T\Delta_r S_m = 298.15 \times 14.64$ J·mol^{-1} = 4.365 kJ·mol^{-1}

(3) 反应在电池外在同样温度下恒压进行时，则

$$Q_{p,m} = \Delta_r H_m = -31.57 \text{ kJ·mol}^{-1}$$

例 15 原电池 Pt|H$_2$($p^\ominus$)|H$_2$SO$_4$(b = 0.01 mol·kg^{-1})|O$_2$($p^\ominus$)|Pt 在 298 K 时的 E = 1.229 V，液态水的 $\Delta_f H_m^\ominus$(298 K) = -285.84 kJ·mol^{-1}，求该电池的温度系数及 273 K 时的电动势（设在此温度范围内 $\Delta_r H_m$ 为常数）。

解： 电池反应：H$_2$($p^\ominus$) + 1/2 O$_2$($p^\ominus$) $=\!=\!=$ H$_2$O(l)

$\Delta_r G_m = (-2 \times 96485 \times 1.229)$ J·mol^{-1} = -237160 J·mol^{-1}

$\Delta_r H_m = \Delta_f H_m^\ominus(\text{H}_2\text{O}) = -285840$ J·mol^{-1}

$\Delta_r S_m = \dfrac{\Delta_r H_m - \Delta_r G_m}{T} = \left(\dfrac{-285840 - (-237160)}{298.15}\right)$ J·K^{-1}·mol^{-1} = -163.273 J·K^{-1}·mol^{-1}

$$\left(\frac{\partial E}{\partial T}\right)_p = \frac{\Delta_r S_m}{zF} = \left(\frac{-163.273}{2\times 96485}\right) \text{V·K}^{-1} = -8.46\times 10^{-4} \text{ V·K}^{-1}$$

由 $\left(\dfrac{\partial E}{\partial T}\right)_p = \dfrac{E(273 \text{ K}) - E(298 \text{ K})}{273 - 298}$，解得

$$E(273\text{K}) = [E(298\text{K}) - 8.46\times 10^{-4}\times(273-298)]\text{V} = 1.250 \text{ V}$$

例 16 写出电池 $Pb(s)|Pb(NO_3)_2[a(Pb^{2+})=1] \| AgNO_3[a(Ag^+)=1]|Ag(s)$ 的电极反应及电池反应式，计算 298 K 时电动势 E、$\Delta_r G_m$、$K^\ominus$；并判断电池反应能否自发进行？已知：$E^\ominus(Pb^{2+}|Pb) = -0.1265 \text{ V}$, $E^\ominus(Ag^+|Ag) = 0.7994 \text{ V}$。

解： 阳极反应：$Pb(s) \longrightarrow Pb^{2+}[a(Pb^{2+})=1] + 2e^-$

阴极反应：$2Ag^+[a(Ag^+)=1] + 2e^- \longrightarrow 2Ag(s)$

电池反应：$2Ag^+[a(Ag^+)=1] + Pb(s) \Longleftrightarrow 2Ag(s) + Pb^{2+}[a(Pb^{2+})=1]$

$$E^\ominus = E_+^\ominus - E_-^\ominus = [0.7994-(-0.1265)]\text{V} = 0.9259 \text{ V}$$

电池反应能斯特方程：$E = E^\ominus - \dfrac{RT}{2F}\ln\dfrac{a(Pb^{2+})}{a^2(Ag^+)} = E^\ominus = 0.9259 \text{ V}$

$\Delta_r G_m = \Delta_r G_m^\ominus = -zFE^\ominus = (-2\times 96485 \times 0.9259) \text{ J·mol}^{-1} = -178.67 \text{ kJ·mol}^{-1}$

又因为 $\Delta_r G_m^\ominus = -RT\ln K^\ominus$，则

$$\ln K^\ominus = \frac{zFE^\ominus}{RT}; \quad K^\ominus = \exp\left(\frac{178.67\times 10^3}{8.314\times 298}\right) = 2.1\times 10^{31}$$

因 $E > 0$ ($\Delta_r G_m < 0$ 或 $K^\ominus > 0$)，所以电池反应能自发进行。

例 17 有一原电池 $Ag|AgCl(s)|Cl^-(a=1) \| Cu^{2+}(a=0.01)|Cu$；已知：$E^\ominus(Cu^{2+}|Cu) = 0.3402 \text{ V}$, $E^\ominus(Cl^-|AgCl(s)|Ag) = 0.2223 \text{ V}$。(1) 写出上述原电池的反应式；(2) 计算该原电池在 25 ℃时的电动势 E；(3) 25 ℃时，原电池反应的吉布斯函数变 ($\Delta_r G_m$) 和平衡常数 $K^\ominus$ 各为多少？

解： (1) 电池反应：$2Ag + 2Cl^-(a=1) + Cu^{2+}(a=0.01) \Longleftrightarrow 2AgCl(s) + Cu$

(2) $E^\ominus = E_+^\ominus - E_-^\ominus = (0.3402 - 0.2223) \text{ V} = 0.1179 \text{ V}$

根据能斯特方程：
$$E = E^\ominus - \frac{RT}{2F}\ln\frac{1}{a^2(Cl^-)a(Cu^{2+})}$$

$$= \left(0.1179 - \frac{8.314\times 298.15}{2\times 96485}\ln\frac{1}{1^2\times 0.01}\right)\text{V} = 0.05874 \text{ V}$$

(3) $\Delta_r G_m = -zFE = (-2\times 96485 \times 0.05874)\text{ J·mol}^{-1} = -11.336 \text{ kJ·mol}^{-1}$

$\Delta_r G_m^\ominus = -zFE^\ominus = -RT\ln K^\ominus$

$$\ln K^\ominus = \frac{zFE^\ominus}{RT} = \frac{2\times 96485\times(0.3402-0.2223)}{8.314\times 298.15} = 9.1782$$

$$K^\ominus = 9.68\times 10^3$$

例 18 25 ℃下，测得电池 $Pt|H_2(p^\ominus)|HCl(b=0.07503 \text{ mol·kg}^{-1})|Hg_2Cl_2(s)|Hg$ 的电动势 $E = 0.4119 \text{ V}$，求 $0.07503 \text{ mol·kg}^{-1}$ HCl 的 $\gamma_\pm$。已知 $E^\ominus\{Cl^-|Hg_2Cl_2(s)|Hg\} = 0.2679 \text{ V}$。

解： 本题体现了电动势测定的一种应用——求电解质的 $\gamma_\pm$。在正确写出电极反应和电池反应后，代入能斯特方程，可得溶液的平均活度，进而可得 $\gamma_\pm$。

阳极反应：$\frac{1}{2}H_2(p^\ominus) \longrightarrow H^+(b) + e^-$

阴极反应：$\frac{1}{2}Hg_2Cl_2(s) + e^- \longrightarrow Hg + Cl^-$

电池反应：$\frac{1}{2}H_2(p^\ominus) + \frac{1}{2}Hg_2Cl_2(s) \Longrightarrow Hg + HCl(b)$

$$E = E^\ominus - \frac{RT}{F}\ln a(HCl) = E^\ominus - \frac{RT}{F}\ln a_\pm^2$$

其中 $E^\ominus = E^\ominus[Cl^-|Hg_2Cl_2(s)|Hg] - E^\ominus(H^+|H_2|Pt) = 0.2679$ V

将 $E = 0.4119$ V 代入能斯特方程，得

$$a_\pm = 6.03 \times 10^{-2}$$

$$\gamma_\pm = \frac{a_\pm}{b_\pm/b^\ominus} = \frac{6.03 \times 10^{-2}}{0.07503} = 0.804$$

例 19 25 ℃时，电池 $Zn|ZnCl_2(b=0.555 \text{ mol}\cdot\text{kg}^{-1})|AgCl(s)|Ag$ 的电动势 $E=1.015$ V。已知：$E^\ominus(Zn^{2+}|Zn) = -0.7620$ V，$E^\ominus(Cl^-|AgCl|Ag) = 0.2222$ V，$(\partial E/\partial T)_p = -4.02 \times 10^{-4}$ V·K^{-1}。（1）写出电池反应（得失电子数为 2）；（2）求上述反应的标准平衡常数 $K^\ominus$；（3）计算电池反应的可逆热 $Q_{r,m}$；（4）求溶液 $ZnCl_2$ 的平均离子活度因子 $\gamma_\pm$。

解：（1）$Zn + 2AgCl(s) \Longrightarrow ZnCl_2(b=0.555 \text{ mol}\cdot\text{kg}^{-1}) + 2Ag$

（2）$\ln K^\ominus = \frac{zFE^\ominus}{RT} = \frac{2 \times 96485 \times [0.2223 - (-0.7620)]}{8.314 \times 298.15} = 76.63$

$K^\ominus = 1.90 \times 10^{33}$

（3）电池反应的可逆热

$Q_{r,m} = T\Delta_r S_m = zFT\left(\frac{\partial E}{\partial T}\right)_p$

$= 2 \times 298.15 \text{ K} \times 96485 \times (-4.02 \times 10^{-4}) \text{ V·K}^{-1} = -2.313 \times 10^4 \text{ J·mol}^{-1}$

（4）计算平均离子活度因子：$a_{ZnCl_2} = a_\pm^3 = (\gamma_\pm \cdot b_\pm)^3 = 4b^3 \cdot \gamma_\pm^3$

应用能斯特方程：$E = E^\ominus - \frac{RT}{2F}\ln a(ZnCl_2)$

$= E^\ominus - \frac{RT}{2F}\ln(4b^3\gamma_\pm^3) = E^\ominus - \frac{RT}{2F}\ln(4b^3) - \frac{RT}{2F}\ln(\gamma_\pm^3)$

$\ln\gamma_\pm = -\frac{1}{3}\ln(4b^3) + \frac{2F}{3RT}(E^\ominus - E)$

$= -\frac{1}{3}\ln(4 \times 0.555^3) + \frac{2 \times 96485}{3 \times 8.314 \times 298.15} \times (0.9842 - 1.015) = -0.673$

$\gamma_\pm = 0.510$

例 20 铅蓄电池 $Pb|PbSO_4(s)|H_2SO_4(b)|PbSO_4(s), PbO_2(s)|Pb$ 在 0~60 ℃ 范围内 $E/V = 1.9174 + 5.61 \times 10^{-5}(t/℃) + 1.08 \times 10^{-8}(t/℃)^2$，25 ℃上述电池的标准电动势为 2.041 V。（1）写出电极反应及电池反应；（2）求 25 ℃、浓度为 1 mol·kg^{-1} H_2SO_4 的 $\gamma_\pm$、$a_\pm$ 及 a；（3）求 25 ℃、电池反应的 $\Delta_r G_m$、$\Delta_r S_m$、$\Delta_r H_m$ 和 $Q_{r,m}$。

解：（1）阳极反应：$Pb(s) + SO_4^{2-} \longrightarrow PbSO_4 + 2e^-$

阴极反应：$PbO_2(s)+SO_4^{2-}+4H^++2e^- \longrightarrow PbSO_4(s)+2H_2O$

电池反应：$Pb(s)+PbO_2(s)+2SO_4^{2-}+4H^+ \Longrightarrow 2PbSO_4(s)+2H_2O$

(2) $T=25\ ℃$，$E=1.9174+5.61×10^{-5}×25+1.08×10^{-8}×(25)^2=1.9188\ V$

电池能斯特方程：$E=E^{\ominus}-\dfrac{RT}{2F}\ln\dfrac{1}{a_{H_2SO_4}^2}$

$\ln a_{H_2SO_4}^2 = \dfrac{2F(E-E^{\ominus})}{RT}$，求得 $a_{H_2SO_4}=0.0086$

所以 $a_{H_2SO_4}=a_{\pm}^3$，则 $a_{\pm}=0.2049$

$b_{\pm}=[(2b)^2 b]^{1/3}=1.5874\ mol·kg^{-1}$，$\gamma_{\pm}=\dfrac{a_{\pm}}{b_{\pm}/b^{\ominus}}=0.1291$

(3) $\Delta_r G_m = -zFE = -2×96485\ C·mol^{-1}×1.9188\ V = -370.3\ kJ·mol^{-1}$

$\left(\dfrac{\partial E}{\partial T}\right)_p = (5.61×10^{-5}-2×1.08×10^{-8}T/K)(V·K^{-1})$

代入 $T=298\ K$，$\left(\dfrac{\partial E}{\partial T}\right)_p = 4.966×10^{-5}\ V·K^{-1}$

$\Delta_r S_m = zF\left(\dfrac{\partial E}{\partial T}\right)_p = (2×96485×4.966×10^{-5})\ J·K^{-1}·mol^{-1} = 9.58\ J·K^{-1}·mol^{-1}$

$\Delta_r H_m = T\Delta_r S_m + \Delta_r G_m = -367.44\ kJ·mol^{-1}$

$Q_{r,m} = T\Delta_r S_m = 2.856\ kJ·mol^{-1}$

(二) 提高篇例题

例1 铁在酸性介质中被腐蚀的反应为：$Fe+2H^+(a)+(1/2)O_2 \longrightarrow Fe^{2+}(a)+H_2O$。问 25 ℃，当 $a(H^+)=a(Fe^{2+})=1$、$p(O_2)=p^{\ominus}$ 时，反应向哪个方向进行？

解：将反应设计成电池：$Fe|Fe^{2+}(a)\|H^+(a)|O_2(p^{\ominus})|Pt$

阳极反应：$Fe \longrightarrow Fe^{2+}(a)+2e^-$

阴极反应：$2H^+(a)+\dfrac{1}{2}O_2(p^{\ominus})+2e^- \longrightarrow H_2O(l)$

电池反应：$Fe(s)+2H^+(a)+\dfrac{1}{2}O_2(p^{\ominus}) \Longrightarrow Fe^{2+}(a)+H_2O(l)$

因 $a(H^+)=1$，$a(Fe^{2+})=1$，$p(O_2)/p^{\ominus}=1$，$a(Fe)=1$，$a(H_2O)=1$(水大量)，故
$E=E^{\ominus}=E^{\ominus}(O_2|H^+,H_2O)-E^{\ominus}(Fe^{2+}|Fe)=1.229\ V-(-0.409\ V)=1.638\ V$

$\Delta_r G_m = -zFE = -316.1\ kJ·mol^{-1}<0$

故从热力学上看，Fe 的腐蚀能自发进行。

例2 将反应 $Ag+\dfrac{1}{2}Cl_2(g,p^{\ominus}) \Longrightarrow AgCl(s)$ 设计成原电池。已知 25 ℃时，$\Delta_r H_m^{\ominus}(AgCl,s)=-127.07\ kJ·mol^{-1}$，$\Delta_f G_m^{\ominus}(AgCl,s)=-109.07\ kJ·mol^{-1}$，标准电极电势 $E^{\ominus}(Ag^+|Ag)=0.7994\ V$，$E^{\ominus}(Cl^-|Cl_2|Pt)=1.3579\ V$。(1) 写出电极反应和电池图示；(2) 求 25 ℃时、可逆电池放电 $2F$ 电荷量时的热 Q_r；(3) 求 25 ℃时 AgCl 的活度积 K_{sp}。

解：(1) 反应中有难溶盐出现，所以需要用到第二类电极。

阳极反应：$Ag(s)+Cl^-(a) \longrightarrow AgCl(s)+e^-$

阴极反应：$\frac{1}{2}Cl_2 + e^- \longrightarrow Cl^-(a)$

原电池表示为：$Ag|AgCl(s)\|Cl^-[a(Cl^-)]|Cl_2(g,p^\ominus)|Ag$ (a)

(2) 题给反应为 AgCl 的生成反应，所以 $\Delta_r H_m^\ominus = \Delta_f H_m^\ominus(AgCl,s)$，$\Delta_r G_m^\ominus = \Delta_f G_m^\ominus(AgCl,s)$；反应 $z=1$，25 ℃时电池可逆放电 $2F$ 电荷量时 $\xi = 2$ mol。

$$Q_r = \xi T \Delta_r S_m^\ominus = \xi(\Delta_r H_m^\ominus - \Delta_r G_m^\ominus) = 2\times[-127.07-(-109.79)]\text{ kJ} = -34.56 \text{ kJ}$$

(3) 为求 AgCl 的活度积，需要将反应 $AgCl(s) \Longrightarrow Ag^+ + Cl^-$ 设计成原电池。所设计电池为

$$Ag|Ag^+\|Cl^-|AgCl(s)|Ag \quad (b)$$

阳极反应：$Ag(s) \longrightarrow Ag^+ + e^-$

阴极反应：$AgCl(s) + e^- \longrightarrow Ag(s) + Cl^-$

计算 AgCl 的活度积 K_{sp}，需要知道 $E^\ominus(Ag^+|Ag)$、$E^\ominus(Cl^-|AgCl|Ag)$。后者未知，需要由题给反应进行计算。反应 $Ag + \frac{1}{2}Cl_2(g,p^\ominus) \Longrightarrow AgCl(s)$ 的 $\Delta_r G_m^\ominus = -109.07$ kJ·mol^{-1}，并由设计的电池(a)，可得

$$E^\ominus(1) = E^\ominus(Cl^-|Cl_2|Pt) - E^\ominus(Cl^-|AgCl|Ag) = -\frac{\Delta_r G_m^\ominus}{zF} = \frac{109.79\times 10^3}{1\times 96485}\text{ V} = 1.1379 \text{ V}$$

$$E^\ominus(Cl^-|AgCl|Ag) = E^\ominus(Cl^-|Cl_2|Pt) - E^\ominus(1) = (1.3579-1.1379)\text{ V} = 0.2200\text{ V}$$

对于电池(b)，有

$$E^\ominus(b) = E^\ominus(Cl^-|AgCl|Ag) - E^\ominus(Ag^+|Ag) = (0.2200-0.7994)\text{V} = -0.5794\text{V}$$

电池(b)达到平衡时，$E^\ominus(b) = \frac{RT}{F}\ln K_{sp}$，故

$$K_{sp} = \exp\left[\frac{E^\ominus(b)F}{RT}\right] = \exp\left(-\frac{0.5794\times 96485}{8.314\times 298.15}\right) = 1.605\times 10^{-10}$$

例 3 已知 25 ℃时 AgBr(s) 的溶度积 $K_{sp} = 4.88\times 10^{-13}$，$E^\ominus(Ag^+|Ag) = 0.7994$ V，$E^\ominus(Br^-|Br_2|Pt) = 1.066$ V，试计算 25 ℃时：(1) 银-溴化银电极的标准电极电势 $E^\ominus[Br^-|AgBr(s)|Ag]$；(2) AgBr(s) 标准生成吉布斯函数。

解：(1) 设计电池 $Ag|Ag^+\|Br^-|AgBr(s)|Ag$ (a)

电池反应：$AgBr(s) \Longrightarrow Ag^+ + Br^-$ （E,解离平衡常数即对应 K_{sp}）

阳极反应：$Ag(s) \longrightarrow Ag^+ + e^-$ $[E^\ominus(Ag^+|Ag) = 0.7994\text{V}]$

阴极反应：$AgBr(s) + e^- \longrightarrow Ag(s) + Br^-$ $[E^\ominus\{Br^-|AgBr(s)|Ag\}]$

反应达平衡时 $E(a) = 0$，由电池反应列出电池反应的能斯特方程，即

$$E(a) = E^\ominus[Br^-|AgBr(s)|Ag] - E^\ominus(Ag^+|Ag) - \frac{RT}{F}\ln K_{sp} = 0$$

$$E^\ominus[Br^-|AgBr(s)|Ag] = E^\ominus(Ag^+|Ag) + \frac{RT}{F}\ln K_{sp}$$

$$= 0.7994\text{ V} + \left[\frac{8.314\times 298.15}{96485}\ln(4.88\times 10^{-13})\right]\text{V}$$

$$= 0.0711\text{ V}$$

(2) AgBr(s) 的标准生成吉布斯函数是反应(b) 的 $\Delta_r G_m^\ominus$，$Ag + 1/2\ Br_2(l) \Longrightarrow AgBr(s)$ (b)；利用电动势测定的方法求反应的 $\Delta_r G_m^\ominus$，$\Delta_r G_m^\ominus = -zFE^\ominus$，故应将 AgBr(s) 的生

成即(b) 设计成电池如下：Ag|AgBr(s)|Br$^-$[a(Br$^-$)]|Br$_2$(l)|Pt

阳极反应：Ag+Br$^-$[a(Br$^-$)] ⟶ AgBr(s)+e$^-$

阴极反应：1/2 Br$_2$(l)+e$^-$ ⟶ Br$^-$[a(Br$^-$)]

电池(b) 的标准电动势 $E^{\ominus}(b)=E^{\ominus}(Br^-|Br_2|Pt)-E^{\ominus}[Br^-|AgBr(s)|Ag]$

$$\Delta_r G_m^{\ominus} = \Delta_f G_m^{\ominus}(AgBr) = -zFE^{\ominus}(b)$$
$$=(-1\times(1.066-0.0711)\times 96485) \text{ J·mol}^{-1}=-96.0 \text{ kJ·mol}^{-1}$$

五、概念练习题

(一) 填空题

1. 下列物质无限稀时的摩尔电导率：Y$_2$SO$_4$ 为 272×10^{-4} S·m^2·mol^{-1}，H$_2$SO$_4$ 为 860×10^{-4} S·m^2·mol^{-1}，则 YHSO$_4$ 的摩尔电导率为 _____ S·m^2·mol^{-1}。

2. 某溶液含 LaCl$_3$ 和 NaCl 各为 0.025 mol·kg^{-1}，该溶液离子强度 $I=$ ____ mol·kg^{-1}，25 ℃时 LaCl$_3$ 的离子平均活度系数 $\gamma_{\pm}=$ _____。[使用德拜-休克尔极限公式，常数 $A=0.509$ (kg·mol^{-1})$^{1/2}$]

3. 在一定温度和较小的浓度的情况下，增大弱电解质溶液的浓度，则摩尔电导率 _____，电离平衡常数（用活度表示）_____。

4. 浓度为 b 的 Al$_2$(SO$_4$)$_3$ 溶液，正负离子的活度系数分别用 γ_+ 和 γ_- 表示，则其 $\gamma_{\pm}=$ _____；$a_{\pm}=$ _____。

5. 下列电池在 298 K 时的电动势为 ____ mV。

Pt|H$_2$($p^{\ominus}$)|H$^+$($a_1=0.1$)‖H$^+$($a_2=0.001$)|H$_2$($p^{\ominus}$)|Pt

6. 可逆电池的条件是：_____。

7. 25 ℃时，AgCl 饱和水溶液的电导率为 3.41×10^{-4} S·m^{-1}，所用水的电导 1.60×10^{-4} S·m^{-1}，则 AgCl 的电导率为 ____。

8. 中心离子的电荷数 _____ 离子氛的电荷数。（选填"大于""等于"或"小于"）

9. 某电池反应在 25 ℃下，$E^{\ominus}>0$，电动势温度系数 $\left(\frac{\partial E}{\partial T}\right)_p<0$，则温度升高时，电池反应的标准平衡常数 $K^{\ominus}$ 将 _____。（选填"增大""不变"或"减小"）

10. 若已知某电池反应电动势的温度系数 $\left(\frac{\partial E}{\partial T}\right)_p>0$，则该电池可逆放电时的反应热 Q_r _____；$\Delta_r S_m$ _____。（选填" >0"" <0"或" =0"）

11. 已知 298 K 时，Tl$^+$ + e$^-$ ⟶ Tl，$E_1^{\ominus}=-0.34$V；Tl^{3+} + 3e$^-$ ⟶ Tl，$E_2^{\ominus}=0.72$V，则 298 K 时，Tl^{3+} + 2e$^-$ ⟶ Tl$^+$ 的 $E_3^{\ominus}=$ _____。

12. KCl 常用作构造盐桥的试剂，因为其具备 _____ 的特性。需注意，如果溶液中含有某些离子，如 _____，则应改换其他合适的盐。

(二) 选择题

1. 对于原电池来说，正确的是 _____。

A. 正极是阴极,电池放电时,溶液中带负电的离子向阴极迁移
B. 负极是阳极,电池放电时,溶液中阴离子向正极迁移
C. 负极是阳极,电池放电时,溶液中带负电荷的离子向负极迁移
D. 负极是阴极,电池放电时,溶液中带负电荷的离子向阳极迁移

2. 取 Cu 的原子量为 64,用 $0.5F$ 电量可从 $CuSO_4$ 溶液中沉积出 _____ g 铜。
A. 16　　　　　　B. 32　　　　　　C. 64　　　　　　D. 128

3. 法拉第定律限用于_____。
A. 液态电解质　　　　　　　　　　B. 无机液态和固态电解质
C. 所有液态和固态电解质　　　　　D. 所有液态、固态导电物质

4. 按物体导电方式不同而提出的第二类导体,下列对于其特点的描述,不正确的是_____。
A. 其电阻随温度的升高而增大　　　B. 其电阻随温度的升高而减少
C. 其导电的原因是离子的存在　　　D. 当电流通过时在电极上有化学反应发生

5. 电解质溶液中正离子迁移数是指_____。
A. 正离子迁移的物质的量
B. 正离子迁移速率/所有离子迁移速率之和
C. 正离子迁移电荷数/负离子迁移电荷数
D. 正离子迁移的物质的量/总导电量的法拉第数

6. 某溶液中离子 B 的迁移数 $t_B = 0.42$,当温度升高时,t_B 的值如何变化_____。
A. $t_B = 0.42$　　B. $t_B > 0.42$　　C. $t_B < 0.42$　　D. 无法判断

7. 在测定离子迁移数的电路中串接了电流表,由其读数可算出电量,但因为_____,仍必须串接电量计。
A. 电源电压不够稳定　　　　　　　B. 尚需测时间间隔
C. 电流表精度和准确度都不够　　　D. A,B 和 C

8. 在一定的温度下稀释电解质溶液,摩尔电导率 Λ_m _____。
A. 减小　　　B. 先增大,后减小　　C. 先减小,后增大　　D. 增大

9. 关于电导率 κ 的概念下列哪个说法正确_____。
A. 1 dm^3 导体的电导　　　　　　B. 相距 1 m 的两平行电极之间的电导
C. 1 个边长为 1 m 的立方导体的电导　　D. 1 mol 电解质溶液的电导

10. 关于摩尔电导 Λ_m 的概念,下列哪个说法是恰当的_____。
A. 1 mol 电解质溶液的电导　　　　B. 浓度为 $1\ mol \cdot kg^{-1}$ 的电解质溶液的电导
C. 相距 1 m 的两平行电极间含 1 mol 电解质溶液的电导
D. 1 m^3 的体积中含有 1 mol 电解质溶液的电导

11. 同一电导池分别测定浓度为 $0.01\ mol \cdot dm^{-3}$ 和 $0.1\ mol \cdot dm^{-3}$ 的不同电解质溶液,其电阻分别为 1000 Ω 和 500 Ω,则它们的摩尔电导率之比为_____。
A. 1∶5　　　　　B. 5∶1　　　　　C. 1∶20　　　　　D. 20∶1

12. 在 25 ℃无限稀释的水溶液中,离子摩尔电导率最大的是_____。
A. La^{3+}　　　　B. Mg^{2+}　　　　C. NH_4^+　　　　D. H^+

13. 在 25 ℃无限稀释的水溶液中,离子摩尔电导率最大的是_____。
A. CH_3COO^-　　B. Br^-　　　　C. Cl^-　　　　D. OH^-

14. 电解质溶液的摩尔电导率可以看作是正、负离子的摩尔电导率之和,这一规律只适

用于_____。
A. 强电解质
B. 强电解质的稀溶液
C. 无限稀溶液
D. 摩尔浓度为 1 mol·dm^{-3} 的溶液

15. 下列水溶液中摩尔电导率最大的是_____，摩尔电导率最小的是_____。
A. 1 mol·dm^{-3} KCl
B. 0.001 mol·dm^{-3} HCl
C. 1 mol·dm^{-3} KOH
D. 0.001 mol·dm^{-3} KCl

16. 柯尔劳施公式 $\Lambda_m = \Lambda_m^\infty - A\sqrt{c}$ 适用于_____。
A. 弱电解质
B. 强电解质
C. 无限稀溶液
D. 强电解质的稀溶液

17. 在 HAc 电离常数测定的实验中，直接测定的物理量是不同浓度的 HAc 溶液的_____。
A. 电导率
B. 电阻
C. 摩尔电导率
D. 电离度

18. 已知 $\Lambda_m^\infty(H_2O, 291\ K) = 4.89 \times 10^{-2}$ S·m^2·mol^{-1}，291 K 时纯水 $b_{H^+} = b_{OH^-} = 7.8 \times 10^{-8}$ mol·kg^{-1}，则该温度下纯水的电导率 κ 为_____ S·m^{-1}。
A. 3.81×10^{-9}
B. 3.81×10^{-6}
C. 7.63×10^{-9}
D. 7.63×10^{-6}

19. 下列电解质溶液中平均离子活度系数 $\gamma_\pm$ 最大的是_____。
A. 0.01 mol·dm^{-3} NaCl
B. 0.01 mol·dm^{-3} CaCl$_2$
C. 0.01 mol·dm^{-3} LaCl$_3$
D. 0.01 mol·dm^{-3} AlCl$_3$

20. 0.3 mol·kg^{-1} Na$_3$PO$_4$ 水溶液的离子强度是_____ mol·kg^{-1}。
A. 0.9
B. 1.8
C. 0.3
D. 1.2

21. 德拜-休克尔理论及其导出的关系式是考虑了诸多因素的，但下列诸多因素中它不曾包括的是_____。
A. 强电解质在稀溶液中完全电离
B. 每一个离子都是溶剂化的
C. 每一个离子都被电荷负号相反的离子包围
D. 溶液与理想行为的偏差主要是由离子间静电引力所致

22. 电池 Zn(s)|H$_2$SO$_4$(aq)|Cu(s) 是否为可逆电池_____。
A. 可逆电池
B. 不可逆电池
C. 充放电无限小时为可逆电池
D. 不能确定

23. 电极 Cl$^-$(a)|AgCl(s)|Ag(s) 作为还原极的电极反应为_____。
A. Ag$^+$ + e$^-$ ⟶ Ag
B. Ag(s) + Cl$^-$ ⟶ AgCl(s) + e$^-$
C. AgCl(s) + e$^-$ ⟶ Ag(s) + Cl$^-$
D. Ag ⟶ Ag$^+$ + e$^-$

24. 某电池的电池反应可写为两种形式：
$$(a)\ H_2(g) + (1/2)O_2(g) = H_2O(l)$$
$$(b)\ 2H_2(g) + O_2(g) = 2H_2O(l)$$
两种写法的电动势和平衡常数的关系是_____。
A. $E_{(a)} = E_{(b)},\ K_{(a)} = K_{(b)}$
B. $E_{(a)} \neq E_{(b)},\ K_{(a)} = K_{(b)}$
C. $E_{(a)} = E_{(b)},\ K_{(a)} \neq K_{(b)}$
D. $E_{(a)} \neq E_{(b)},\ K_{(a)} \neq K_{(b)}$

25. 电池 Cu|Cu$^+$‖Cu$^+$,Cu^{2+}|Pt 和 Cu|Cu^{2+}‖Cu^{2+},Cu$^+$|Pt 的反应_____。

A. $\Delta_r G_m^{\ominus}$ 和 $E^{\ominus}$ 均相同 B. $\Delta_r G_m^{\ominus}$ 相同, $E^{\ominus}$ 不同
C. $\Delta_r G_m^{\ominus}$ 不同, $E^{\ominus}$ 相同 D. $\Delta_r G_m^{\ominus}$ 和 $E^{\ominus}$ 均不同

26. 在电池中恒温恒压可逆地进行的化学反应,其 $\Delta S =$ _____。
   A. $\Delta H / T$ B. Q_r / T C. $(\Delta H - \Delta U)/T$ D. $zFT(\partial E/\partial T)_p$

27. 电池在恒温恒压及可逆条件下放电,则其与环境间的热交换为 _____。
   A. ΔH B. $T\Delta S$ C. 一定为零 D. 需实验确定

28. 盐桥中的电解质,除了不能和电极溶液发生化学反应外,在下列条件中:(1)阴、阳离子的迁移速率很大;(2)阴、阳离子的浓度很大;(3)阴、阳离子的迁移速率几乎相等;(4)阴、阳离子的浓度很小。须满足的条件是_____。
   A. (1),(2) B. (3),(4) C. (1),(4) D. (2),(3)

29. 已知 $E^{\ominus}(Cu^{2+}|Cu)=0.337\ V, E^{\ominus}(Cu^+|Cu)=0.521\ V$,由此可求出 $E^{\ominus}(Cu^{2+}|Cu^+)=$ _____?
   A. 0.184 B. -0.184 C. 0.352 D. 0.153

30. 为测定由电极 $Ag|AgNO_3(aq)$ 及 $Ag|AgCl(s)|HCl(aq)$ 组成电池的电动势,下列_____不可采用。
   A. 电位差计 B. 饱和 KCl 盐桥 C. 标准电池 D 直流检流计

31. 在应用电位差计测定电动势的实验中,通常必须用到_____。
   A. 标准电池 B. 标准氢电极 C. 甘汞电极
   D. 活度为 1 的标准电解质溶液

32. 电池 $Pt|H_2(p_1)|HCl(a_{\pm})|Cl_2(p_2)|Pt$ 的反应可写成 (1) $H_2(p_1)+Cl_2(p_2) \longrightarrow 2HCl(a_{\pm})$;(2) $\frac{1}{2}H_2(p_1)+\frac{1}{2}Cl_2(p_2) \longrightarrow HCl(a_{\pm})$,下列正确的是_____。
   A. $\Delta_r G_{m,1}=\Delta_r G_{m,2}$, $E_1=E_2$ B. $\Delta_r G_{m,1}\neq\Delta_r G_{m,2}$, $E_1=E_2$
   C. $\Delta_r G_{m,1}=\Delta_r G_{m,2}$, $E_1\neq E_2$ D. $\Delta_r G_{m,1}\neq\Delta_r G_{m,2}$, $E_1\neq E_2$

33. 298 K 时,某电池反应为 $Zn(s)+Mg^{2+}(a=0.1)\Longrightarrow Zn^{2+}(a=1)+Mg(s)$,用实验测得该电动势 $E=-0.2312\ V$,则电池的 $E^{\ominus}$ 为_____。
   A. 0.2903 V B. -0.2312 V C. 0.0231 V D. -0.202 V

(三) 填空题答案

1. 566×10^{-4};2. 0.175,0.2297;3. 减小,不变;4. $\sqrt[5]{\gamma_+^2\gamma_-^3}$,$\sqrt[5]{108}\times\frac{b}{b^{\ominus}}\times\sqrt[5]{\gamma_+^2\gamma_-^3}$;5. -118;6. (1) 电极反应本身是可以逆向进行的;(2) 通过电池的电流无限小;(3) 无液接电势;7. $1.81\times10^{-4}\ S\cdot m^{-1}$;8. 等于;9. 减小;10. >0,>0;11. 1.25 V;12. $t_+\approx t_-$ 使液体接界电势降到非常小,Ag^+。

(四) 选择题答案

1. C;2. A;3. C;4. A;5. B;6. B;7. D;8. D;9. C;10. C;11. B;12. D;13. D;14. C;15. B,A;16. D;17. B;18. B;19. A;20. B;21. C;22. B;23. C;24. C;25. B;26. B;27. B;28. D;29. D;30. B;31. A;32. B;33. D。

第八章 界面现象

一、基本要求

1. 掌握表面张力、表面功和表面吉布斯函数的定义、物理意义和单位以及高度分散的多组分多相系统的热力学公式;掌握界面张力的影响因素。

2. 熟练掌握弯曲液面下的附加压力的概念,并应用拉普拉斯方程进行相关计算。正确理解开尔文公式及应用。

3. 掌握物理吸附和化学吸附的含义和区别。正确理解朗缪尔单分子层吸附模型及吸附等温式。

4. 正确理解润湿、接触角和杨氏方程,正确理解溶液表面的吸附现象及表面活性剂的作用。了解铺展和铺展系数。

二、核心内容

1. 液体的表面张力、表面功、表面吉布斯函数及热力学公式

(1) 表面张力 γ:引起液体表面收缩的单位长度上的力,单位为 $N \cdot m^{-1}$。方向:液面上的表面张力总是垂直于边界、与表面相切且指向液体的方向。

(2) 表面功 γ:使系统增加单位表面积所需的可逆功,即:$\delta W'_r = \gamma dA_s$,单位为 $J \cdot m^{-2}$。

(3) 表面吉布斯函数 γ:在恒温、恒压的条件下,系统增加单位表面积时所增加的吉布斯函数,即 $\gamma = (\partial G/\partial A_s)_{T,p}$,单位为 $J \cdot m^{-2}$。

三者为三个不同的物理量:表面张力是从力的角度描述系统表面的某强度性质,而表面功及表面吉布斯函数则从能量角度描写系统的同一表面性质。但实际上数值和量纲都相同,只是表面张力为力的单位,而后两者为能量单位。

(4) $dG^s = \gamma dA_s + A_s d\gamma$,$dG^s$ 为界面吉布斯函数变;在恒温恒压条件下,系统界面吉布斯函数减小的过程为自发过程,系统可通过减小界面面积或降低界面张力两种方式来降低界面吉布斯函数,这是一个自发过程。

2. 弯曲液面现象

(1) 弯曲液面下的附加压力——拉普拉斯(Laplace)方程

$$\Delta p = \frac{2\gamma}{r}$$

式中，Δp 为附加压力；r 为曲率半径，且两者均为正值。

Δp 为弯曲液面内外的压力差即附加压力。无论凸液面或凹液面，曲率半径一律取正数，并规定弯曲液面的凹面一侧压力为 $p_{内}$，凸面一侧压力为 $p_{外}$，$\Delta p = p_{内} - p_{外}$；附加压力的方向总指向曲率半径中心；对于在气相中悬浮的气泡，因液膜内外两侧有两个气-液表面，所以泡内气体所承受的附加压力为 $\Delta p = \dfrac{4\gamma}{r}$。

(2) 毛细现象公式

$$h = \frac{2\gamma \cos\theta}{r\rho g}$$

式中，θ 为接触角；r 为毛细管半径；ρ 为液体密度；g 为重力加速度。弯曲液面的附加压力可引起毛细现象。当液体可润湿毛细管管壁时，则液体沿内管上升，如水在玻璃毛细管内；相反，当液体不润湿毛细管管壁时，则液体沿内管下降，如汞在玻璃毛细管内。毛细上升或下降高度按上式计算。

(3) 弯曲液面的饱和蒸气压——开尔文公式

对于凸液面（如微小液滴）：$RT \ln \dfrac{p_r}{p} = \dfrac{2\gamma M}{\rho r} = \dfrac{2\gamma V_m}{r}$

式中，p_r、p 分别为温度 T 时，微小液滴和水平液面液体的饱和蒸气压；ρ、M 和 V_m 分别为液体的密度、摩尔质量和摩尔体积。

对于凹液面（如液体内球形小气泡）：

$$RT \ln \frac{p_r}{p} = -\frac{2\gamma V_m}{r}$$

p_r 为凹液面液体的饱和蒸气压。

3. 固体表面的吸附

(1) 吸附经验式——弗罗因德利希公式

$$V^a = k p^a$$

(2) 朗缪尔吸附等温式

$$\theta = \frac{bp}{1+bp}$$

式中，θ 为任一瞬间固体表面被覆盖的分数，称为表面覆盖率，是已被吸附质覆盖的固体表面积和固体总的表面积之比。$b = k_1 / k_{-1}$，称为吸附系数，单位为 Pa^{-1}。从本质上看，b 为吸附作用的平衡常数，其大小与吸附剂、吸附质的本性及温度有关。b 值越大，则表示吸附能力越强。朗缪尔吸附等温式适用于单分子层吸附。

4. 固-液界面

(1) 接触角 θ 的计算公式——杨氏（T. Young）方程

$$\cos\theta = \frac{\gamma^s - \gamma^{sl}}{\gamma^l}$$

该公式只适用于光滑的表面。

(2) 铺展系数

$$S = \gamma^s - \gamma^{sl} - \gamma^l$$

液体在固体表面上铺展的必要条件为 $S \geq 0$，且 S 越大，铺展性能越好。

5. 溶液表面的吸附

（1）吉布斯吸附等温式

$$\Gamma = -\frac{c}{RT} \times \frac{\mathrm{d}\gamma}{\mathrm{d}c}$$

式中，Γ 为溶质的表面吸附量，即在单位面积的表面层中，所含溶质的物质的量与同量溶剂在溶液本体中所含溶质的物质的量的差值。$\mathrm{d}\gamma/\mathrm{d}c$ 为在恒温 T、溶液浓度 c 时，γ 随 c 的变化率。

（2）吸附的分类

当 $\mathrm{d}\gamma/\mathrm{d}c < 0$ 时，$\Gamma > 0$，称为正吸附；当 $\mathrm{d}\gamma/\mathrm{d}c > 0$ 时，$\Gamma < 0$，称为负吸附。

（3）由 Γ_m 计算被吸附的表面活性剂分子的横截面积

$$a_\mathrm{m} = \frac{1}{\Gamma_\mathrm{m} L}$$

式中，Γ_m 为饱和吸附量，可近似看作是在单位表面上，定向排列呈单分子层吸附时表面活性剂的量，L 为阿伏伽德罗常数。

三、基本概念辨析

1. 举例说明纯液体、溶液和固体分别以什么方式自发地降低表面吉布斯函数，以达到稳定态？

答：表面积的缩小和降低表面张力是自发地降低表面吉布斯函数的两种方式。纯液体的表面张力是一定值，所以纯液体自发地降低表面吉布斯函数只有一种方式，就是尽量缩小表面积。例如，空气中小液滴、草叶上的露水呈球形来减小表面积。溶液自发地降低表面吉布斯函数有两种方式：一种是收缩减小表面积；另一种是调节表面层的浓度来降低表面张力。例如丙醇、乙酸乙酯、烷基硫酸酯盐、烷基苯磺酸盐的水溶液发生表面正吸附，即表面浓度大于本体浓度。而硫酸、氢氧化钾、蔗糖等水溶液发生表面负吸附，即表面浓度小于本体浓度。固体通过表面吸附气体、液体来降低表面吉布斯函数以达到稳定态。例如二氧化碳在硅胶上、水蒸气在粗孔硅胶上吸附；制糖中用活性炭吸附糖液中杂质而得到白糖。

2. 影响纯液体表面的表面张力的因素有哪些？

答：由于纯液体表面层分子受力不平衡，受到一个指向内部的拉力，表面层分子有进入液体内部的趋势。因此纯液体的表面张力首先与液体本性有关；其次与表面相接触的另一相的本性有关，液-气表面张力与液-固界面张力就不同；液体的温度不同，分子运动激烈程度不同，分子之间的作用力不同，因此纯液体的表面张力还与温度有关，温度升高表面张力减小，当温度达到临界温度时，纯液体表面张力为零。

3. 表面性质与哪些因素有关？服用相同质量和相同成分的药丸和药粉，哪一种药效快？为什么？

答：表面性质与相邻两体相的性质有关，但又与两体相性质有所不同。对于处于表面层的分子，由于它们的受力情况与体相中分子的受力情况不相同，因此表面层的分子总是具有较高的能量，此外，表面性质还与表面积密切相关，表面积越大，则表面吉布斯函数越高，表面吉布斯函数越高，表面就越不稳定，这将导致表面层会自发地减少表面吉布斯函数（采用减少表面积或表面吸附方法)。服用相同质量和相同成分的药丸和药粉,药粉的药效比药丸快,因为药粉的比表面积比药丸大得多,表面吉布斯函数较高,活性强。

4. 若在容器内只是油与水在一起,虽然用力振荡,但静置后仍自动分层,这是为什么?

答:油与水是互不相溶的,当两者剧烈振荡时,可以相互分散成小液滴,这样一来,表面积增大,表面吉布斯函数升高,这时又没有能降低表面吉布斯函数的第三种物质存在,因此系统是处于高能量的不稳定系统,系统有自动降低能量的倾向,因此小液滴就会聚集成大液滴来减少表面积,由此来降低表面吉布斯函数,所以油与水会自动聚集分层。

5. 在滴管口的液体为什么必须给橡胶胶头加压液体才能滴出,并且液滴呈球形?

答:因为液体对滴管是润湿的,在滴管下端的液面呈凹形,即液面的附加压力是向上的,液体不易自动从滴管滴出。要使滴管从管端滴下,必须要对橡胶胶头上加以压力,这压力要大于附加压力,此压力通过液柱传至管下端液面而超过凹形表面的附加压力,使凹形表面变成凸形表面,最终使液滴滴下,刚滴下的一瞬间,液滴不成球形,上端呈尖形。这时液面各部位的曲率半径都不一样,不同部位的曲面上所产生的附加压力也不同。这种不平衡的压力迫使液滴自动调整为球形,减少表面积,降低能量。所以,液滴成球形。

6. 农民锄地保墒的依据是什么?

答:农民锄地是在淮河以北的旱粮地区对植物保护的一种方法,农民在春夏之交锄地,锄地的作用有两个:其一是除去杂草,剔除多余的禾苗;其二是保持水分,旱田的土壤中有许多毛细管而彼此连接,直通地面。水能润湿土壤,水会在土壤毛细管中上升,土壤毛细管中水面呈凹形,附加压力与大气压方向相反,因此,凹液面上水的饱和蒸气压比平面低。在白天,气温上升后毛细管中的液态水由于蒸气压低,蒸发速率比平面上快,在早上气温还没有升高多少的时候就锄地,切断土壤中的毛细管,那么毛细管中凝结的水就能保留下来,不被蒸发掉。因此农民一般在晴天早上锄地,一个作用是除掉杂草,让其被中午的太阳光晒死;另一个作用就是保持水分,即锄地保墒。

7. 液体总有自动缩小其表面积,以降低系统表面吉布斯函数的趋势,但是将水滴在洁净的玻璃上,水会自动铺展开来,水的比表面积不是变小而是变大,为什么?此时系统的能量是否升高了?

答:液体总有自动缩小其表面积以降低系统表面吉布斯函数的趋势,这只在液体独立存在的情况下或只与空气接触的情况下才会自动发生。当液体与固体接触时,液体能否在固体表面铺展开来,要看铺展前后系统能量是否降低。铺展过程是形成的固-液界面取代原来的气-固界面,同时又增大了气-液界面的过程。若少量液体在铺展前以小液滴存在时的表面积与铺展后的表面积相比可以忽略不计,则一定 T、p 下,$\Delta G = (\gamma^{sl} + \gamma^l) - \gamma^s < 0$,系统表面吉布斯函数降低,铺展自动发生,例如水滴在玻璃表面自动铺展,虽然水的表面积变大,但总的铺展过程系统能量降低了。

8. 农民喷洒农药时,为什么要在农药中加入表面活性剂?

答:植物自身有保护功能,在叶子表面上有一层蜡质物,可防止被雨水润湿,避免茎叶在下雨天因淋湿变重而折断。如果农药是普通水溶液,与植物叶子表面不湿润,即接触角大于 90°,药液喷在植物叶子上就会凝结成水滴滚下,达不到杀虫效果。加入表面活性剂以后,农药表面张力下降,与植物叶子表面的接触角小于 90°,就能润湿植物叶子,药液喷在植物叶子表面铺展开来,害虫吃植物叶子后就会被杀死,提高了杀虫效果。

9. 在纯水的液面上放一个纸船,纸船显然不会移动,若在船尾处涂抹一点肥皂,再放入水中，情况又将如何？

答：纸船放到静止的水面，以船底为边界，作用在边界周围水的表面张力大小相等，方向相反，纸船当然静止不动。在船尾涂了肥皂后，由于肥皂是表面活性剂，降低水表面张力，船尾的水表面张力变小，头部表面张力不变，所以小船在前后不相等的表面张力作用下，会自动向前移动。

10. 表面活性剂在水溶液中是采取定向排列吸附在溶液表面上，还是以胶束的形式存在于溶液中？为什么？

答：表面活性剂在溶液表面形成定向排列，以降低水的表面张力，使系统趋向稳定，但在溶液内部，表面活性剂也能把憎水基团靠在一起，形成胶束。一般来说，表面活性剂浓度较稀时，以定向排列吸附在表面为主，在溶液内部也可能有简单的胶束形成；随着表面活性剂的浓度增加，在表面定向排列增加的同时，内部胶束数量也增多，一旦表面形成单分子膜，达到临界胶束浓度以后，再增加表面活性剂的浓度，就只增加内部胶束数量，表面定向排列的量不再增加。

四、例题

（一）基础篇例题

例 1 在 293.15 K 及 101.325 kPa 下，把半径为 1×10^{-3} m 的汞滴分散成半径为 1×10^{-9} m 的汞滴，试求此过程系统表面吉布斯函数变（ΔG）为多少？已知 293.15 K 时汞的表面张力 0.4865 N·m^{-1}。

解：因为 T、p 恒定，所以表面张力 γ 为常数，且 $\Delta G = \gamma \Delta A$。设 A_1、A_2 分别为汞滴分散前后的总面积；N 为分散后的汞的滴数，则：

$$\Delta G = \int_{A_1}^{A_2} \gamma dA = \gamma (A_2 - A_1)$$

$$A_1 = 4\pi r_1^2; \quad A_2 = N \times 4\pi r_2^2 = \left(\frac{4\pi r_1^3/3}{4\pi r_2^3/3}\right) \times 4\pi r_2^2 = 4\pi r_1^3 / r_2$$

$$\Delta G = \gamma \times 4\pi \left[\left(\frac{r_1^3}{r_2}\right) - r_1^2\right] = 0.4865 \text{ N·m}^{-1} \times 4 \times 3.14 \times \left[\frac{(1\times 10^{-3})^3}{10^{-9}} - (1\times 10^{-3})^2\right] \text{m}^2$$

$$= 6.11 \text{ J}$$

例 2 计算 373.15 K 时，下列情况下弯曲液面承受的附加压力。已知 373.15 K 时水的表面张力为 58.91×10^{-3} N·m^{-1}。(1) 水中存在的半径为 0.1 μm 的小气泡；(2) 空气中存在的半径为 0.1 μm 的小液滴；(3) 空气中存在的半径为 0.1 μm 的小气泡。

解：(1) 根据拉普拉斯方程：$\Delta p = \frac{2\gamma}{r}$；$\Delta p = \frac{2 \times 58.91\times 10^{-3} \text{ N·m}^{-1}}{0.1\times 10^{-6} \text{ m}} = 1.178\times 10^3 \text{ kPa}$

(2) $\Delta p = \frac{2 \times 58.91\times 10^{-3} \text{ N·m}^{-1}}{0.1\times 10^{-6} \text{ m}} = 1.178\times 10^3 \text{ kPa}$

(3) 因空气中的小气泡有两个气-液表面，所以泡内气体所承受附加压力为：

$$\Delta p = \frac{4\gamma}{r} = \frac{4 \times 58.91\times 10^{-3} \text{ N·m}^{-1}}{0.1\times 10^{-6} \text{ m}} = 2.356\times 10^3 \text{ kPa}$$

例3 在一玻璃管两端各有一大一小的肥皂泡如图 8-1(a)。现将活塞打开使两泡相通时，若肥皂泡不会马上破裂，问两泡体积将如何变化？

解：会出现大泡变大、小泡变小的现象，如图 8-1(b)。

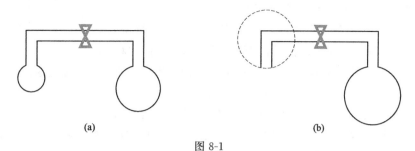

图 8-1

这是因为肥皂泡所产生的附加压力与曲率半径 r 成反比，小泡的 r 较小，泡内气体受到较大的附加压力而向大泡迁移，使大泡变得更大。但小泡不会无限缩小，当小泡收缩至其半径等于玻璃管口半径时，r 最小，若再收缩，其 r 反而增大。当小泡收缩至它的曲率半径与大泡的半径相等时，达到平衡，停止收缩。此时小泡变为贴在玻璃管口的虚线曲面，大泡变为右侧实线大泡。

例4 在水平放置的毛细管中分别装入两种不同液体，一种能润湿管壁，另一种不能润湿管壁，当在毛细管一端加热时，则管内液体将向何方移动？为什么？

图 8-2

解：图 8-2(a) 表示为液体能润湿管壁，两端液面呈凹形，附加压力大小为 $\Delta p = \dfrac{2\gamma}{r}$，方向指向气体。当加热毛细管右端时，温度上升，$\gamma$ 降低，未加热的左端 γ 不变，附加压力不变，故在附加压力作用下液体向左移动。图 8-2(b) 表示为液体不能润湿管壁，两端液面呈凸形，附加压力大小为 $\Delta p = \dfrac{2\gamma}{r}$，方向指向液体。当加热毛细管右端时，温度上升，$\gamma$ 降低，未加热的左端 γ 不变，附加压力不变，故在附加压力作用下液体向右移动。

例5 在 298.15 K 时，将直径为 0.1 mm 的玻璃毛细管插入乙醇中。(1) 问需要在管内加多大的压力才能防止液面上升？(2) 若不加任何压力，平衡后毛细管内液面的高度为多少？已知该温度下乙醇的表面张力为 22.3×10^{-3} N·m^{-1}，密度为 789.4 kg·m^{-3}，重力加速度为 9.8 m·s^{-2}。设乙醇能很好地润湿玻璃。

解：(1) 因弯曲液面的附加压力引起毛细现象，则根据拉普拉斯方程：$\Delta p = \dfrac{2\gamma}{r}$ 计算管内需加压力。其中，半径 $r = \dfrac{0.1 \times 10^{-3} \text{ m}}{2} = 5 \times 10^{-5}$ m；$\Delta p = \dfrac{2 \times 22.3 \times 10^{-3} \text{ N·m}^{-1}}{5 \times 10^{-5} \text{ m}} = 892$ Pa

(2) 根据毛细现象公式 $h = \dfrac{2\gamma\cos\theta}{r\rho g}$，有：

$$h = \dfrac{2 \times 22.3 \times 10^{-3} \text{ N·m}^{-1} \times 1}{5 \times 10^{-5} \text{ m} \times 789.4 \text{ kg·m}^{-3} \times 9.8 \text{ m·s}^{-2}} = 0.115 \text{ m}$$

例 6 有人设计如图 8-3 所示的"永动机"。将一弯曲玻璃毛细管 A 插入水中后，由于毛细现象，水面上升高度超过 h，因此推断水会从弯管 B 处不断滴出，推动小涡轮转动做功，于是便可构成第一类永动机。如此推想是否合理？

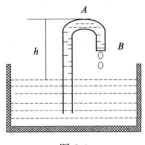

图 8-3

解：不合理。玻璃毛细管中的水能上升，动力在于凹液面，当液面上升到顶端后，又沿弯管下降到管口 B 处。液面下降时，由于弯曲部分液体受到重力作用，凹液面曲率半径增大，附加压力随之减小，当减小到与静压差相等时就达平衡（$\Delta p = 2\gamma/r = \rho g h$），曲率不再变化，在 B 管口处的液面仍是凹液面，向上凸，附加压力的方向指向液体内部，故水滴不会落下。要使管口处的液滴滴下，首先要在管口处形成向下的凸液面，而向下的凸液面不可能形成。

例 7 已知 25 ℃时，表面张力为 71.97×10^{-3} N·m^{-1}，水的密度为 997.1 kg·m^{-3}，摩尔质量为 18.02 g·mol^{-1}。（1）试用拉普拉斯（Laplace）方程计算半径为 10^{-5} m 的球形液滴的附加压力；（2）试用开尔文公式计算半径为 10^{-5} m 的球形液滴及气泡的相对蒸气压。

解：（1） $\Delta p = \dfrac{2\gamma}{r} = \dfrac{2 \times 71.97 \times 10^{-3} \text{ N·m}^{-1}}{10^{-5} \text{ m}} = 1.439 \times 10^{4}$ Pa

（2）小液滴为凸形液面，当 $r = 10^{-5}$ m 时，代入开尔文公式：$RT \ln \dfrac{p_r}{p} = \dfrac{2\gamma M}{\rho r}$，得：

$$\ln \dfrac{p_{凸}}{p} = \dfrac{2\gamma M}{RT\rho r} = \dfrac{2 \times 71.97 \times 10^{-3} \text{ N·m}^{-1} \times 18.02 \times 10^{-3} \text{ kg·mol}^{-1}}{8.314 \text{ J·mol}^{-1}\text{·K}^{-1} \times 298.15 \text{ K} \times 997.1 \text{ kg·m}^{-3} \times 10^{-5} \text{ m}} = 1.0494 \times 10^{-4}$$

$$\dfrac{p_{凸}}{p} = 1.0001$$

小气泡为凹形液面，当 $r = 10^{-5}$ m 时，代入开尔文公式：$RT \ln \dfrac{p_{凹}}{p} = -\dfrac{2\gamma M}{\rho r}$，得：

$$\ln \dfrac{p_{凹}}{p} = -1.0494 \times 10^{-4}, \quad \dfrac{p_{凹}}{p} = 0.9999$$

由以上计算得知，相同曲率半径的不同曲面，$p_{凸} > p_{平} > p_{凹}$。

例 8 采用泡压法测定丁醇水溶液的表面张力，如图 8-4 所示。20 ℃时测定的丁醇溶液的最大泡压力为 0.4217 kPa，水的最大泡压力为 0.5472 kPa。已知 20 ℃时水的表面张力为 72.75 $\times 10^{-3}$ N·m^{-1}，试计算丁醇溶液的表面张力。

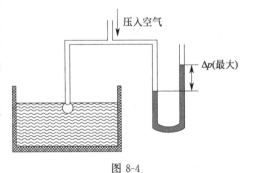

图 8-4

解：设 Δp_1、Δp_2、γ_1、γ_2 分别为丁醇溶液及水的最大泡压力与表面张力。

根据拉普拉斯公式及泡压法的原理可知：

$$\Delta p_1 = \dfrac{2\gamma_1}{r}, \quad \Delta p_2 = \dfrac{2\gamma_2}{r}$$

因实验使用同一根毛细管，r 为定值，故

$$\dfrac{2\gamma_1}{\Delta p_1} = \dfrac{2\gamma_2}{\Delta p_2}$$

$$\gamma_1 = \gamma_2 \times \frac{\Delta p_1}{\Delta p_2}$$

$$= \frac{72.75 \text{ N·m}^{-1} \times 10^{-3} \times 0.4217 \text{ kPa}}{0.5472 \text{ kPa}}$$

$$= 5.61 \times 10^{-2} \text{ N·m}^{-1}$$

例9 293.15 K 时乙醚-水、乙醚-汞及水-汞的界面张力分别为 0.0107 N·m^{-1}、0.379 N·m^{-1} 及 0.375 N·m^{-1}，若在乙醚与汞的界面上滴一滴水，试求其接触角。

解：根据题给条件，接触角与各界面张力的关系如图 8-5 所示：

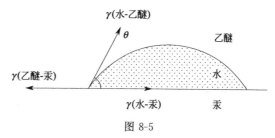

图 8-5

根据杨氏方程，计算润湿角。γ(乙醚-汞) = γ(水-汞) + γ(水-乙醚)cosθ

$$\cos\theta = \frac{\gamma(乙醚\text{-}汞) - \gamma(水\text{-}汞)}{\gamma(水\text{-}乙醚)} = \frac{0.379 - 0.375}{0.0107} = 0.3738, \text{ 解得 } \theta = 68.05°$$

例10 293.15 K 时,水的表面张力为 72.75 mN·m^{-1}，汞的表面张力为 486.5 mN·m^{-1}，而汞与水之间的界面张力为 375 mN·m^{-1}，试判断：(1) 水能否在汞表面铺展开？(2) 汞能否在水的表面上铺展开？

解：(1) 根据铺展系数 $S = \gamma(汞) - \gamma(汞\text{-}水) - \gamma(水)$
$S = (486.5 - 375 - 72.75) \text{ mN·m}^{-1} = 38.75 \text{ mN·m}^{-1}$；因 $S > 0$，所以能铺展。

(2) 根据铺展系数：$S = \gamma(水) - \gamma(汞\text{-}水) - \gamma(汞)$
$S = (72.75 - 375 - 486.5) \text{ mN·m}^{-1} = -788.75 \text{ mN·m}^{-1}$；因 $S < 0$，所以不能铺展。

（二）提高篇例题

例1 25 ℃时乙醇水溶液的表面张力与乙醇浓度的关系为：$\gamma/10^{-3} \text{ N·m}^{-1} = 72 - 0.5(c/c^{\ominus}) + 0.2(c/c^{\ominus})^2$；试分别计算乙醇浓度为 0.1 mol·dm^{-3} 和 0.5 mol·dm^{-3} 时，乙醇的表面吸附量 ($c^{\ominus} = 1.0 \text{ mol·dm}^{-3}$)。

解：由吉布斯吸附等温式，表面吸附量为：$\Gamma = -\frac{c}{RT} \times \frac{d\gamma}{dc}$

$\frac{d\gamma}{dc} = (-0.5 + 0.4 \times c/c^{\ominus}) \times 10^{-3} \text{ N·m}^{-1}/\text{mol·dm}^{-3}$

$c = 0.1 \text{ mol·dm}^{-3}$ 时，

$$\Gamma_1 = -\frac{0.1 \text{ mol·dm}^{-3} \times (-0.5 + 0.4 \times 0.1) \times 10^{-3} \text{ N·m}^{-1}/\text{mol·dm}^{-3}}{8.314 \text{ J·mol}^{-1}\text{·K}^{-1} \times 298 \text{ K}} = 1.86 \times 10^{-8} \text{ mol·m}^{-2}$$

$c = 0.5 \text{ mol·dm}^{-3}$ 时，$\Gamma_2 = 1.21 \times 10^{-8} \text{ mol·m}^{-2}$

例2 用活性炭吸附 $CHCl_3$ 时，0 ℃时的饱和吸附量为 93.8 dm^3·kg^{-1}。已知该温度下 $CHCl_3$ 的分压为 1.34×10^4 Pa 时的平衡吸附量为 82.5 dm^3·kg^{-1}，试计算：(1) 朗缪尔吸附定温式中的常数 b；(2) $CHCl_3$ 分压为 6.67×10^3 Pa 时的平衡吸附量。

解：(1) 表面覆盖率 θ 为某压力的平衡吸附量 V 和饱和吸附量 V_m 之比：$\theta = \frac{V}{V_m}$

根据朗缪尔吸附等温式，$\theta = \dfrac{bp}{1+bp}$，则 $\dfrac{V}{V_m} = \dfrac{bp}{1+bp}$，故

$$b = \dfrac{V}{(V_m - V)p} = \dfrac{82.5 \text{ dm}^3 \cdot \text{kg}^{-1}}{(93.8 - 82.5)\text{dm}^3 \cdot \text{kg} \times 1.34 \times 10^4 \text{ Pa}} = 5.45 \times 10^{-4} \text{ Pa}^{-1}$$

(2) 因 $V = \dfrac{bp}{1+bp} V_m$，则

$$V = \dfrac{5.45 \times 10^{-4} \text{ Pa}^{-1} \times 6.67 \times 10^3 \text{ Pa}}{1 + 5.45 \times 10^{-4} \text{ Pa}^{-1} \times 6.67 \times 10^3 \text{ Pa}} \times 93.8 \text{ dm}^3 \cdot \text{kg}^{-1} = 73.56 \text{ dm}^3 \cdot \text{kg}^{-1}$$

五、概念练习题

(一) 填空题

1. 表面吉布斯函数的定义式为_____。

2. 液体的表面张力随温度的升高_____，在临界温度时，表面张力为_____。

3. 已知 20 ℃ 时，水-空气界面张力为 7.28×10^{-2} N·m^{-1}，则在 20 ℃ 和常压下，可逆地增大水的表面积 3 cm^2，需做功_____ J。

4. 肥皂泡的半径为 r，表面张力为 γ，则肥皂泡的内外压力差 $\Delta p =$ _____。

5. 液体的液滴越小，饱和蒸气压越_____；而液体中的气泡越小，气泡内液体的饱和蒸气压越_____。

6. 将一根毛细管插入液体中，从毛细管上端吹气，由下端缓慢逸出，对气体施加的最大压力为_____。

7. 引起各种过饱和现象（如：蒸气的过饱和，液体的过冷或过热，溶液的过饱和等）的原因是_____。

8. 朗缪尔吸附等温式的形式为：表面覆盖率 $\theta =$ _____，该式的适用条件是_____。

9. 汞在玻璃上的接触角为 θ，则表面张力 γ^s、γ^l 及 γ^{sl} 间的关系为_____。

10. 表面活性物质溶于水时，溶液的表面张力显著_____，溶液表面为_____吸附。

11. 在有机物溶液的分馏或蒸馏实验中，常要往液体中加一些沸石，其目的是____。

(二) 选择题

1. 表面张力是物质本身的性质，与下述____无关。
   A. 温度
   B. 压力
   C. 物质总表面积
   D. 与此物质相接触的其他物质

2. 液体表面分子所受合力的方向总是____，液体表面张力的方向总是____。
   A. 沿液体表面的法线方向，指向液体内部
   B. 沿液体表面的法线方向，指向气体
   C. 沿液体的切线方向
   D. 无确定的方向

3. 同一系统，表面吉布斯能和表面张力都用 γ 表示，它们____。
   A. 物理意义相同，数值相同
   B. 单位完全相同

C. 物理意义相同，单位不同　　　　　　D. 前者为标量，后者是矢量

4. 纯组分系统的表面 Gibbs 函数值____。

　　A. 大于零　　　　B. 小于零　　　　C. 等于零　　　　D. 不一定

5. 用同一滴管分别滴下相同体积的 NaOH 水溶液、水、乙醇水溶液，它们滴数的关系为____。

　　A. 三者一样多　　　　　　　　　　　B. 水＞乙醇水溶液＞NaOH 水溶液
　　C. 乙醇水溶液＞水＞NaOH 水溶液　　D. NaOH 水溶液＞水＞乙醇水溶液

6. 液体在玻璃毛细管中是上升还是下降，取决于该液体的什么性质？____。

　　A. 黏度　　　　　B. 压力　　　　　C. 密度　　　　　D. 界面张力

7. 弯曲液面下的附加压力与表面张力的联系和区别在于____。

　　A. 产生的原因与方向相同，而大小不同　　B. 产生的原因相同，而大小不同
　　C. 作用点相同，而方向和大小不同　　　　D. 作用点相同，而产生的原因不同

8. 下列说法中不正确的是____。

　　A. 任何液面都存在表面张力　　　　　　　B. 平面液体没有附加压力
　　C. 弯曲液面的表面张力指向曲率中心　　　D. 弯曲液面的附加压力指向曲率中心

9. 纯液体实际凝固温度比正常凝固点低，其原因是____。

　　A. 新生微晶的化学势高　　　　　　　　　B. 新生微晶的蒸气压低
　　C. 冷却速率不能无限慢　　　　　　　　　D. 相变热散失速率较快

10. 肥皂泡的半径为 r，表面张力为 γ，则肥皂泡的内外压力差 $\Delta p=$____。

　　A. $\Delta p=\dfrac{6\gamma}{r}$　　B. $\Delta p=\dfrac{4\gamma}{r}$　　C. $\Delta p=\dfrac{2\gamma}{r}$　　D. $\Delta p=\dfrac{\gamma}{r}$

11. 液体在毛细管中上升的高度反比于____。

　　A. 温度　　　　　B. 液体的黏度　　　C. 毛细管半径　　　D. 大气压力

12. 在一密闭容器中，有大小不等的两个水滴，长期放置后会发生____。

　　A. 大水滴变小，小水滴变大　　　　　　　B. 大水滴变大，小水滴缩小至消失
　　C. 大、小水滴均变小　　　　　　　　　　D. 不会有什么变化

13. 以 $p_平$、$p_凹$ 或 $p_凸$ 分别表示平面、凹面和凸面液体上的蒸气压，则三者之间的关系为____。

　　A. $p_凸=p_平=p_凹$　　B. $p_凸＞p_平＞p_凹$　　C. $p_凹＞p_平＞p_凸$　　D. $p_平＞p_凸＞p_凹$

14. 微小晶体与普通晶体相比较，下列结论中____是错误的。

　　A. 微小晶体的蒸气压较大　　　　　　　　B. 微小晶体的熔点较低
　　C. 微小晶体的溶解度较大　　　　　　　　D. 微小晶体的溶解度较小

15. 液体润湿固体的条件是____。

　　A. $\gamma^s\geqslant\gamma^{sl}+\gamma^l$　　B. $\gamma^{sl}\geqslant\gamma^s+\gamma^l$　　C. $\gamma^l\geqslant\gamma^{sl}+\gamma^s$　　D. $\gamma^s\geqslant\gamma^{sl}+\gamma^l\cos\theta$

16. 对于物理吸附，下列说法不正确的是____。

　　A. 吸附力为范德华力，一般不具有选择性
　　B. 吸附层可以是单分子或多分子
　　C. 吸附热较小
　　D. 吸附平衡不易达到

17. 固体表面上对某种气体发生单分子层吸附，吸附量将随气体压力增大而____。

　　A. 成比例增加　　B. 成倍增加　　C. 逐渐趋于饱和　　D. 恒定不变

18. 表面活性物质最重要的一个特征是____。

   A. 表面张力大　　　　　　　　B. 分子量很大，易被吸附
   C. 吉布斯吸附量为大的正值　　D. 吉布斯吸附量为大的负值

19. 物质的量浓度相同的下列各物质的稀水溶液中，表面发生负吸附的是____，而____是其中较好的表面活性剂。

   A. 硫酸　　　　B. 硬脂酸　　　　C. 甲酸　　　　D. 苯甲酸

（三）填空题答案

1. $\gamma = \left(\dfrac{\partial G}{\partial A_s}\right)_{T,p}$；2. 降低，零；3. 2.18×10^{-5}；4. $\Delta p = \dfrac{4\gamma}{r}$；5. 大，小；6. $p_{\max} = p_0(大气压) + \rho g h + 2\gamma/r$；7. 生成的新相是高度分散的，表面积大，表面吉布斯函数大；8. $\dfrac{bp}{1+bp}$，单分子层吸附或化学吸附；9. $\gamma^s = \gamma^{sl} + \gamma^l \cos\theta$；10. 降低，正；11. 使微小气泡易于生成，降低液体过热程度。

（四）选择题答案

1. C；2. A，C；3. D；4. A；5. C；6. D；7. B；8. C；9. A；10. B；11. C，B；12. B；13. B；14. D；15. D；16. D；17. C；18. C；19. A，B。

第九章 化学动力学

一、基本要求

1. 熟练掌握反应速率的定义及表达式,并根据质量作用定律写出基元反应速率方程。
2. 熟练掌握简单级数的速率方程式(微分式、积分式)及其动力学特征(半衰期、线性关系和 k 的单位);熟练应用一级和二级反应的速率方程式计算浓度、转化率、k 值等应用。
3. 熟练掌握阿伦尼乌斯公式的 4 种表达形式,学会运用该方程计算不同温度的反应速率常数和反应的活化能。
4. 熟练掌握典型复合反应速率方程式的近似处理方法(选取控制步骤法、稳定态法和平衡态法)。
5. 正确理解速率方程的确定、典型复合反应和链反应。
6. 一般了解碰撞理论和过渡态理论。

二、核心内容

1. 化学反应速率的定义式

对于化学计量反应 $0=\sum\limits_{B}\nu_B B$,反应进度定义:$d\xi=(1/\nu_B)dn_B$

转化速率定义:$\dot{\xi}=\dfrac{d\xi}{dt}=\dfrac{1}{\nu_B}\times\dfrac{dn_B}{dt}$;反应速率定义:$v=\dfrac{1}{\nu_B}\times\dfrac{dc_B}{dt}$

对于反应 $aA+bB\longrightarrow yY+zZ$,有

$$v=-\dfrac{1}{a}\left(-\dfrac{dc_A}{dt}\right)=-\dfrac{1}{b}\left(-\dfrac{dc_B}{dt}\right)=\dfrac{1}{y}\dfrac{dc_Y}{dt}=\dfrac{1}{z}\dfrac{dc_Z}{dt}$$

即

$$v=-\dfrac{v_A}{a}=-\dfrac{v_B}{b}=\dfrac{v_Y}{y}=\dfrac{v_Z}{z}$$

式中,v_A、v_B 分别表示 A、B 的消耗速率;v_Y、v_Z 分别表示 Y、Z 的消耗速率。

2. 化学反应速率方程

(1)质量作用定律

对于基元反应　　$aA+bB+\cdots \longrightarrow$ 产物

速率方程　　　　$v=kc_A^a c_B^b \cdots\cdots$　　（$a+b+\cdots=$ 反应分子数）

式中，k 为速率常数，与温度有关。a、b 分别为 A、B 的反应分级数，为正整数。

从速率方程可知：基元反应的速率与各反应物浓度的幂乘积成正比，其中各浓度的方次为反应方程中相应组分的计量系数的绝对值，这就是质量作用定律。

说明：$a+b+\cdots$ 为基元反应的总级数，是正整数，且等于反应分子数。

（2）速率方程的一般形式

对于化学计量反应：$aA+bB+\cdots \longrightarrow$ 产物

速率方程：　　　　$v=kc_A^{n_A} c_B^{n_B} \cdots\cdots$

式中，n_A、n_B 分别为反应物 A、B 的反应分级数。

说明：①n_A、n_B 通常不等于各相应组分的计量系数的绝对值，其数值需通过实验确定；②对于非基元反应，反应级数可以有整数（正、负和零）、分数或小数（正、负），对于非幂函数型的速率方程，则无法用简单数字来表示其反应级数；③反应的总级数 $n=n_A+n_B+\cdots$。级数越大，则反应速率受浓度的影响越大。

（3）具有简单级数反应的速率方程及其动力学特征

将符合通式 $-\dfrac{dc_A}{dt}=k_A c_A^n$，且 $n=0、1、2、\cdots n$ 的速率方程的积分式及动力学特征，列于下表：

级数	速率方程		特征		
	微分式	积分式	直线关系	$t_{1/2}$	k 的单位
0	$-\dfrac{dc_A}{dt}=k_A$	$c_{A,0}-c_A=k_A t$	c_A-t	$\dfrac{c_{A,0}}{2k_A}$	$mol \cdot m^{-3} \cdot s^{-1}$
1	$-\dfrac{dc_A}{dt}=k_A c_A$	$\ln \dfrac{c_{A,0}}{c_A}=k_A t$	$\ln c_A$-t	$\dfrac{\ln 2}{k_A}$	s^{-1}
2	$-\dfrac{dc_A}{dt}=k_A c_A^2$	$\dfrac{1}{c_A}-\dfrac{1}{c_{A,0}}=k_A t$	$\dfrac{1}{c_A}$-t	$\dfrac{1}{k_A c_{A,0}}$	$(mol \cdot m^{-3})^{-1} \cdot s^{-1}$
n	$-\dfrac{dc_A}{dt}=k_A c_A^n$	$\dfrac{1}{n-1}\left(\dfrac{1}{c_A^{n-1}}-\dfrac{1}{c_{A,0}^{n-1}}\right)=kt$	$\dfrac{1}{c_A^{n-1}}$-t	$\dfrac{2^{n-1}-1}{(n-1)kc_{A,0}^{n-1}}$	$(mol \cdot m^{-3})^{1-n} \cdot s^{-1}$

说明：（1）表中是用浓度表示的反应速率方程 $-\dfrac{dc_A}{dt}=k_A c_A^n$，$k_A$ 指用浓度形式表示的 $k_{A,c}$。上表也适用于用分压表示的反应速率方程 $-\dfrac{dp_A}{dt}=k_{p,A} p_A^n$，两者关系为 $k_A=k_{p,A}(RT)^{n-1}$；（2）常用反应的转化率 x_A 表示浓度，且 $c_A=c_{A,0}(1-x_A)$。如一级反应：$\ln \dfrac{1}{1-x_A}=k_A t$；二级反应：$\dfrac{1}{c_{A,0}} \times \dfrac{x_A}{1-x_A}=k_A t$。

3. 阿伦尼乌斯方程

温度对速率常数 k 的影响由阿伦尼乌斯（Arrhenius）方程表示：

（1）微分式：$\dfrac{d\ln k}{dT}=\dfrac{E_a}{RT^2}$。该式表明：$\ln k$ 随 T 的变化率与 E_a 成正比，即 E_a 越高，反应速率对温度越敏感。对于两个不同反应，则高温对活化能高的反应有利，低温对活化能低的反应有利。

（2）定积分式：$\ln\dfrac{k_2}{k_1}=-\dfrac{E_a}{R}\left(\dfrac{1}{T_2}-\dfrac{1}{T_1}\right)$。此式常用于由一个温度 T_1 下的反应速率常数 k_1，计算另一个温度 T_2 下的反应速率常数 k_2。

（3）不定积分式：$\ln k=-\dfrac{E_a}{RT}+\ln A$。该式表明，若对一系列实验数据以 $\ln k$ 对 $1/T$ 作图，可得一直线，由直线斜率 $-\dfrac{E_a}{R}$ 可求出活化能 E_a。

（4）指数式：$k=Ae^{-E_a/(RT)}$。由该式可看出，若活化能 E_a 越小或温度 T 越高，则速率常数 k 越大。

4. 对活化能的理解

（1）对于基元反应，活化能有明确的物理意义。即在化学反应体系中，普通分子变成活化分子至少需吸收的能量为活化能；或说越过反应能垒所需吸收的能量。阿伦尼乌斯认为，活化能为每摩尔活化分子的平均能量与每摩尔普通分子的平均能量之差。

（2）化学反应热与活化能的关系：$Q_V=\Delta U=E_{a,1}-E_{a,-1}$。表示正、逆向均为基元反应时，化学反应的摩尔恒容反应热在数值上等于正、逆向活化能之差（$E_{a,1}-E_{a,-1}$）。

（3）对于非基元反应，其活化能为组成其反应的基元反应各活化能的代数和，称为表观活化能。注意：由阿伦尼乌斯公式求得的活化能为表观活化能。

5. 速率方程的近似处理方法及应用

（1）近似处理方法

主要包括选取控制步骤法、平衡态近似法和稳态近似法三种。

① 选取控制步骤法：对于连串反应，最慢的一步为反应速率的控制步骤，即总的反应速率等于最慢一步反应的速率。

以一级连串反应为例：$A\xrightarrow{k_1}B\xrightarrow{k_2}C$

若 $k_2\gg k_1$，则总反应的速率为 $v=-\dfrac{dc_A}{dt}=k_1c_A$

② 平衡态近似法：以一对行反应与一连串反应组合的复合反应为例：$A+B\underset{k_{-1}}{\overset{k_1}{\rightleftharpoons}}C\xrightarrow{k_2}D$

若 k_1、$k_{-1}\gg k_2$，则说明前面的对行反应快速达到平衡，满足 $K=\dfrac{k_1}{k_{-1}}=\dfrac{c_C}{c_Ac_B}$，而后面的反应 $C\xrightarrow{k_2}D$ 为慢步骤。

③ 稳态近似法

以连串反应为例：$A\xrightarrow{k_1}B\xrightarrow{k_2}C$

若 $k_2\gg k_1$，说明第二步的反应速率远远大于第一步，即 B 为非常活泼的中间物，c_B 很小，可近似看作不随时间改变，即处于稳态，满足 $\dfrac{dc_B}{dt}=0$。

（2）应用

近似处理方法常用于推导复合反应的速率方程。推导原则：在速率方程中，不应包含不能由实验测定的中间物的浓度项。

以复合反应 $A \underset{k_{-1}}{\overset{k_1}{\rightleftharpoons}} B \overset{k_2}{\longrightarrow} C$ 为例，根据质量作用定律，总反应速率方程为

$$\frac{dc_C}{dt} = k_2 c_B$$

采用平衡态近似法处理：因为 $\dfrac{c_B}{c_A} = K_c$，所以 $c_B = K_c c_A$，则 $\dfrac{dc_C}{dt} = k_2 K_c c_A$。

采用稳态近似法处理：因为 $\dfrac{dc_B}{dt} = k_1 c_A - (k_2 + k_{-1}) c_B = 0$，所以 $c_B = \dfrac{k_1}{k_2 + k_{-1}} c_A$，则 $\dfrac{dc_C}{dt} = k_2 c_B = \dfrac{k_1 k_2}{k_2 + k_{-1}} c_A$。

6. 反应级数 (n) 的确定

（1）尝试法（积分法）

利用各级反应速率方程的积分式的线性关系来确定反应级数。

把实验数据（c_A-t）分别代入各级数的反应积分式中求出 k，若 k 为常数，则为此级数；或作其线性关系图，若呈直线则为该级数。此法适用于级数为整数的反应。

（2）半衰期法

除一级反应外，设反应在两不同初始浓度（其他浓度相同）$c'_{A,0}$ 和 $c''_{A,0}$ 时所对应的半衰期分别为 $t'_{1/2}$ 和 $t''_{1/2}$，则有 $n = 1 - \dfrac{\ln(t''_{1/2}/t'_{1/2})}{\ln(c''_{A,0}/c'_{A,0})}$。

（3）初始速率法（微分法）

对于微分方程：$v_A = -\dfrac{dc_A}{dt} = k_A c_A^n$

初始速率为 $v_{A,0} = k_A c_{A,0}^n$，对其求对数，得

$$\ln v_{A,0} = n \ln c_{A,0} + \ln k_A$$

显然，$\ln v_{A,0}$ 与 $\ln c_{A,0}$ 为线性关系，该直线的斜率即为 n。

或在只有两组数据的情况下，由 $\dfrac{v_{A,0}}{v'_{A,0}} = \left(\dfrac{c_{A,0}}{c'_{A,0}}\right)^n$，得 $n = \dfrac{\ln(v_{A,0}/v'_{A,0})}{\ln(c_{A,0}/c'_{A,0})}$

初始速率法可避免产物的干扰。

（4）隔离法

对于有两种或两种以上反应物的反应，如速率方程 $v = k c_A^\alpha c_B^\beta$，当 c_B 恒定时，速率方程变为 $v = k' c_A^\alpha$，再通过上述方法即可求出分级数 α。同理也可求出另一分级数 β。

7. 典型复合反应及动力学特征

典型复合反应包括对行反应、平行反应和连串反应三种类型，可根据其各自的特征进行动力学参数的计算。

（1）对行反应：正向和逆向同时进行的反应为对行反应。

对于一级对行反应：$A \underset{k_{-1}}{\overset{k_1}{\rightleftharpoons}} B$

速率方程微分式：$-\dfrac{d\Delta c_A}{dt} = (k_1 + k_{-1}) \Delta c_A$（$\Delta c$ 为距平衡浓度差）

积分式：$\ln\dfrac{c_{A,0}-c_{A,e}}{c_A-c_{A,e}}=(k_1+k_{-1})t$

动力学特征：①根据积分式可知，$\ln(c_A-c_{A,e})$与t图为一直线，斜率为$-(k_1+k_{-1})$，即得反应总速率常数(k_1+k_{-1})的值；再进一步结合实验测得的平衡常数K_c（$K_c=k_1/k_{-1}$），即可求出为k_1和k_{-1}；②半衰期$t_{1/2}=\dfrac{\ln 2}{k_1+k_{-1}}$。

（2）平行反应：对于一级平行反应：$A\begin{array}{c}\nearrow^{k_1} B\\ \searrow_{k_2} C\end{array}$

A 的消耗速率：$-\dfrac{dc_A}{dt}=(k_1+k_2)c_A$；积分式：$\ln\dfrac{c_{A,0}}{c_A}=(k_1+k_2)t$。

动力学特征：①根据积分式可知，$\ln c_A$与t图为一直线，斜率为$-(k_1+k_2)$，即得反应的总速率常数(k_1+k_2)的值；②对于级数相同的反应且当$c_{B,0}=0$，$c_{C,0}=0$时，任意时刻，有$\dfrac{v_B}{v_C}=\dfrac{c_B}{c_C}=\dfrac{k_1}{k_2}$，根据$\dfrac{c_B}{c_C}=\dfrac{k_1}{k_2}$，再结合$k_1+k_2$值，可求算出$k_1$和$k_2$。

（3）连串反应：对于一级连串反应，$A\xrightarrow{k_1} B\xrightarrow{k_2} C$

A 的消耗速率：$-\dfrac{dc_A}{dt}=k_1 c_A$

B 的生成速率：$\dfrac{dc_B}{dt}=k_1 c_A-k_2 c_B$

C 的生成速率：$\dfrac{dc_C}{dt}=k_2 c_B$

动力学特征：中间产物 B 是目标产物，则c_B的最大值和对应的最佳反应时间分别为

$c_{B,\max}=c_{A,0}\left(\dfrac{k_1}{k_2}\right)^{\frac{k_2}{k_2-k_1}}$，$t_{\max}=\dfrac{\ln k_2-\ln k_1}{k_2-k_1}$。

三、基本概念辨析

1. 吉布斯自由能变化越负的化学反应，它的反应速率一定越大。这种说法是否正确？

答：不正确。例如 $H_2+\dfrac{1}{2}O_2\longrightarrow H_2O$，$\Delta_r G_m^{\ominus}=-237.19\ kJ\cdot mol^{-1}$；$NO+\dfrac{1}{2}O_2\longrightarrow NO_2$，$\Delta_r G_m^{\ominus}=-34.85\ kJ\cdot mol^{-1}$。虽然 H_2 与 O_2 反应的吉布斯自由能变化是很负的值，但在常温常压下没有催化剂存在等外界因素时，混合在一起几十年也没有水生成；而 NO 与 O_2 反应的吉布斯自由能变化虽然没那么负，在常温常压下却很快反应，两者混合很快看到红棕色气体产生，反应速率很大。

2. 反应分子数与反应级数有什么区别与联系？

答：反应分子数是针对基元反应而言的，指基元反应中参加一次直接作用的微粒数；反应级数是指反应速率方程中反应组分浓度项的指数之和；它们是不同的概念。对于基元反

应,在正常条件下,反应分子数和反应级数在数值上可能相等。对于复杂反应,无反应分子数可言,若反应速率方程不具有简单的指数关系式,就无反应级数。

3. 一个化学反应的级数越大,其反应速率也越大,该说法正确吗?

答：不正确。反应速率与反应级数无直接关系,一个化学反应的级数大只表明浓度对速率影响大,并不能表明反应速率就大。

4. 简单级数的反应就是基元反应,这种说法正确吗?

答：不正确,基元反应是一步反应,而简单级数的反应是指反应级数是 0、1、2、3 的反应,它也可能是多步反应,也就是复杂反应。

5. 阿伦尼乌斯方程的适用条件是什么？实验活化能 E_a 对于基元反应和复杂反应的含义有何不同？

答：阿伦尼乌斯经验方程式的适用条件是基元反应与速率方程为 $v=kc_A^a c_B^b \cdots$ 形式的复杂反应。活化能的意义是活化分子的平均能量与反应物分子的平均能量之差。对于基元反应,活化能可以看成是反应分子要克服的能垒。对于复杂反应,活化能没有明确的物理意义,只有表观意义,其活化能是反应机理中各步骤基元反应活化能的复杂组合。

四、例题

（一）基础篇例题

例 1 根据质量作用定律,写出基元反应 $2I + H_2 \xrightarrow{k} 2HI$ 的速率方程。

解：$v = -\dfrac{1}{2} \times \dfrac{dc_I}{dt} = -\dfrac{dc_{H_2}}{dt} = \dfrac{1}{2} \times \dfrac{dc_{HI}}{dt} = k c_I^2 c_{H_2}$

例 2 某二级反应 $A(g) + B(g) \longrightarrow 2D(g)$,在 T、V 恒定的条件下。当反应物初始浓度为 $c_{A,0} = c_{B,0} = 0.2 \text{ mol} \cdot \text{dm}^{-3}$ 时,反应的初始速率为 $-(dc_A/dt)_{t=0} = 5 \times 10^{-2} \text{ mol} \cdot \text{dm}^{-3} \cdot \text{s}^{-1}$,求速率常数 k_A 及 k_D。

解：因为反应是二级,故有 $-\dfrac{dc_A}{dt} = v_A = k_A c_A c_B$

因 $c_{A,0} = c_{B,0}$,则 $-\left(\dfrac{dc_A}{dt}\right)_{t=0} = v_{A,0} = k_A c_{A,0} c_{B,0} = k_A c_{A,0}^2$,即 $v_{A,0} = k_A c_{A,0}^2$

$k_A = \dfrac{v_{A,0}}{c_{A,0}^2} = \dfrac{0.05}{0.2 \times 0.2} \text{ dm}^3 \cdot \text{mol}^{-1} \cdot \text{s}^{-1} = 1.25 \text{ dm}^3 \cdot \text{mol}^{-1} \cdot \text{s}^{-1}$

$k_D = 2k_A = 2.50 \text{ dm}^3 \cdot \text{mol}^{-1} \cdot \text{s}^{-1}$

例 3 在 298 K 时,某人工放射性元素能放出 α 粒子,其半衰期 $t_{1/2}$ 为 15 min。试求：(1) 该反应的速率常数 k；(2) 反应完成 80% 时所需的时间 t。

解：放射性元素衰变是一级反应。

(1) 一级反应：$t_{1/2} = \dfrac{\ln 2}{k}$；$k = \dfrac{\ln 2}{t_{1/2}} = \left(\dfrac{\ln 2}{15}\right) \text{min}^{-1} = 0.04621 \text{ min}^{-1}$

(2) $\ln \dfrac{1}{1-x_A} = kt$；$t = \dfrac{1}{k} \ln \dfrac{1}{1-x_A} = \left(\dfrac{1}{0.04621} \times \ln \dfrac{1}{1-0.8}\right) \text{min} = 34.83 \text{ min}$

例 4 298 K 时 $N_2O_5(g)$ 分解反应半衰期 $t_{1/2}$ 为 5.7 h,此值与起始压力浓度无关,试求：(1) 该反应的速率常数；(2) 反应完成 90% 时所需的时间。

解：(1) 因半衰期与反应物的起始压力浓度无关,说明该反应为一级反应

$$反应速率常数为 k = \frac{\ln 2}{t_{1/2}} = \left(\frac{\ln 2}{5.7}\right) h^{-1} = 0.1216 \ h^{-1}$$

(2) 由 $\ln \frac{1}{1-x_A} = kt$,可得

$$t = \frac{1}{k} \ln \frac{1}{1-x_A} = \left(\frac{1}{0.1216} \times \ln \frac{1}{1-0.9}\right) h = 18.94 \ h$$

例 5 三聚乙醛 $(CH_3CHO)_3$ 蒸气分解为乙醛气体是一级反应。在 535 K,密闭容器中放入三聚乙醛,其初始压力为 $0.100 p^\ominus$,当反应进行 1000 s 后,系统总压力为 $0.228 p^\ominus$。求速率常数 k。

解：设三聚乙醛的初始压力为 p_0,t 时刻的压力为 p,则不同时刻各组分的分压如下：

$$(CH_3CHO)_3 \longrightarrow 3CH_3CHO$$

$$t=0 \qquad p_0 \qquad \qquad 0$$

$$t=t \qquad p \qquad \qquad 3(p_0-p)$$

t 时刻总压：$p_总 = p + 3(p_0-p) = 3p_0 - 2p$,可得 $p = \frac{1}{2}(3p_0 - p_总)$

三聚乙醛在密闭容器中的分解反应为等容反应,则压力与浓度成正比。

因一级反应,有：$k = \frac{1}{t} \ln \frac{c_0}{c} = \frac{1}{t} \ln \frac{p_0}{p}$,则

$$k = \frac{1}{t} \ln \frac{p_0}{\frac{1}{2}(3p_0 - p_总)} = \left[\frac{1}{1000} \times \ln \frac{0.100}{\frac{1}{2} \times (3 \times 0.100 - 0.228)}\right] s^{-1} = 1.022 \times 10^{-3} \ s^{-1}$$

例 6 偶氮甲烷气体分解反应 $CH_3NNCH_3(g) \longrightarrow C_2H_6(g) + N_2(g)$ 为一级反应。287 ℃时,一密闭容器中 $CH_3NNCH_3(g)$ 原来的压力为 21.33 Pa,1000 s 后总压为 22.73 kPa,求反应的速率常数 k 及半衰期 $t_{1/2}$。

解：设 $CH_3N=NCH_3$ 的初始压力为 p_0,t 时刻的压力为 p,则不同时刻各组分的分压如下：

$$CH_3N=NCH_3(g) \longrightarrow C_2H_6(g) + N_2(g)$$

$$t=0 \qquad p_0 \qquad \qquad 0 \qquad \qquad 0$$

$$t=t \qquad p \qquad \qquad p_0-p \qquad p_0-p$$

t 时刻,$p(总) = \sum p_B = p + 2(p_0-p) = 2p_0 - p$,则 $p = 2p_0 - p(总)$

$t=1000$ s 时,$p = 2p_0 - p(总) = (2 \times 21.33 - 22.73) Pa = 19.93 \ Pa$,

因一级反应,则 $k = \frac{1}{t} \ln \frac{c_0}{c} = \frac{1}{t} \ln \frac{p_0}{p} = \left(\frac{1}{1000} \ln \frac{21.33}{19.93}\right) s^{-1} = 6.789 \times 10^{-5} \ s^{-1}$

$$t_{1/2} = \frac{\ln 2}{k} = \left(\frac{\ln 2}{6.789 \times 10^{-5}}\right) s = 1.021 \times 10^4 \ s$$

例 7 反应 $A \longrightarrow B+D$,298.15 K 时,反应物 A 的起始浓度 $c_{A,0} = 1.00 \ mol \cdot dm^{-3}$,初始反应速率 $v_0 = 0.01 \ mol \cdot dm^{-3} \cdot s^{-1}$。假定此反应对 A 的级数为：(1) 零级,(2) 一级,(3) 二级,而对其他物质级数均为零,试分别求算不同反应级数的速率常数 k、半衰期 $t_{1/2}$ 及反应物 A 消耗掉 90% 时所需的时间。

解：(1) 零级反应

反应速率方程：$v = k_A c_A^0 = k_A$

$t = 0$ 时，$k_A = v_0 = 0.01 \text{ mol·dm}^{-3}\cdot\text{s}^{-1}$

因速率方程的积分形式为：$c_{A,0} - c_A = k_A t$，则半衰期：

$$t_{1/2} = \frac{c_{A,0} - c_{A,0}/2}{k_A} = \frac{c_{A,0}/2}{k_A} = \left(\frac{1.00/2}{0.01}\right)\text{s} = 50 \text{ s}$$

A 消耗掉 90% 时，$c_A = 0.1 c_{A,0}$，则

$$t = \frac{c_{A,0} - 0.1 c_{A,0}}{k_A} = \frac{0.9 c_{A,0}}{k_A} = \left(\frac{0.9 \times 1.00}{0.01}\right)\text{s} = 90 \text{ s}$$

(2) 一级反应

反应速率方程：$v = k_A c_A$

$t = 0$ 时，$k_A = \frac{v_0}{c_{A,0}} = \left(\frac{0.01}{1.00}\right)\text{s}^{-1} = 0.01 \text{ s}^{-1}$

速率方程的积分形式为：$\ln\frac{c_{A,0}}{c_A} = k_A t$，则半衰期：

$$t_{1/2} = \frac{1}{k_A}\ln\frac{c_{A,0}}{1/2 c_{A,0}} = \frac{\ln 2}{k_A} = \frac{0.693}{0.01}\text{ s} = 69.3 \text{ s}$$

A 消耗掉 90% 时，$c_A = 0.1 c_{A,0}$，则

$$t = \frac{1}{k_A}\ln\frac{c_{A,0}}{0.1 c_{A,0}} = \frac{\ln 10}{k_A} = \left(\frac{2.303}{0.01}\right)\text{s} = 230.3 \text{ s}$$

(3) 二级反应

反应速率方程：$v = k_A c_A^2$

$t = 0$ 时，$k_A = \frac{v_0}{c_{A,0}^2} = \left(\frac{0.01}{1.00^2}\right)\text{mol}^{-1}\cdot\text{dm}^3\cdot\text{s}^{-1} = 0.01 \text{ mol}^{-1}\cdot\text{dm}^3\cdot\text{s}^{-1}$

速率方程的积分形式为：$\frac{1}{c_A} - \frac{1}{c_{A,0}} = k_A t$，则半衰期：

$$t_{1/2} = \frac{1}{k_A}\left(\frac{1}{c_{A,0}/2} - \frac{1}{c_{A,0}}\right) = \frac{1}{k_A \times c_{A,0}} = \left(\frac{1}{0.01 \times 1.00}\right)\text{s} = 100 \text{ s}$$

A 消耗掉 90% 时，$c_A = 0.1 c_{A,0}$，则

$$t = \frac{1}{k_A}\left(\frac{1}{0.1 c_{A,0}} - \frac{1}{c_{A,0}}\right) = \frac{9}{k_A c_{A,0}} = \left(\frac{9}{0.01 \times 1.00}\right)\text{s} = 900 \text{ s}$$

例 8 乙酸乙酯皂化反应 $CH_3COOC_2H_5 + NaOH \longrightarrow CH_3COONa + C_2H_5OH$，是二级反应，当两反应物的初始浓度都是 0.02 mol·dm^{-3} 时，在 294 K 反应 25 min 时立即终止反应，测得溶液中剩余 NaOH 浓度为 $5.29 \times 10^{-3} \text{ mol·dm}^{-3}$。求：(1) 此反应转化率达 80% 时所需时间是多少？(2) 若反应物初始浓度都是 0.01 mol·dm^{-3}，达同样转化率时所需时间是多少？

解：该皂化反应是二级反应，且两反应物的初始浓度相等，则 $\frac{1}{c} - \frac{1}{c_0} = kt$

$$k = \frac{1}{t} \times \frac{c_0 - c}{c_0 c} = \left[\frac{1}{25} \times \left(\frac{0.02 - 5.29 \times 10^{-3}}{0.02 \times 5.29 \times 10^{-3}}\right)\right]\text{mol·dm}^{-3}\cdot\text{min}^{-1} = 5.56 \text{ mol·dm}^{-3}\cdot\text{min}^{-1}$$

(1) 已知 $c_0 = 0.02 \text{ mol·dm}^{-3}$，$c = (1-80\%)c_0 = 0.2c_0$

$$t = \frac{1}{k} \times \frac{c_0 - c}{c_0 c} = \frac{c_0 - 0.2c_0}{k \times 0.2 c_0 c_0} = \frac{4}{kc_0} = \left(\frac{4}{5.56 \times 0.02}\right) \text{min} = 36.0 \text{ min}$$

(2) 已知 $c_0 = 0.01 \text{ mol·dm}^{-3}$，$c = (1-80\%)c_0 = 0.2c_0$

$$t = \frac{1}{k} \times \frac{c_0 - c}{c_0 c} = \frac{c_0 - 0.2c_0}{k \times 0.2 c_0 c_0} = \frac{4}{kc_0} = \left(\frac{4}{5.56 \times 0.01}\right) \text{min} = 71.9 \text{ min}$$

计算结果表明：相同转化率，若初始浓度减半，则反应时间加倍，此为二级反应的特征。

例 9 反应 $2A \xrightarrow{k} B$ 为二级反应，某温度 T 时，将 A 置于容器中，其初始压力为 84.10 Pa，反应进行到 10 min 时，测得系统的总压力为 78.02 Pa，试求该温度下反应的速率常数 k。

解： 设 A 的初始压力为 $p_{A,0}$，t 时刻的压力为 p_A，则不同时刻各组分的分压如下：

$$\begin{array}{ccc} & 2A \longrightarrow & B \\ t=0 & p_{A,0} & 0 \\ t=t & p_A & \frac{1}{2}(p_{A,0} - p_A) \end{array}$$

t 时刻系统的总压为 $p_{总} = p_A + \frac{1}{2}(p_{A,0} - p_A) = \frac{1}{2}(p_{A,0} + p_A)$

t 时刻 A 的压力为 $p_A = 2p_{总} - p_{A,0} = (2 \times 78.02 - 84.10) \text{ Pa} = 71.94 \text{ Pa}$

因反应为二级反应，则 $-\dfrac{\mathrm{d}p_A}{\mathrm{d}t} = k_A p_A^2$，移项并作定积分得 $\dfrac{1}{p_A} - \dfrac{1}{p_{A,0}} = k_A t$，故

$$k_A = \frac{1}{t}\left(\frac{1}{p_A} - \frac{1}{p_{A,0}}\right) = \frac{1}{10} \times \left(\frac{1}{71.94} - \frac{1}{84.10}\right) \text{Pa}^{-1} \cdot \text{min}^{-1} = 2.010 \times 10^{-4} \text{ Pa}^{-1} \cdot \text{min}^{-1}$$

因 $k = \dfrac{k_A}{2}$，则 $k = 1.005 \times 10^{-4} \text{ Pa}^{-1} \cdot \text{min}^{-1}$

例 10 反应 $2A + B \longrightarrow Y$ 由实验测得为二级反应，其速率方程为 $-\dfrac{\mathrm{d}c_A}{\mathrm{d}t} = k_A c_A c_B$，已知 70 ℃时的反应速率常数 $k_B = 0.4 \text{ dm}^3 \cdot \text{mol}^{-1} \cdot \text{s}^{-1}$，若 $c_{A,0} = 0.2 \text{ mol·dm}^{-3}$，$c_{B,0} = 0.1 \text{ mol·dm}^{-3}$。试求反应物 A 的转化率为 90% 时，所需时间 t 是多少？

解： 因 $c_{A,0} = 2c_{B,0}$，则反应过程中始终有 $c_A = 2c_B$，故有

$$-\frac{\mathrm{d}c_A}{\mathrm{d}t} = k_A c_A c_B = k_A c_A \times \frac{1}{2} c_A = \frac{1}{2} k_A c_A^2 = k'_A c_A^2$$

积分得 $\dfrac{1}{c_A} - \dfrac{1}{c_{A,0}} = k'_A t$ 或 $\dfrac{x_A}{c_{A,0}(1-x_A)} = k'_A t$

因 $k'_A = \dfrac{1}{2} k_A = k_B$，则

$$t = \frac{x_A}{k_B c_{A,0}(1-x_A)} = \left[\frac{0.9}{0.4 \times 0.2 \times (1-0.9)}\right] \text{s} = 112.5 \text{ s}$$

例 11 反应 $A + 2B \longrightarrow Z$ 的速率方程为 $-\dfrac{\mathrm{d}c_A}{\mathrm{d}t} = k_A c_A c_B$，在 25 ℃时，$k_A = 1 \times 10^{-2}$ mol^{-1}·dm^3·s^{-1}，求 25 ℃时，A 反应掉 20% 所需时间。(1) 若 $c_{A,0} = 0.01 \text{ mol·dm}^{-3}$，

$c_{B,0}=1.00\ mol\cdot dm^{-3}$；（2）若 $c_{A,0}=0.01\ mol\cdot dm^{-3}$，$c_{B,0}=0.02\ mol\cdot dm^{-3}$。

解：（1）因 $c_{A,0}\ll c_{B,0}$，则 $c_B\approx c_{B,0}=$ 常数，故有

$$-\frac{dc_A}{dt}=k_A c_A c_B=k_A c_{B,0} c_A=k'_A c_A$$

积分得 $t=\dfrac{1}{k'_A}\ln\dfrac{1}{1-x_A}=\left(\dfrac{1}{1\times 10^{-2}\times 1.00}\times\ln\dfrac{1}{1-0.2}\right)s=22\ s$

（2）因 $c_{A,0}:c_{B,0}=1:2$，与 A、B 的计量系数比相同，故任一时刻都有 $c_A:c_B=1:2$

$$-\frac{dc_A}{dt}=k_A c_A c_B=2k_A c_A^2=k'_A c_A^2$$

积分得 $t=\dfrac{x_A}{k'_A c_{A,0}(1-x_A)}=\left[\dfrac{0.2}{2\times 1\times 10^{-2}\times 0.01\times(1-0.2)}\right]s=1.25\times 10^3\ s$

例 12 在定温 300 K 的密闭容器中，发生气相反应 $A(g)+B(g)\longrightarrow Y(g)$，测知其速率方程为 $-\dfrac{dp_A}{dt}=kp_A p_B$。假定反应开始只有 $A(g)$ 和 $B(g)$（初始体积比为 1:1），初始总压力为 200 kPa，反应进行到 10 min 时，测得总压力为 150 kPa，问：（1）该反应在 300 K 时的反应速率常数为多少？（2）20 min 时容器内总压力为多少？

解： 设 A 的初始压力为 $p_{A,0}$，t 时刻的压力为 p_A，则不同时刻各组分的分压如下：

$$\begin{array}{cccc} & A(g) & + & B(g) & \longrightarrow Y(g) \\ t=0 & p_{A,0} & & p_{A,0} & 0 \\ t=t & p_A & & p_A & p_{A,0}-p_A \end{array}$$

t 时刻总压：$p_\text{总}=p_A+p_{A,0}$；可知 $p_A=p_\text{总}-p_{A,0}$

因 $A(g)$ 和 $B(g)$ 的初始体积比为 1:1，则 $p_A=p_B$，故

$$-\frac{dp_A}{dt}=kp_A p_B=kp_A^2$$

积分得 $\dfrac{1}{p_A}-\dfrac{1}{p_{A,0}}=kt$

已知初始总压 $p_{\text{总},0}=200\ kPa$，可得 $p_{A,0}=100\ kPa$

当 $t=10\ min$ 时，$p_\text{总}=150\ kPa$，则

$$p_A=p_\text{总}-p_{A,0}=(150-100)kPa=50\ kPa$$

代入上面积分方程得 $\dfrac{1}{50}-\dfrac{1}{100}=k\times 10$，所以 $k=0.001\ kPa^{-1}\cdot min^{-1}$

（2）当 $t=20\ min$ 时，代入积分方程可得 $\dfrac{1}{p_A}-\dfrac{1}{100}=0.001\times 20$，$p_A=33\ kPa$

代入 $p_\text{总}=p_A+p_{A,0}$，得 $p_\text{总}=133\ kPa$

例 13 已知气相反应 $2A+B\longrightarrow 2Y$ 的速率方程为 $-\dfrac{dp_A}{dt}=kp_A p_B$，将气体 A 和 B 按物质的量比 2:1 引入一真空反应器中，温度保持在 400 K。反应经 10 min 后测得系统压力为 84.12 kPa，经长时间反应完全后系统压力变为 62.58 kPa。求：（1）气体 A 的初始压力 $p_{A,0}$ 和反应进行 10 min 时气体 A 的分压 p_A；（2）反应速率常数 k_A 及气体 A 的半衰期 $t_{1/2}$。

解：（1）设 A 的初始压力为 $p_{A,0}$，t 时刻的压力为 p_A，则不同时刻各组分的分压如下

$$2A + B \longrightarrow 2Y$$

$$t=0 \qquad p_{A,0} \qquad \frac{p_{A,0}}{2} \qquad 0$$

$$t=t \qquad p_A \qquad \frac{p_A}{2} \qquad p_{A,0}-p_A$$

t 时刻的总压 $p_{总}=p_A+\dfrac{p_A}{2}+(p_{A,0}-p_A)=p_{A,0}+\dfrac{p_A}{2}$，可得 $p_A=2(p_{总}-p_{A,0})$

当 $t=\infty$ 时，$p_A=0$，则系统的初始压力 $p_{A,0}=p_{总,\infty}=62.58\ \text{kPa}$

当 $t=10\ \text{min}$ 时，气体 A 的分压 $p_A=2\times(84.12-63.58)\ \text{kPa}=41.08\ \text{kPa}$

（2）因气体 A 和 B 的物质的量之比与其化学计量之比相等，则反应在任一时刻均有 $p_A=2p_B$，则

$$-\frac{\text{d}p_A}{\text{d}t}=k_A p_A\left(\frac{p_A}{2}\right)=\frac{k_A}{2}p_A^2=k_A'p_A^2，\text{积分可得}\ \frac{1}{p_A}-\frac{1}{p_{A,0}}=k_A' t$$

当 $t=10\ \text{min}$ 时，$\dfrac{1}{41.08}-\dfrac{1}{63.58}=k_A'\times 10$

代入上式，可得 $k_A'=8.614\times 10^{-4}\ \text{kPa}^{-1}\cdot\text{min}^{-1}$，则反应速率常数

$k_A=2k_A'=1.723\times 10^{-3}\ \text{kPa}^{-1}\cdot\text{min}^{-1}$

半衰期 $t_{1/2}=\dfrac{1}{k_A'p_{A,0}}=\dfrac{1}{8.614\times 10^{-4}\times 63.58}\ \text{min}=18.26\ \text{min}$

例 14 反应 $2A(g)+B(g)\longrightarrow Y(g)+Z(s)$ 的速率方程为 $-\dfrac{\text{d}p_B}{\text{d}t}=kp_A^{1.5}p_B^{0.5}$。400 K 时，将 $A(g)$ 和 $B(g)$ 按化学计量比通入恒容的真空容器中，测得反应开始时容器内的总压力为 3 kPa，反应进行 100 s 后总压降至 2 kPa，求反应进行 150 s 后容器中 B 气体的分压 p_B 为多少？

解：设 B 的初始压力为 $p_{B,0}$，t 时刻的压力为 p_B，则不同时刻各组分的分压如下：

$$2A(g)+B(g)\longrightarrow Y(g)+Z(s)$$

$$t=0 \qquad 2p_{B,0} \qquad p_{B,0} \qquad 0 \qquad 0$$

$$t=t \qquad 2p_B \qquad p_B \qquad p_{B,0}-p_B \qquad 0$$

$t=0$ 时，$p_{总,0}=2p_{B,0}+p_{B,0}=3\ \text{kPa}$，则 $p_{B,0}=1\ \text{kPa}$

t 时刻的总压 $p_{总}=2p_B+p_B+(p_{B,0}-p_B)=2p_B+p_{B,0}$，B 的分压 $p_B=(p_{总}-p_{B,0})/2$

又因将 $A(g)$ 和 $B(g)$ 按化学计量比通入容器，则反应在任一时刻均有 $p_A=2p_B$，则

速率方程 $-\dfrac{\text{d}p_B}{\text{d}t}=kp_A^{1.5}p_B^{0.5}=k(2p_B)^{1.5}p_B^{0.5}=2^{1.5}kp_B^2=k'p_B^2$，其中 $k'=2^{1.5}k$

积分后可得：$k't=\dfrac{1}{p_B}-\dfrac{1}{p_{B,0}}$

当 $t_1=100\ \text{s}$ 时，$p_{B,1}=\dfrac{p_{总,1}-p_{B,0}}{2}=\dfrac{(2-1)\text{kPa}}{2}=0.5\ \text{kPa}$

则速率常数 $k'=\dfrac{1}{t_1}\left(\dfrac{1}{p_{B,1}}-\dfrac{1}{p_{B,0}}\right)=\left[\dfrac{1}{100}\times\left(\dfrac{1}{0.5}-\dfrac{1}{1}\right)\right]\text{kPa}^{-1}\cdot\text{s}^{-1}=0.01\ \text{kPa}^{-1}\cdot\text{s}^{-1}$

当 $t_2=150$ s 时，$\dfrac{1}{p_{B,2}}-\dfrac{1}{p_{B,0}}=k't_2=0.01\times150$ kPa^{-1}=1.5 kPa^{-1}

将 $p_{B,0}=1$ kPa 代入上式，可得 B 气体的分压 $p_{B,2}=0.4$ kPa

例 15 某反应在 15 ℃时的反应速率常数 36.2×10^{-3} dm$^3\cdot$mol$^{-1}\cdot$s^{-1}，在 40 ℃时的反应速率常数为 173.9×10^{-3} dm$^3\cdot$mol$^{-1}\cdot$s^{-1}，求该反应的活化能，并计算 25 ℃时的反应速率常数。

解： 根据阿伦尼乌斯定积分式 $\ln\dfrac{k(T_2)}{k(T_1)}=-\dfrac{E_a}{R}\left(\dfrac{1}{T_2}-\dfrac{1}{T_1}\right)=-\dfrac{E_a}{R}\left(\dfrac{T_1-T_2}{T_1T_2}\right)$，有

$$\ln\left(\dfrac{173.9\times10^{-3}}{36.2\times10^{-3}}\right)=-\dfrac{E_a}{8.314}\times\dfrac{288.15-313.15}{313.15\times288.15}$$

得 $E_a=47.1$ kJ$\cdot$mol^{-1}

另将 15 ℃和 25 ℃的速率常数代入定积分式，则

$$\ln\dfrac{k(298.15)}{36.2\times10^{-3}}=-\dfrac{47.1\times10^3}{8.314}\times\left(\dfrac{1}{298.15}-\dfrac{1}{288.15}\right)=0.659$$

得 $k(298.15\text{K})=70.0\times10^{-3}$ dm$^3\cdot$mol$^{-1}\cdot$s^{-1}。

例 16 65 ℃时，N_2O_5 气相分解的速率常数为 $k_1=0.292$ min^{-1}，活化能为 $E_a=103.3$ kJ$\cdot$mol^{-1}；求 80 ℃时的 k 及半衰期。

解： 根据阿伦尼乌斯定积分式 $\ln\dfrac{k_2}{k_1}=-\dfrac{E_a}{R}\left(\dfrac{1}{T_2}-\dfrac{1}{T_1}\right)$，得

$$\ln\dfrac{k_2}{0.292\text{ min}^{-1}}=-\dfrac{103.3\times10^3}{8.314}\times\left(\dfrac{1}{273.15+80}-\dfrac{1}{273.15+65}\right)$$

$$k_2=1.39\text{ min}^{-1}$$

由 k 的单位可知，反应为一级反应，则 $t_{1/2}=\dfrac{\ln2}{k}=\dfrac{\ln2}{1.39\text{ min}^{-1}}=0.498$ min

例 17 双光气分解反应 $ClCOOCCl_3(g)\longrightarrow 2COCl_2(g)$ 为一级反应。将一定量的双光气迅速引入一个 280 ℃的容器中，751 s 后测得系统压力为 2.710 kPa，经过长时间反应完后系统压力为 4.008 kPa。305 ℃时重复上述实验，经 320 s 系统压力为 2.838 kPa，反应完后系统压力为 3.554 kPa。求活化能。

解： $p_{A,0}=\dfrac{p_\infty}{2}$，$k=\dfrac{1}{t}\ln\dfrac{c_{A,0}}{c_A}=\dfrac{1}{t}\ln\dfrac{p_\infty-p_{A,0}}{p_\infty-p_t}$

280 ℃时，$p_{A,0}=2.004$ kPa，$k(T_1)=\left(\dfrac{1}{751}\ln\dfrac{4.008-2.004}{4.008-2.710}\right)s^{-1}=5.783\times10^{-4}$ s^{-1}

305 ℃时，$p_{A,0}=1.777$ kPa，$k(T_2)=\left(\dfrac{1}{320}\ln\dfrac{3.554-1.777}{3.554-2.838}\right)s^{-1}=2.841\times10^{-3}$ s^{-1}

$$E_a=\dfrac{RT_2T_1}{T_2-T_1}\ln\dfrac{k(T_2)}{k(T_1)}$$

$$=\left(\dfrac{8.314\times578.15\times553.15}{578.15-553.15}\ln\dfrac{28.41\times10^{-4}}{5.783\times10^{-4}}\right)\text{J}\cdot\text{K}^{-1}\cdot\text{mol}^{-1}=169.3\text{ kJ}\cdot\text{K}^{-1}\cdot\text{mol}^{-1}$$

例 18 已知某气相反应 A→Z 的速率常数 k 与温度 T 的关系为

$$\ln(k/\text{s}^{-1})=22.58-\dfrac{8568}{T/\text{K}}$$

（1）试求反应级数及反应的活化能 E_a；

（2）欲使 A 在 10 min 内转化率达到 80%，则温度应控制在多少？

解：（1）因速率常数 k 的单位为 s^{-1}，则该反应为一级反应。

将式 $\ln(k/s^{-1}) = 22.58 - \dfrac{8568}{T/K}$，与阿伦尼乌斯不定积分式 $\ln(k/s^{-1}) = -\dfrac{E_a}{RT} + \ln A$ 对比，可得 $\dfrac{E_a}{R} = 8568$ K，则

$$E_a = 8568 \times 8.314 \times 10^{-3} \text{ kJ·mol}^{-1} = 71.23 \text{ kJ·mol}^{-1}$$

（2）将 $t = 10$ min，A 的转化率 $x_A = 80\%$ 代入转化率速率方程 $\ln\dfrac{1}{1-x_A} = kt$，则

$$k = \dfrac{1}{t}\ln\dfrac{1}{1-x_A} = \left(\dfrac{1}{10\times 60}\ln\dfrac{1}{1-80\%}\right)\text{s}^{-1} = 2.682\times 10^{-3}\text{ s}^{-1}$$

将速率常数 k 代入式 $\ln(k/s^{-1}) = 22.58 - \dfrac{8568}{T/K}$，得

$$T = \dfrac{8568}{22.58 - \ln(2.682\times 10^{-3})}\text{K} = 300.6\text{ K}$$

例 19 在水溶液中，2-硝基丙烷与碱作用为二级反应。其速率常数与温度的关系为

$$\ln(k/\text{dm}^3\cdot\text{mol}^{-1}\cdot\text{min}^{-1}) = -\dfrac{7284.4}{T/K} + 27.41$$

（1）试求反应的活化能和指前因子 A；

（2）求当两种反应物的初始浓度均为 8.0×10^{-3} mol·dm^{-3}，10 ℃时反应半衰期 $t_{1/2}$ 为多少？

解：（1）将式 $\ln(k/\text{dm}^3\cdot\text{mol}^{-1}\cdot\text{min}^{-1}) = -\dfrac{7284.4}{T/K} + 27.41$，与阿伦尼乌斯不定积分式 $\ln(k/\text{dm}^3\cdot\text{mol}^{-1}\cdot\text{min}^{-1}) = -\dfrac{E_a}{RT} + \ln(A/\text{dm}^3\cdot\text{mol}^{-1}\cdot\text{min}^{-1})$ 对比，可得 $\dfrac{E_a}{R} = 7284.4$ K，则

$$E_a = 7284.4\times 8.314\times 10^{-3}\text{ kJ·mol}^{-1} = 60.56\text{ kJ·mol}^{-1}$$

又因 $\ln(A/\text{dm}^3\cdot\text{mol}^{-1}\cdot\text{min}^{-1}) = 27.41$，可得 $A = 8.02\times 10^{11}$ dm^3·mol^{-1}·min^{-1}

（2）在 10 ℃（283.15 K）时，$\ln(k/\text{dm}^3\cdot\text{mol}^{-1}\cdot\text{min}^{-1}) = -\dfrac{7284.4}{283.15} + 27.41 = 1.68$，可得

$$k(283.15\text{ K}) = 5.36\text{ dm}^3\cdot\text{mol}^{-1}\cdot\text{min}^{-1}$$

又因速率常数单位为 dm^3·mol^{-1}·min^{-1}，则该反应为二级反应，可得

$$t_{1/2} = \dfrac{1}{kc_0} = \left(\dfrac{1}{5.36\times 8.0\times 10^{-3}}\right)\text{min} = 23.3\text{ min}$$

例 20 某热分解反应 $2A(g)\longrightarrow 2Y(g) + Z(g)$，在一定温度下，反应的半衰期与初始压力成反比。在 850 K 时，A(g) 的初始压力为 40.2 kPa，测得半衰期为 23.5 min；在 1000 K 时，A(g) 的初始压力为 52.4 kPa，测得半衰期为 4.5 min。（1）判断反应的级数；（2）计算两个温度下的速率常数 k_p；（3）求反应的实验活化能 E_a；（4）在 1000 K，当 A(g) 的初始压力为 59.8 kPa 时，计算总压达到 66.2 kPa 所需的时间 t。

解：（1）因半衰期与初始压力成反比，则该反应为二级反应。

(2) 根据二级反应半衰期 $t_{1/2} = \dfrac{1}{k_p p_{A,0}}$，可得

$$k_p(850 \text{ K}) = \dfrac{1}{t_{1/2} p_{A,0}} = \left(\dfrac{1}{23.5 \times 40.2}\right) \text{kPa}^{-1} \cdot \text{min}^{-1} = 1.06 \times 10^{-3} \text{ kPa}^{-1} \cdot \text{min}^{-1}$$

$$k_p(1000 \text{ K}) = \dfrac{1}{t_{1/2} p_{A,0}} = \left(\dfrac{1}{4.5 \times 52.4}\right) \text{kPa}^{-1} \cdot \text{min}^{-1} = 4.24 \times 10^{-3} \text{ kPa}^{-1} \cdot \text{min}^{-1}$$

(3) 根据阿伦尼乌斯定积分式 $\ln \dfrac{k(T_2)}{k(T_1)} = -\dfrac{E_a}{R}\left(\dfrac{1}{T_2} - \dfrac{1}{T_1}\right)$，可得

$$E_a = \dfrac{RT_2 T_1}{T_2 - T_1} \ln \dfrac{k(T_2)}{k(T_1)} = \left(\dfrac{8.314 \times 1000 \times 850}{1000 - 850} \ln \dfrac{4.24}{1.06}\right) \text{J} \cdot \text{mol}^{-1} = 65.3 \text{ kJ} \cdot \text{mol}^{-1}$$

(4) 设 A 的初始压力为 $p_{A,0}$，t 时刻的压力为 p_A，则不同时刻各组分的分压如下：

$$\begin{array}{cccc} & 2A(g) \longrightarrow & 2Y(g) & + & Z(g) \\ t=0 & p_{A,0} & 0 & 0 \\ t=t & p_A & p_{A,0} - p_A & (p_{A,0} - p_A)/2 \end{array}$$

t 时刻的总压：$p_{总} = p_A + (p_{A,0} - p_A) + \dfrac{p_{A,0} - p_A}{2} = \dfrac{3}{2} p_{A,0} - \dfrac{1}{2} p_A$

则 t 时刻 A 的分压：$p_A = 3 p_{A,0} - 2 p_{总} = (3 \times 59.8 - 2 \times 66.4) \text{ kPa} = 46.6 \text{ kPa}$

代入二级反应速率方程的积分式，$\dfrac{1}{p_A} - \dfrac{1}{p_{A,0}} = kt$，可得

$$t = \dfrac{1}{k}\left(\dfrac{1}{p_A} - \dfrac{1}{p_{A,0}}\right) = \dfrac{1}{4.24 \times 10^{-3}} \times \left(\dfrac{1}{46.6} - \dfrac{1}{59.8}\right) \text{ min} = 1.12 \text{ min}$$

例 21 在水溶液中发生反应 $A + 2B \longrightarrow Y$，其速率方程为 $-\dfrac{dc_A}{dt} = k_A c_A c_B$。已知反应物 A 和 B 的初始浓度均为 $c_{A,0} = 0.1 \text{ mol} \cdot \text{dm}^{-3}$，$c_{B,0} = 0.2 \text{ mol} \cdot \text{dm}^{-3}$。(1) 在 298 K，反应 10 s 时，测得 A 的浓度 $c_A = 0.05 \text{ mol} \cdot \text{dm}^{-3}$，试求当反应 20 s 时，反应物 A 的浓度 c_A 为多少？(2) 若在 350 K 下反应 20 s 时，测得 A 的浓度 $c_A = 0.002 \text{ mol} \cdot \text{dm}^{-3}$，求该反应的活化能 E_a。

解：因 $c_{A,0}/c_{B,0} = \nu_A/\nu_B = 1/2$，则反应任意时刻均有 $c_B = 2c_A$

$$-\dfrac{dc_A}{dt} = k_A c_A c_B = 2k_A c_A^2 = k'_A c_A^2 \text{（其中 } k'_A = 2k_A\text{）}$$

积分上式可得 $\dfrac{1}{c_A} - \dfrac{1}{c_{A,0}} = k' t$

(1) 当 $T_1 = 298 \text{ K}$

反应 10 s 时，$k'(298\text{K}) t = \dfrac{1}{c_A} - \dfrac{1}{c_{A,0}} = \left(\dfrac{1}{0.01} - \dfrac{1}{0.1}\right) \text{dm}^3 \cdot \text{mol}^{-1} = 90 \text{ dm}^3 \cdot \text{mol}^{-1}$

可得 $k'(298\text{K}) = 9 \text{ dm}^3 \cdot \text{mol}^{-1} \cdot \text{s}^{-1}$

反应 20 s 时，$\dfrac{1}{c'_A} - \dfrac{1}{c_{A,0}} = \dfrac{1}{c'_A} - \dfrac{1}{0.1} = k' t = 9 \times 20 \text{ dm}^3 \cdot \text{mol}^{-1}$

可得 $c'_A = 5.26 \times 10^{-3} \text{ mol} \cdot \text{dm}^{-3}$

(2) 当 $T=350$ K，反应 20 s 时，因 $k'(350\text{K})t=\left(\dfrac{1}{c_A}-\dfrac{1}{c_{A,0}}\right)$

代入上式可得 $k'(350\text{ K})=\dfrac{1}{20}\times\left(\dfrac{1}{0.002}-\dfrac{1}{0.1}\right)\text{dm}^3\cdot\text{mol}^{-1}\cdot\text{s}^{-1}=24.5\text{ dm}^3\cdot\text{mol}^{-1}\cdot\text{s}^{-1}$

再根据阿伦尼乌斯方程定积分式 $\ln\dfrac{k(T_2)}{k(T_1)}=-\dfrac{E_a}{R}\left(\dfrac{1}{T_2}-\dfrac{1}{T_1}\right)$，可得

$$E_a=\dfrac{RT_2T_1}{T_2-T_1}\ln\dfrac{k'(T_2)}{k'(T_1)}=\left(\dfrac{8.314\times10^{-3}\times350\times298}{350-298}\ln\dfrac{24.5}{9}\right)\text{kJ}\cdot\text{mol}^{-1}=16.7\text{ kJ}\cdot\text{mol}^{-1}$$

例 22 设臭氧分解反应 $2O_3(g)\rightleftharpoons3O_2(g)$ 的反应机理为：

(1) $\qquad\qquad\qquad O_3\underset{k_{-1}}{\overset{k_1}{\rightleftharpoons}}O_2+O\qquad$ 快速平衡

(2) $\qquad\qquad\qquad O+O_3\overset{k_2}{\longrightarrow}2O_2\qquad$ 慢速反应

其中，k_1 或 k_{-1} 很大，且 $k_1+k_{-1}\gg k_2$。试推导出用 O_3 的分解速率 $-\dfrac{dc_{O_3}}{dt}$ 表达的总反应的速率方程。

解： 根据题意，采用平衡态近似法由反应机理求得速率方程。

因第一步为快速平衡，则正、逆向反应速率近似相等：$k_1c_{O_3}=k_{-1}c_{O_2}c_O$

则中间产物 O 的浓度为：$c_O=\dfrac{k_1}{k_{-1}}\times\dfrac{c_{O_3}}{c_{O_2}}$

又因第二步为速率控制步骤，则总反应的速率 $-\dfrac{dc_{O_3}}{dt}=k_2c_Oc_{O_3}$

将 c_O 代入上式，可得速率方程为：$-\dfrac{dc_{O_3}}{dt}=k_2c_Oc_{O_3}=\dfrac{k_1k_2}{k_{-1}}\times\dfrac{c_{O_3}^2}{c_{O_2}}=k\dfrac{c_{O_3}^2}{c_{O_2}}$；其中，$k=\dfrac{k_1k_2}{k_{-1}}$。

例 23 反应 $2NO(g)+O_2(g)\rightleftharpoons2NO_2(g)$ 的反应机理为：

$$2NO\underset{k_{-1}}{\overset{k_1}{\rightleftharpoons}}N_2O_2\qquad\text{（快速平衡）}$$

$$N_2O_2+O_2\overset{k_2}{\longrightarrow}2NO_2\qquad\text{（慢反应）}$$

试分别用平衡态处理法和稳态处理法，建立总反应的速率方程。

解： 按平衡态处理法：$\dfrac{c_{N_2O_2}}{c_{NO}^2}=\dfrac{k_1}{k_{-1}}$，则中间产物的浓度为：$c_{N_2O_2}=\dfrac{k_1}{k_{-1}}c_{NO}^2$

总反应的速率方程为：$\dfrac{dc_{NO_2}}{dt}=2k_2c_{O_2}c_{N_2O_2}=2k_2c_{O_2}\times\dfrac{k_1}{k_{-1}}c_{NO}^2=\dfrac{2k_1k_2}{k_{-1}}c_{O_2}c_{NO}^2$

按稳定态处理法：$\dfrac{dc_{N_2O_2}}{dt}=k_1c_{NO}^2-k_{-1}c_{N_2O_2}-k_2c_{O_2}c_{N_2O_2}=0$

则中间产物的浓度为：$c_{N_2O_2}=\dfrac{k_1c_{NO}^2}{k_{-1}+k_2c_{O_2}}$

总反应的速率方程为：$\dfrac{dc_{NO_2}}{dt}=2k_2c_{O_2}c_{N_2O_2}=2k_2c_{O_2}\times\dfrac{k_1c_{NO}^2}{k_{-1}+k_2c_{O_2}}=\dfrac{2k_1k_2c_{O_2}c_{NO}^2}{k_{-1}+k_2c_{O_2}}$

例 24 反应 $C_2H_6+H_2\longrightarrow 2CH_4$ 的反应机理如下：

$$C_2H_6\rightleftharpoons 2CH_3\cdot$$

$$CH_3\cdot+H_2\xrightarrow{k_1}CH_4+H\cdot$$

$$C_2H_6+H\cdot\xrightarrow{k_2}CH_4+CH_3\cdot$$

已知第一个反应的平衡常数为 K；且 H 处于稳定态，试建立总反应的速率方程。

解：因 $\dfrac{c_{CH_3}^2}{c_{C_2H_6}}=K$，则中间产物的浓度为：$c_{CH_3}=(Kc_{C_2H_6})^{1/2}$

因 H 处于稳定态：$\dfrac{dc_H}{dt}=k_1c_{CH_3}c_{H_2}-k_2c_Hc_{C_2H_6}=0$，则 $k_1c_{CH_3}c_{H_2}=k_2c_Hc_{C_2H_6}$

总反应的速率方程为：$\dfrac{dc_{CH_4}}{dt}=k_1c_{CH_3}c_{H_2}+k_2c_Hc_{C_2H_6}=2k_1c_{CH_3}c_{H_2}=2k_1K^{1/2}c_{C_2H_6}^{1/2}c_{H_2}$

（二）提高篇例题

例 1 在 350 K，于定容反应器中发生反应：$2A(g)+B(g)\longrightarrow Z(g)$。已知气体 A 和 B 的初始总压力均为 200 Pa。气体 B 的分压实验测得，由气体 B 的起始分压 $p_{B,0}=4$ Pa 降至 $p_B=2$ Pa 所需时间为 15 s，与由 2 Pa 降至 1 Pa 所需时间相同，也为 15 s。而气体 A 的分压由 $p_{A,0}=4$ Pa 降至 $p_A=2$ Pa 所需时间为 20 s，由 2 Pa 降至 1 Pa 所需时间为 40 s。若该反应的速率方程为 $-\dfrac{dp_A}{dt}=k_Ap_A^\alpha p_B^\beta$，求 α 和 β 的值。

解：因 $p_{总}=200$ Pa，$p_{B,0}=4$ Pa，则 $p_{A,0}\gg p_{B,0}$，可认为过程中任意时刻均有 $p_A\approx p_{A,0}$

速率方程为 $-\dfrac{dp_A}{dt}=k_Ap_A^\alpha p_B^\beta=k_Ap_{A,0}^\alpha p_B^\beta=k_A'p_B^\beta$（其中 $k_A'=k_Ap_{A,0}^\alpha$）

根据题意，气体 B 的半衰期与初始压力无关，故 $\beta=1$。

又因 $p_{总}=200$ Pa，$p_{A,0}=4$ Pa，则 $p_{B,0}\gg p_{A,0}$，可认为过程中任意时刻均有 $p_B\approx p_{B,0}$

速率方程为：$-\dfrac{dp_A}{dt}=k_Ap_A^\alpha p_B^\beta=(k_Ap_{B,0}^\beta)p_A^\alpha=k_A'p_A^\alpha$（其中 $k_A'=k_Ap_{B,0}^\beta$）

据题意，气体由 A 的半衰期与其初始压力成反比知，故 $\alpha=2$

此反应的速率方程为 $-\dfrac{dp_A}{dt}=k_Ap_A^2p_B$

例 2 某反应 $A+2B\longrightarrow C$ 的速率方程为 $v=kp_A^\alpha p_B^\beta$，在一定温度下，测定不同的初始浓度下 A 的初始反应速率，实验数据如下：

$c_{A,0}/\text{mol}\cdot\text{dm}^{-3}$	$c_{B,0}/\text{mol}\cdot\text{dm}^{-3}$	$v_{A,0}/\text{mol}\cdot\text{dm}^{-3}\cdot\text{s}^{-1}$
0.1	0.01	1.6×10^{-3}
0.1	0.04	6.4×10^{-3}
0.2	0.01	3.2×10^{-3}

试求对 A 和 B 的分级数 α、β 及反应速率常数 k。

解：据实验 1、2 中数据，初始浓度均为 $c_{A,0} = 0.1$ mol·dm^{-3}，代入速率方程 $v = kc_A^\alpha c_B^\beta$，可得：

$$\frac{v_{0,1}}{v_{0,2}} = \frac{c_{B,0,1}}{c_{B,0,2}} = \left(\frac{0.01}{0.04}\right)^\beta = \frac{1.6 \times 10^{-3}}{6.4 \times 10^{-3}}, \text{ 故 } \beta = 1$$

据实验 1、3 中数据，初始浓度均为 $c_{B,0} = 0.01$ mol·dm^{-3}，代入速率方程为 $v = kc_A^\alpha c_B^\beta$，可得：

$$\frac{v_{0,1}}{v_{0,3}} = \frac{c_{A,0,1}}{c_{A,0,3}} = \left(\frac{0.1}{0.2}\right)^\alpha = \frac{1.6 \times 10^{-3}}{3.2 \times 10^{-3}}, \text{ 故 } \alpha = 1$$

故速率方程可确定为 $v = kc_A c_B$。

将实验 1 数据代入 $v = kc_A c_B$，可得速率常数

$$k = \frac{v_{0,1}}{c_{A,0} c_{B,0}} = \left(\frac{1.6 \times 10^{-3}}{0.1 \times 0.01}\right) \text{dm}^3 \cdot \text{mol}^{-1} \cdot \text{s}^{-1} = 1.6 \text{ dm}^3 \cdot \text{mol}^{-1} \cdot \text{s}^{-1}$$

例 3 反应 A + 2B ⟶ D 速率方程为 $-\dfrac{dc_A}{dt} = kc_A c_B$，25 ℃ 时 $k = 2 \times 10^{-4}$ dm^3·mol^{-1}·s^{-1}。(1) 若初始浓度 $c_{A,0} = 0.02$ mol·dm^{-3}，$c_{B,0} = 0.04$ mol·dm^{-3}，求 $t_{1/2}$；(2) 若将过量的挥发性固体反应物 A 与 B 装入 5 dm^3 的密闭容器中，已知 25 ℃ 时 A 和 B 的饱和蒸气压分别为 10 kPa 和 2 kPa，问 25 ℃ 时 0.5 mol A 转化为产物需多长时间。

解：(1) $c_{A,0} : c_{B,0} = 1 : 2$，所以 $c_B = 2c_A$，由 k 的单位可知，反应为二级反应，故反应速率方程为 $-\dfrac{dc_A}{dt} = kc_A c_B = 2kc_A^2$，可得半衰期为

$$t_{1/2} = \frac{1}{2kc_{A,0}} = \frac{1}{2 \times 2 \times 10^{-4} \times 0.02} = 1.25 \times 10^5 \text{ s}$$

(2) 假设 A 和 B 的固体足够多，则在反应过程中气相中 A 和 B 的浓度不变，即反应速率不变，因此有 $-\dfrac{dc_A}{dt} = kc_{A,0} c_{B,0}$，积分后得

$$t = \frac{n}{Vkc_{A,0} c_{B,0}} = \frac{0.5}{5 \times 2 \times 10^{-4} \times (10/RT) \times (2/RT)}$$

$$t = \left[\frac{0.5 \times (8.314 \times 298.15)^2}{5 \times 20 \times 2 \times 10^{-4}}\right] \text{s} = 1.54 \times 10^8 \text{ s}$$

例 4 在刚性容器内按化学计量系数比充入 A 和 B 两种气体。在 300 K 时发生反应：$2A(g) + B(g) \longrightarrow Y(g) + Z(s)$，且速率方程为 $-\dfrac{dp_A}{dt} = k_A p_A^2 p_B$。已知初始总压力为 30 Pa，反应进行到 9.8 min 时总压力降至 20 Pa。求：(1) A 的消耗速率常数 k_A；(2) 若系统总压力由 20 Pa 降至 15 Pa，需要再反应多长时间？

解：(1) 设 A 的初始压力为 $p_{A,0}$，t 时刻的压力为 p_A，则不同时刻各组分的分压如下：

$$2A(g) + B(g) \longrightarrow Y(g) + Z(s).$$

$$t=0 \qquad p_{A,0} \qquad \frac{p_{A,0}}{2} \qquad 0 \qquad 0$$

$$t=t \qquad p_A \qquad \frac{p_A}{2} \qquad \frac{p_{A,0}-p_A}{2} \qquad 0$$

$t=0$ 时，$p_{总} = p_{A,0} + \dfrac{p_{A,0}}{2} = 30$ Pa，则 $p_A = p_{A,0} = 20$ Pa

t 时刻系统的总压：$p_{总} = p_A + \dfrac{p_A}{2} + \dfrac{p_{A,0}-p_A}{2}$，则 $p_A = p_{总} - \dfrac{p_{A,0}}{2}$

则 $t_1 = 7.5$ min 时，$p_{A_1} = p_{总} - \dfrac{p_{A,0}}{2} = \left(20 - \dfrac{20}{2}\right)$ Pa $= 10$ Pa

因气体 A(g) 和 B(g) 按化学计量比通入容器，则反应在任一时刻均有 $p_A = 2p_B$，

则速率方程 $-\dfrac{dp_A}{dt} = k_A p_A^2 p_B = k_A p_A^2 (p_A/2) = (k_A/2) p_A^3 = k' p_A^3$（其中 $k' = k_A/2$），

该反应为三级反应，积分后可得：$\dfrac{1}{2}\left(\dfrac{1}{p_A^2} - \dfrac{1}{p_{A,0}^2}\right) = k_A' t$

将 $p_{A,0}$、$p_{A,1}$ 和 t_1 代入上式，可得 $\dfrac{1}{2} \times \left(\dfrac{1}{10^2} - \dfrac{1}{20^2}\right) = 9.8 k_A'$，$k_A' = 3.8 \times 10^{-4}$ Pa^{-2} min^{-1}

则 $k_A = 2k' = 7.6 \times 10^{-4}$ Pa^{-2} min^{-1}

(2) 若系统总压力降至 15 Pa，即 $p_{总,2} = 15$ Pa 时，A 的分压

$$p_A = p_{总,2} - \dfrac{p_{A,0}}{2} = \left(15 - \dfrac{20}{2}\right)\text{Pa} = 5 \text{ Pa}$$

代入积分式，可得 $t_2 = \dfrac{1}{2k_A'}\left(\dfrac{1}{p_{A,2}^2} - \dfrac{1}{p_{A,0}^2}\right) = \left[\dfrac{1}{7.6 \times 10^{-4}} \times \left(\dfrac{1}{5^2} - \dfrac{1}{20^2}\right)\right]$ min $= 49.3$ min

可知，需要再反应的时间 $t = (49.3 - 9.8)$ min $= 39.5$ min

例5 在一恒容容器中发生一级平行反应 $A \begin{array}{c} \xrightarrow{k_1,\, E_{a,1}} B(1) \\ \xrightarrow{k_2,\, E_{a,2}} D(2) \end{array}$，反应开始时只有反应物 A。(1) 实验测得 325 K 时，产物 B 和 D 的浓度比恒定为 $c_B/c_D = 2$，且反应物 A 的半衰期为 10 min，求反应速率常数 k_1 与 k_2；(2) 当温度提高到 340 K，测得 c_Y/c_Z 恒定为 3，试求活化能 $E_{a,1}$、$E_{a,2}$ 之差。

解：(1) 因该反应为一级对行反应，则半衰期为 $t_{1/2} = \dfrac{\ln 2}{k_1 + k_2}$，

50 ℃时，$k_1 + k_2 = \dfrac{\ln 2}{t_{1/2}} = \dfrac{\ln 2}{10}$ min^{-1} = 0.0693 min^{-1}，且 $\dfrac{k_1}{k_2} = \dfrac{c_B}{c_D} = 2$

可得 $k_1 = 0.0462$ min^{-1}，$k_2 = 0.0231$ min^{-1}

(2) 对于两个反应，分别代入根据阿伦尼乌斯定积分式

$$\ln\frac{k_1(T_2)}{k_1(T_1)}=-\frac{E_{a,1}}{R}\times\frac{T_1-T_2}{T_1T_2}, \quad \ln\frac{k_2(T_2)}{k_2(T_1)}=-\frac{E_{a,2}}{R}\times\frac{T_1-T_2}{T_1T_2}$$

两式相减，可得：$\ln\dfrac{k_1(T_2)/k_1(T_1)}{k_2(T_2)/k_2(T_1)}=\dfrac{E_{a,1}-E_{a,2}}{R}\times\dfrac{T_2-T_1}{T_1T_2}$

$$\ln\frac{k_1(T_2)/k_2(T_2)}{k_1(T_1)/k_2(T_1)}=\frac{E_{a,1}-E_{a,2}}{8.314}\times\frac{340-325}{340\times325}=\ln\frac{3}{2}$$

故活化能之差 $E_{a,1}-E_{a,2}=24.83$ kJ·mol^{-1}

例 6 在一定温度下，某正、逆向均为一级反应的对行反应为 $A \underset{k_{-1}}{\overset{k_1}{\rightleftharpoons}} Y$。已知 $k_1=1.26\times 10^{-2}$ s^{-1}，反应平衡常数 $K_c=4$，且 A 的起始浓度 $c_{A,0}=0.02$ mol·dm^{-3}，$c_{Y,0}=0$。试计算反应进行 20 s 时，产物 Y 的浓度 c_Y 为多少？

解：对于可逆反应，有 $K_c=\dfrac{k_1}{k_{-1}}$，则逆反应速率常数为

$$k_{-1}=\frac{k_1}{K_c}=\frac{1.26\times10^{-2}\text{ s}^{-1}}{4}=3.15\times10^{-3}\text{ s}^{-1}$$

因反应为一级对行反应，则转化率积分式为 $\ln\dfrac{k_1}{k_1-(k_1+k_{-1})x_A}=(k_1+k_{-1})t$

当反应 $t=30$ s 时，

$$\ln\frac{1.26\times10^{-2}}{1.26\times10^{-2}-(1.26\times10^{-2}+3.15\times10^{-3})x_A}=(1.26\times10^{-2}+3.15\times10^{-3})\times20=0.315$$

解得 $x_A=21.6\%$

Y 的浓度 $c_Y=c_{A,0}x_A=(0.02\times21.6\%)$ mol·dm$^{-3}=4.32\times10^{-3}$ mol·dm^{-3}

五、概念练习题

（一）填空题

1. 某基元反应 $2A(g)+B(g)\xrightarrow{k}C(g)$，则 $-\dfrac{dc_B}{dt}=$ _____。

2. 某一级反应的半衰期为 10 min，其反应速率常数 $k=$ _____。

3. ^{14}C 可存在于有生命的树木中，^{14}C 放射性蜕变的半衰期是 5730 年，一个考古样里含有生命树木 72% 的木质，可求得考古样的年纪有 _____ 年。

4. 某分解反应，初始浓度为 1.0 mol·dm^{-3}，1 h 后浓度为 0.5 mol·dm^{-3}，2 h 后浓度为 0.25 mol·dm^{-3}，这是 ____ 级反应，其反应速率常数 $k=$ _____。

5. 二级反应的半衰期 $t_{1/2}=\dfrac{1}{kc_0}$，则 $t_{1/4}=$ _____。

6. 某反应的速率常数为 $k=3.32\times10^{-2}$ s^{-1}·dm^3·mol^{-1}，初始浓度 $c_0=2.0$ mol·dm^{-3}，则其反应的半衰期为 _____ s。

7. 任何化学反应的半衰期都与 _____ 有关。

8. $2A(g) \longrightarrow B(g)$ 为二级反应，速率方程可表示为 $-\frac{1}{2} \times \frac{dc_A}{dt} = k_c c_A^2$ 或 $-\frac{dp_A}{dt} = k_p p_A^2$，则 k_c 与 k_p 的关系为_____。

9. 某反应在 300 K 转化率达到 25% 时，耗时 18 min，现在升温 50 K，达到相同的转化率，耗时 2.5 min，则该反应的活化能 $E_a =$ _____。

10. 某反应在 340 K 时的速率常数 $k = 0.292$ min^{-1}，活化能 $E_a = 103.3$ kJ·mol^{-1}，则温度上升 10 K 后的半衰期 $t_{1/2} =$ _____。

11. 有一平行反应 $A + B \begin{smallmatrix} k_1 \\ \longrightarrow \\ k_2 \end{smallmatrix} \begin{smallmatrix} C \\ D \end{smallmatrix}$，$E_{a,1} > E_{a,2}$，$A_1 < A_2$。则_____温度可提高主产品 C 的产率；通过调节温度是_____（填有或没有）可能使产品中 C 的含量提高到 50% 以上的。

12. 对于平行反应，一般来说，E_a 值小的反应，k 值随 T 变化率_____，升温对 E_a 值_____的反应影响更大。

（二）选择题

1. 反应 $2A \longrightarrow 3B$ 的速率方程可分别表示为 $-\frac{dc_A}{dt} = kc_A^2 c_B$ 或 $\frac{dc_B}{dt} = k' c_A^2 c_B$，则速率常数 k 和 k' 的关系为_____。
   A. $k = k'$　　　　　　　　　　　B. $3k = 2k'$
   C. $2k = 3k'$　　　　　　　　　　D. $-3k = 2k'$

2. 反应 $2I^- + H_2O_2 + 2H^+ \longrightarrow I_2 + 2H_2O$ 的速率方程为 $-\frac{dc(H_2O_2)}{dt} = kc(I^-)c(H_2O_2)$，其反应机理为 (1) $I^- + H_2O_2 \longrightarrow IO^- + H_2O$；(2) $I^- + IO^- + 2H^+ \longrightarrow I_2 + H_2O$；则反应级数为_____；反应分子数为_____。
   A. 1　　　　B. 2　　　　C. 3　　　　D. 不存在

3. 反应 $A + B \longrightarrow C + D$ 的速率方程为 $v_A = kc_A c_B$，则反应_____。
   A. 是二分子反应　　　　　　　B. 是二级反应但不一定是二分子反应
   C. 不是二分子反应　　　　　　D. 是对 A、B 各为一级的二分子反应

4. 某反应 $A \longrightarrow B + C$，当 A 的起始浓度增加一倍时，反应的半衰期也增加一倍，则此反应为_____级反应。
   A. 零　　　　B. 一　　　　C. 二　　　　D. 三

5. 某反应的反应物消耗掉 3/4 的时间是其半衰期的 2 倍，则该反应级数为_____。
   A. 零级　　　B. 一级　　　C. 二级　　　D. 三级

6. 在温度 T 时，反应 $A \longrightarrow 2B$ 的速率方程 $\frac{dc_B}{dt} = k_B c_A$，则此反应的半衰期为____。
   A. $\frac{\ln 2}{k_B}$　　B. $\frac{2\ln 2}{k_B}$　　C. $k_B \ln 2$　　D. $2k_B \ln 2$

7. 某反应速率常数的量纲是 [浓度]$^{-1}$·[时间]$^{-1}$，则该反应为_____。

A. 零级反应 B. 一级反应
C. 二级反应 D. 三级反应

8. 某反应的速率常数 $k=0.214$ min^{-1}，反应物浓度从 0.21 mol·dm^{-3} 变至 0.14 mol·dm^{-3} 的时间为 t_1，从 0.12 mol·dm^{-3} 变到 0.08 mol·dm^{-3} 的时间为 t_2，则 $t_2:t_1=$____。

A. 0.57 B. 0.75 C. 1 D. 1.25

9. 关于反应级数的说法，下列正确的是_____。
A. 只有基元反应的级数是正整数 B. 反应级数不会小于零
C. 催化剂不会改变反应级数 D. 反应级数都可以通过实验确定

10. 在 27 ℃ 左右，粗略地说，温度升高 10 K，反应速率增加 1 倍，则此时活化能约为_____ kJ·mol^{-1}。

A. 53.6 B. 23.3 C. 107.2 D. 0.576

11. 表述温度对反应速率影响的阿伦尼乌斯公式适用于_____。
A. 一切复杂反应
B. 基元反应
C. 一切气相中的复杂反应
D. 具有明确反应级数和速率常数的所有反应

12. 对于一个化学反应，_____，反应速率越快。
A. $\Delta G^{\ominus}$ 越负 B. $\Delta S^{\ominus}$ 越正 C. E_a 越高 D. E_a 越低

13. 两个活化能不同的反应，如 $E_{a,1}>E_{a,2}$，且都在相同的温度区间内升温，则_____。

A. $\dfrac{\mathrm{d}\ln k_1}{\mathrm{d}T}>\dfrac{\mathrm{d}\ln k_2}{\mathrm{d}T}$ B. $\dfrac{\mathrm{d}\ln k_1}{\mathrm{d}T}<\dfrac{\mathrm{d}\ln k_2}{\mathrm{d}T}$

C. $\dfrac{\mathrm{d}\ln k_1}{\mathrm{d}T}=\dfrac{\mathrm{d}\ln k_2}{\mathrm{d}T}$ D. $\dfrac{\mathrm{d}k_1}{\mathrm{d}T}=\dfrac{\mathrm{d}k_2}{\mathrm{d}T}$

14. 对任一反应 $a\mathrm{A}+b\mathrm{B}\longrightarrow$ 产物，下列说法中_____是正确的。
A. 反应速率 $v=kc_\mathrm{A}^a c_\mathrm{B}^b$
B. 反应分子数为 $a+b$
C. k-T 关系遵守阿伦尼乌斯公式
D. 若有表观频率因子 $A=A_1A_2/A_{-1}$，则有表观活化能 $E_a=E_{a,1}+E_{a,2}-E_{a,-1}$

15. 下面反应_____的活化能为零。
A. A·+BC⟶AB+C· B. A·+A·+M⟶A$_2$+M
C. A$_2$+M⟶2A·+M D. A$_2$+B$_2$⟶2AB

16. 在一个连串反应 A⟶B⟶C 中，如果需要的是中间产物 B，则为得到其最高产率，应当_____。
A. 增加反应物 A 的浓度 B. 增大反应速率
C. 控制适当的反应温度 D. 控制适当的反应时间

17. 有一平行反应（1）A $\xrightarrow{k_1}$ B，（2）A $\xrightarrow{k_2}$ D，已知反应（1）的活化能大于反应（2）的活化能，如下措施哪种不能改变产物 B 和 D 的比例。_____
A. 加入合适的催化剂 B. 降低反应温度
C. 提高反应温度 D. 延长反应时间

18. 利用反应 A $\underset{k_{-1}}{\overset{k_1}{\rightleftharpoons}}$ B $\overset{k_2}{\longrightarrow}$ C 生产物质 B，提高温度对产品有利，这表明活化能_____。

A. $E_{a,1} > E_{a,-1}, E_{a,2}$
B. $E_{a,-1} > E_{a,1}, E_{a,2}$
C. $E_{a,1} < E_{a,-1}, E_{a,2}$
D. $E_{a,2} > E_{a,1}, E_{a,-1}$

19. 催化剂最重要的作用是_____。

A. 提高产物的平衡产率
B. 改变目的产物
C. 改变活化能，改变反应速率
D. 改变系统中各物质的物理性质

（三）填空题答案

1. $kc_A^2 c_B$；2. 0.0693 min^{-1}；3. 2716；4. 一，0.693 h^{-1}；5. $\dfrac{1}{3kc_0}$；6. 15.06；7. 反应速率常数；8. $k_p = \dfrac{2k_c}{RT}$；9. 34.5 kJ·mol^{-1}；10. 0.84 min；11. 升高，没有；12. 小，大。

（四）选择题答案

1. B；2. B，D；3. B；4. A；5. B；6. B；7. C；8. C；9. C；10. A；11. D；12. D；13. A；14. D；15. B；16. D；17. D；18. A；19. C。

第十章 胶体化学

一、基本要求

1. 熟练掌握溶胶胶团结构的表示，溶胶的稳定与聚沉。
2. 掌握扩散双电层理论。
3. 正确理解溶胶的电学性质，溶胶的动力学性质和溶胶的光学性质。
4. 一般了解溶胶的制备和乳状液。

二、核心内容

1. 胶体系统的基本特点

胶体系统是分散相粒子直径介于 1~1000 nm 之间的高分散系统，共包括三类。

溶胶：多相分散的热力学不稳定系统，又称憎液溶胶。

高分子溶液：均相分散的热力学稳定系统，又称亲液溶胶。

缔合溶胶：表面活性剂缔合形成的胶束分散到介质中形成的胶束系统，也是均相分散的热力学稳定系统。

2. 胶体系统的基本性质

（1）光学性质：丁铎尔效应。该效应的实质是光的散射，散射光强度可用瑞利（Rayleigh）公式计算。瑞利公式：当入射光为非偏振光时，单位体积溶胶的散射光强度 I 为：

$$I = \frac{9\pi^2 V^2 C}{2\lambda^4 l^2} \left(\frac{n^2 - n_0^2}{n^2 + 2n_0^2}\right)^2 (1 + \cos^2\alpha) I_0$$

式中，I 为单位体积的散射光强；λ 为入射光波长；I_0 为入射光强；V 为一个粒子的体积；C 为单位体积中的粒子数（数密度）；n、n_0 分别为分散相、分散介质的折射率；α 为散射角；l 为观测距离。瑞利公式说明：①分散相与分散介质之间折射率（n 与 n_0）相差越显著，散射光强度越大，则散射作用也越显著；②散射光强度与入射光波长的 4 次方成反比；③散射光强度与单个粒子体积的平方成正比。分散相粒子的体积也有一定的大小，因此有较强的光散射作用，这就是丁铎尔效应产生的原因。因此，对于透明的液体，可依据有没有明显的丁铎尔效应来鉴别它是溶胶，还是真溶液或纯液体。

（2）动力学性质：布朗运动，扩散，沉降作用。

(3) 电学性质（电动现象）：电泳，电渗，流动电势，沉降电势。

3. 溶胶的胶团结构

胶核：由分子、原子或离子形成的固体微粒，包括其吸附的离子。
胶粒：滑移面所包围的带电体。
胶团：由胶粒及整个扩散层构成。胶团为电中性的。
如 AgI 溶胶以 $AgNO_3$ 作稳定剂时，所形成的正溶胶的胶团结构为：

$$\underbrace{[\underbrace{(AgI)_m \cdot nAg^+ \cdot (n-x)NO_3^-}_{\text{胶核}}]^{x+}}_{\text{胶粒}} \underbrace{\quad xNO_3^-}_{\text{可滑动面}}$$

（胶团）

胶核（或胶粒）带电，其原因主要有以下两种。

(1) 离子吸附：胶核常具有晶体结构。具有晶体结构的固体粒子可从周围的介质中选择性地吸附某种离子而带电。实验证明，晶体表面对那些能与组成固体表面的离子生成难溶物或解离度很小化合物的离子具有优先吸附作用，这一规则称为法扬斯-帕尼思（Fajans-Pancth）规则。以 AgI 溶胶为例，当用 $AgNO_3$ 和 KI 溶液制备 AgI 溶胶时，AgI 颗粒易于吸附 Ag^+ 和 I^-，而对 K^+ 与 NO_3^- 吸附极弱。若 KI 过量，则 AgI 颗粒会优先吸附 I^-，生成 AgI 负溶胶；若 $AgNO_3$ 过量，AgI 颗粒则优先吸附 Ag^+，生成 AgI 正溶胶，因而 AgI 颗粒的带电符号取决于 Ag^+ 和 I^- 中哪种离子过量。

(2) 解离：固体表面上的分子在溶液中发生解离而使其带电。

4. 电动电势 ζ (Zeta)

ζ 电势：指由于离子的溶剂化作用，在外电场作用下，胶粒在移动时，紧密层会结合一定数量的溶剂分子一起移动（该移动的面为滑动面），滑动面与溶液本体之间形成的电势差。

ζ 电势的大小反映了胶粒带电的程度。ζ 电势越高，表明胶粒带电越多。ζ 电势的正负取决于胶粒所带电荷的符号。胶粒带正电时，$\zeta>0$；胶粒带负电时，$\zeta<0$。

5. 憎液溶胶的稳定性和聚沉

(1) 憎液溶胶的稳定原因：①溶胶的动力（即布朗运动以及扩散运动）稳定性；②胶粒带电的稳定作用；③溶剂化的稳定作用。

溶胶能稳定存在的最重要的原因是胶粒之间存在的静电排斥力，从而阻止了胶粒的聚沉。ζ 电势越大，静电排斥力越大，所以 ζ 电势的数值可以定量衡量溶胶的稳定性。

(2) 憎液溶胶的聚沉：分散相粒子相互聚结，颗粒变大并发生沉淀的现象。通过加热、辐射或加入电解质皆可导致溶胶的聚沉。许多溶胶对电解质都特别敏感，在这方面的研究也较为深入。含高价反离子的电解质加入，电解质的浓度或价数增加时，使胶粒双电层中扩散层变薄，斥力势能降低，当电解质的浓度足够大时就会使溶胶发生聚沉。聚沉值：使一定量的溶胶在一定时间内完全聚沉所需电解质的最小浓度。电解质的聚沉值越小，聚沉能力越大。

(3) 判断电解质对溶胶的聚沉能力的大小，步骤如下：①确定胶粒是带正电还是带负电；②找出与胶粒带相反电荷的聚沉离子，该离子价数越高，聚沉能力越强；③电解质的数目和价数均相同时，聚沉能力取决于感胶离子序。即聚沉规律为：对负溶胶，$H^+>Cs^+>$

$Rb^+ > K^+ > Na^+ > Li^+$；对正溶胶，$F^- > Cl^- > Br^- > I^- > SCN^- > OH^-$。

三、基本概念辨析

1. 简述斯特恩双电层模型的要点，指出热力学电势、斯特恩电势和 ζ 电势的区别。

答：要点：(1) 分散相粒子的表面带有相同符号的电荷；

(2) 反离子在静电力作用和热运动作用下，呈扩散状态分布在分散相粒子的周围，分为紧密层和扩散层；

(3) 紧密层和扩散层的分界面（被吸附的溶剂化离子中心边线所形成的假想面），称为斯特恩面；

(4) 当固、液两相发生相对移动时，滑动面在斯特恩面以外。

区别：热力学电势 φ_0、斯特恩电势 φ_δ 和 ζ 电势分别为固体表面、斯特恩面及滑动面与溶液本体之间的电势差。ζ 电势略低于 φ_δ，两者都只是 φ_0 的一部分。

2. 溶胶能够在一定的时间内稳定存在的主要原因是什么？

答：主要有三方面原因：

(1) 胶粒带电的稳定作用。胶粒之间静电斥力的存在阻止了胶粒的聚沉，增加了溶胶的稳定性；

(2) 溶胶的动力学稳定性。胶粒因布朗运动而克服重力的作用，阻止了胶粒的沉降；

(3) 溶剂化的稳定作用。因分散相粒子周围离子的溶剂化而形成具有一定弹性的溶剂化外壳，增加了胶粒互相靠近时的机械阻力，使溶胶难以聚沉。

其中以胶粒带电的稳定作用最为重要。

3. 为什么在新生成的 $Fe(OH)_3$ 沉淀中加入少量的 $FeCl_3$ 溶液沉淀会溶解？如果再加入一定量的硫酸盐溶液，又会析出沉淀？

答：加入少量的 $FeCl_3$ 溶液沉淀会溶解，是因为少量的电解质的存在可以使溶胶稳定，起到了稳定剂的作用；而再加入一定量的硫酸盐溶液，溶胶的电动电势降低，导致溶胶聚沉，又会析出沉淀，即过量的电解质的存在反而破坏了溶胶的稳定性。

4. 人工培育的珍珠长期储藏在干燥箱内，为什么会失去原有的光泽？能否再将其恢复？应如何保存珍珠？

答：珍珠是一种胶体分散系统，其分散相为液体水，分散介质为蛋白质固体，珍珠长期在干燥箱中存放，作为分散相的水在干燥箱中会逐渐蒸发，胶体分散系统就会被破坏，故失去光泽，这种变化是不可逆的，因为蒸发的水没有办法再回到蛋白质固体中，因此珍珠的光泽不可能再恢复，保存珍珠时应在表面覆盖一层保护膜，保护水分不被蒸发，保护蛋白质不因被氧化而发黄。

5. K、Na 等碱金属的皂类作为乳化剂时，易于形成 O/W 型的乳状液；Zn、Mg 等高价金属的皂类作为乳化剂时，则有助于形成 W/O 型乳状液。试说明原因。

答：乳化剂是一种包含亲水基和憎水基的表面活性剂。当它被吸附在乳状液的界面层时，常呈现"大头"朝外、"小头"朝里的几何构型。这样，"小头"是亲水基还是憎水基就决定了乳状液是 W/O 型还是 O/W 型。一价碱金属的皂类作为乳化剂时，含金属离子的一端是亲水的"大头"，非极性的一端是憎水的"小头"，根据几何构型，憎水基指向分散相（油），亲水基留在分散介质（水）中，形成水包油（O/W）型乳状液；而二价金属离子的皂类做乳化剂，亲水基小，憎水基大，因此亲水基指向分散相（水），憎水基留在分散介质

（油）中，形成油包水型（W/O）乳状液。

四、例题

(一) 基础篇例题

例1 写出由 $FeCl_3$ 水解制得 $Fe(OH)_3$ 溶胶的胶团结构。已知稳定剂为 $FeCl_3$。

解：$FeCl_3$ 为稳定剂时，m 个 $Fe(OH)_3$ 固体微粒的表面吸附的是 Fe^{3+}，Cl^- 为反离子，胶团结构为：

$$\{\underbrace{\underbrace{\underbrace{[Fe(OH)_3]_m}_{\text{胶核}} \cdot nFe^{3+} \cdot 3(n-x)Cl^-}_{\text{胶粒}}\}^{3x+} \cdot 3xCl^-}_{\text{胶团}}$$

例2 在 NaOH 溶液中用 HCHO 还原 $HAuCl_4$ 可制得金溶胶：

$$HAuCl_4 + 5NaOH \longrightarrow NaAuO_2 + 4NaCl + 3H_2O$$
$$2NaAuO_2 + 3HCHO + NaOH \longrightarrow 2Au(s) + 3HCOONa + 2H_2O$$

$NaAuO_2$ 是上述方法制得的金溶胶的稳定剂，试写出该金溶胶胶团结构的表示式。

解：$Au(s)$ 的固体表面易于吸附 AuO_2^-，Na^+ 为反离子，其胶团结构式为：

$$\{\underbrace{\underbrace{\underbrace{[Au]_m}_{\text{胶核}} \cdot nAuO_2^- \cdot (n-x)Na^+}_{\text{胶粒}}\}^{x-} \cdot xNa^+}_{\text{胶团}}$$

例3 在 H_3AsO_3 的稀溶液中通入 H_2S 气体，生成 As_2S_3 溶胶。已知 H_2S 能电离成 H^+ 和 HS^-。试写出 As_2S_3 胶团的结构，比较电解质 $AlCl_3$、$MgSO_4$ 和 KCl 对该溶胶聚沉能力的大小。

解：H_2S 过量，所以稳定剂为 H_2S，m 个 As_2S_3 固体微粒的表面吸附的是 HS^-，则胶团的结构为：

$$\{\underbrace{\underbrace{\underbrace{[As_2S_3]_m}_{\text{胶核}} \cdot nHS^- \cdot (n-x)H^+}_{\text{胶粒}}\}^{x-} \cdot xH^+}_{\text{胶团}}$$

因 As_2S_3 为负溶胶，则起聚沉作用的是外加电解质中的阳离子，且其价数越高，聚沉能力越强，故三种电解质聚沉能力的顺序为：$AlCl_3 > MgSO_4 > KCl$。

例4 以等体积的 0.08 mol·dm^{-3} $AgNO_3$ 溶液和 0.1 mol·dm^{-3} KCl 溶液制备 $AgCl$ 溶胶。(1) 写出胶团结构式，指出电场中胶体粒子的移动方向；(2) 加入电解质 $MgSO_4$、$AlCl_3$ 和 Na_3PO_4 使上述溶胶发生聚沉，则电解质聚沉能力的大小顺序是什么？

解：(1) $[(AgCl)_m nCl^- \cdot (n-x)K^+]^{x-} \cdot xK^+$；因胶粒带负电，则电场中向正极方向移动。

(2) 因 AgCl 为负溶胶，而反离子价数越高，聚沉能力越强，则三种电解质的聚沉能力的大小为：$AlCl_3 > MgSO_4 > Na_3PO_4$。

例 5 某带正电荷溶胶，KNO_3 作为沉淀剂时，聚沉值为 50×10^{-3} mol·dm^{-3}，若用 K_2SO_4 溶液作为沉淀剂，其聚沉值大约是多少？

解：根据 Schulze-Hardy 规则：聚沉值与反离子价数的 6 次方成反比，则聚沉值比例为：

$$SO_4^{2-} : NO_3^- = \frac{1}{2^6} : \frac{1}{1^6}$$

SO_4^{2-} 聚沉值大约是：$\left(\frac{1}{2^6} \times 50 \times 10^{-3}\right)$ mol·dm$^{-3} = 0.78 \times 10^{-3}$ mol·dm^{-3}

例 6 在三个烧瓶中各盛有 0.020 dm^3 的 $Fe(OH)_3$ 溶胶，分别加入 NaCl、Na_2SO_4 及 Na_3PO_4 溶液使溶胶发生聚沉，最少需要加入：1.00 mol·dm^{-3} 的 NaCl 溶液 0.021 dm^3；5.0×10^{-3} mol·dm^{-3} 的 Na_2SO_4 溶液 0.125 dm^3 及 3.333×10^{-3} mol·dm^{-3} Na_3PO_4 溶液 0.0074 dm^3。试计算各电解质的聚沉值、聚沉能力之比，并指出胶体粒子的带电符号。

解：聚沉值是使一定量的溶胶，在一定的时间内完全聚沉所需电解质的最低浓度。则各电解质的聚沉值分别为：

$$c(NaCl) : \left(\frac{1.00 \times 0.021}{0.020 + 0.021}\right) \text{mol·dm}^{-3} = 0.512 \text{mol·dm}^{-3}$$

$$c(Na_2SO_4) : \left(\frac{5 \times 10^{-3} \times 0.125}{0.020 + 0.125}\right) \text{mol·dm}^{-3} = 4.31 \times 10^{-3} \text{mol·dm}^{-3}$$

$$c(Na_3PO_4) : \left(\frac{3.3 \times 10^{-3} \times 0.0074}{0.020 + 0.0074}\right) \text{mol·dm}^{-3} = 8.91 \times 10^{-4} \text{mol·dm}^{-3}$$

因聚沉能力与聚沉值成反比，则聚沉能力之比为：

$$\frac{1}{c(NaCl)} : \frac{1}{c(Na_2SO_4)} : \frac{1}{c(Na_3PO_4)} = \frac{1}{0.512} : \frac{1}{4.31 \times 10^{-3}} : \frac{1}{8.91 \times 10^{-4}} = 1 : 119 : 575$$

因各电解质对 $Fe(OH)_3$ 溶胶的聚沉值随负离子价数的增加而显著降低，故 $Fe(OH)_3$ 溶胶带正电。

（二）提高篇例题

例 1 通过电泳实验测定 $BaSO_4$ 溶胶的 ζ 电势，实验中，两极之间电势差 150 V，距离为 30 cm，通电 30 min，溶胶界面移动 25.5 mm，求该溶胶的 ζ 电势。已知分散介质的相对介电常数 $\varepsilon_r = 81.1$，黏度 $\eta = 1.03 \times 10^{-3}$ Pa·s。相对介电常数 ε_r、介电常数 ε 及真空介电常数 ε_0 间有如下关系：$\varepsilon_r = \varepsilon/\varepsilon_0$，$\varepsilon_0 = 8.854 \times 10^{-12}$ F·m^{-1}，1F = 1 C·V^{-1}。

解：这是通过电泳实验的测定结果，求取胶粒的电动电势 ζ 的习题，其计算公式为：

$$\zeta = \frac{\eta v}{\varepsilon E} = \frac{\eta v}{\varepsilon_r \varepsilon_0 E}$$

其中，v 为胶粒的电泳速率：$v = \left(\frac{25.5 \times 10^{-3}}{30 \times 60}\right)$ m·s$^{-1} = 1.417 \times 10^{-5}$ m·s^{-1}

电位梯度：$E = \left(\frac{150}{30 \times 10^{-2}}\right)$ V·m$^{-1} = 500$ V·m^{-1}

故电动电势：$\zeta = \dfrac{\eta v}{\varepsilon_r \varepsilon_0 E} = \left(\dfrac{1.03 \times 10^{-3} \times 1.417 \times 10^{-5}}{81.1 \times 8.854 \times 10^{-12} \times 500} \right) \text{V} = 4.06 \times 10^{-2} \text{V}$

例 2 某金溶胶粒子半径为 30 nm，25 ℃时，于重力场中达到沉降平衡后，在高度相距 0.1 mm 的某指定体积内粒子数分别为 277 和 166 个，已知金与分散介质的密度分别为 19.3×10^3 kg·m^{-3} 及 1.00×10^3 kg·m^{-3}。试计算阿伏伽德罗常数。

解：沉降平衡公式：$\ln(c_2/c_1) = -Mg(1-\rho_0/\rho_p)(h_2-h_1)/RT$

其中 $M = \dfrac{4}{3}\pi r^3 \rho_p L$，$c_2/c_2 = n_2/n_1$，$\ln(n_2/n_1) = -\dfrac{4}{3}\pi r^3 Lg(\rho_p - \rho_0)(h_2 - h_1)/RT$

$$\ln(166/277) = \dfrac{-\dfrac{4}{3} \times 3.14 \times (3 \times 10^{-8})^3 \times L \times 9.8 \times (19.3-1) \times 10^3 \times 1 \times 10^{-4}}{8.314 \times 298.15}$$

解得：$L = 6.26 \times 10^{23}$ mol^{-1}

五、概念练习题

（一）填空题

1. 分散相粒子直径介于_____之间的高分散系统为胶体系统。
2. 胶体系统具有的三个基本特征分别是_____、_____、_____。
3. 亲液溶胶的丁铎尔效应比憎液溶胶的_____。
4. 在溶胶的制备中，常采用渗析等方法进行净化，其目的主要是去除制备过程中过多的_____，以利于溶胶的稳定性。
5. 胶体系统能在一定程度上稳定存在的主要原因包括：（1）布朗运动；（2）胶粒带电；（3）溶剂化。其中以_____最为重要。
6. 溶胶的动力学性质包括：_____、_____及_____。
7. 溶胶的电动现象有：由于外电场作用而产生的_____及_____；由于在外加压力或自身重力作用下流动或沉降而产生的_____及_____。电动现象说明：_____与_____分别带有不同性质的电荷。
8. 对于带正电的溶胶，NaCl 比 AlCl$_3$ 的聚沉能力_____。
9. 下列各电解质对某溶胶的聚沉值分别为：[NaCl] = 0.512 mol·dm^{-3}，[Na$_2$SO$_4$] = 4.31×10^{-3} mol·dm^{-3}，[Na$_3$PO$_4$] = 8.91×10^{-4} mol·dm^{-3}。若用该溶胶做电泳试验时，胶粒的电泳方向是向_____（正极或负极）移动。
10. 乳状液有 O/W 型和 W/O 型，牛奶为乳状液，可被水稀释，为_____型。

（二）选择题

1. 下列物质系统中，_____不是胶体。
   A. 盐水   B. 烟   C. 雾   D. 牛奶   E. 珍珠
2. 溶胶的基本特征之一是_____。
   A. 热力学上和动力学上均属稳定的系统
   B. 热力学上和动力学上均属不稳定的系统
   C. 热力学上稳定而动力学上不稳定的系统

D. 热力学上不稳定和动力学上稳定的系统

3. 下列分散系统中，丁铎尔效应最强的是_____，其次是_____。
   A. 空气　　　　　B. 蔗糖水溶液　　　C. 高分子溶液　　　D. 硅胶溶胶

4. 丁铎尔效应的强度与入射光波长的_____次方成反比。
   A. 1　　　　　　B. 2　　　　　　　C. 3　　　　　　　D. 4

5. 晴朗的天空呈蓝色的原因是_____；而朝霞和晚霞呈红色的原因是_____。
   A. 蓝光的透射作用显著　　　　　B. 蓝光的散射作用显著
   C. 红光的透射作用显著　　　　　D. 红光的散射作用显著

6. 将直流电场作用于胶体溶液，向某一电极做定向移动的是_____。
   A. 胶核　　　　　B. 胶粒　　　　　C. 胶团　　　　　D. 紧密层

7. 胶体粒子的电动电势（ζ 电势）是指_____。
   A. 固体表面处与本体溶液之间的电势差
   B. 紧密层与扩散层的分界处与本体溶液之间的电势差
   C. 扩散层与本体溶液之间的电势差
   D. 固体与液体之间可以相对移动的界面与本体溶液之间的电势差

8. 若分散相固体微小粒子的表面上吸附负离子，则胶体粒子的 ζ 电势_____。
   A. 大于零　　　　B. 等于零　　　　C. 小于零　　　　D. 无法判断

9. 以 KI 为稳定剂的 AgI 水溶胶，在下列结构表达式中，胶核是_____，胶粒是_____，胶团是_____。
   A. $(AgI)_m$　　　　　　　　　　B. $(AgI)_m \cdot nI^-$
   C. $(AgI)_m \cdot nI^- \cdot (n-x)K^+$　　D. $[(AgI)_m \cdot nI^- \cdot (n-x)K^+]^{x-} \cdot xK^+$

10. 外加电解质可以使溶胶聚沉，直接原因是_____。
    A. 降低了胶粒表面的热力学电势 φ_0　　B. 降低了胶粒的电动电势 ζ
    C. 同时降低了 φ_0 和 ζ　　　　　　　D. 降低了 φ_0 和 ζ 的差值

11. 为直接观察到个别胶体粒子的大小和形状，须借助_____。
    A. 普通显微镜　　B. 超显微镜　　　C. 丁铎尔效应　　D. 电子显微镜

12. 溶胶（憎液溶胶）与大分子溶液（亲液溶液）的相同点是_____。
    A. 是热力学稳定系统　　　　B. 是热力学不稳定系统
    C. 是动力学稳定系统　　　　D. 是动力学不稳定系统

（三）填空题答案

1. 1～1000 nm；2. 多相性，高分散性，热力学不稳定性；3. 强；4. 电解质；5. 胶粒带电；6. 布朗运动，扩散作用，沉降作用；7. 电泳，电渗，流动电势，沉降电势，分散相，分散介质；8. 大；9. 负极；10. O/W。

（四）选择题答案

1. A；2. D；3. D，C；4. D；5. B，C；6. B；7. D；8. C；9. B，C，D；10. B；11. D；12. C。

参考文献

[1] 边文思，梦祥曦．物理化学（第五版）同步辅导及习题全解．北京：中国水利水电出版社，2009.
[2] 傅玉普，纪敏．物理化学考研重点热点导引与综合能力训练．4版．大连：大连理工大学出版社，2008.
[3] 卢荣，高新，张晓燕，等．物理化学导教·导学·导考．西安：西北工业大学出版社，2004.
[4] 朱传征．物理化学习题精解．北京：科学出版社，2001.
[5] 沈文霞．物理化学学习及考研指导．2版．北京：科学出版社，2018.
[6] 印永嘉，王雪琳，奚正楷．物理化学简明教程例题与习题．2版．北京：高等教育出版社，2008.
[7] 高盘良．物理化学考研攻略．北京：科学出版社，2004.
[8] 董元彦，路福绥，唐树戈，等．物理化学学习指导．2版．北京：科学出版社，2008.
[9] 许国根，刘春叶，张剑．物理化学辅导讲案．西安：西北工业大学出版社，2007.
[10] 雷群芳，方文军，王国平．物理化学学习指导和考研指导．杭州：浙江大学出版社，2003.
[11] 李澄，梅天庆，张校刚．物理化学辅导及习题精解．西安：陕西师范大学出版社，2006.
[12] 王艳芝．物理化学试题精选与答题技巧．哈尔滨：哈尔滨工业大学出版社，2005.
[13] 孙德坤，沈文霞，姚天扬，等．物理化学学习指导．北京：高等教育出版社，2007.
[14] 张德生，郭畅．物理化学思考题1100例．2版．合肥：中国科技大学出版社，2018.
[15] 范崇正，杭瑚，蒋淮渭．物理化学：概念辨析·解题方法·应用实例．5版．合肥：中国科技大学出版社，2016.